中小财产保险公司发展研究

王建东　编著

南开大学出版社
天　津

图书在版编目(CIP)数据

中小财产保险公司发展研究 / 王建东编著. —天津：南开大学出版社，2011.4

ISBN 978-7-310-03679-0

Ⅰ. ①中… Ⅱ. ①王… Ⅲ. ①财产保险—保险公司—企业管理—研究 Ⅳ. ①F840.32

中国版本图书馆 CIP 数据核字(2011)第 042094 号

南开大学出版社出版发行

出版人：肖占鹏

地址：天津市南开区卫津路 94 号　　邮政编码：300071

营销部电话：(022)23508339　23500755

营销部传真：(022)23508542　　邮购部电话：(022)23502200

*

河北昌黎太阳红彩色印刷有限责任公司印刷

全国各地新华书店经销

*

2011 年 4 月第 1 版　　2011 年 4 月第 1 次印刷

880×1230 毫米　32 开本　8.75 印张　1 插页　250 千字

定价：30.00 元

如遇图书印装质量问题，请与本社营销部联系调换，电话：(022)23507125

序

本书是在中国保监会2009年部级课题“中小财险公司发展研究”的研究报告基础上，按照专著的写作规范要求，经过修改完成的一本专题著作。

十六大以来，我国保险业得到了长足的发展，资产规模逐渐扩大，行业地位不断提升。其中，中小保险公司作出了重要贡献。在保险市场上，中小保险公司虽然在承保能力和技术等方面，还不能发挥主导作用，但是由于中小公司数量众多，具有较强的创新动力和行为，事实上是它们更多地为广大保险消费者提供承保、理赔和风险管理等服务，如在实行“见费出单”、“赔款直打”等服务举措方面作出了积极贡献。当然，我们应当看到，伴随着高速增长，中小保险公司也暴露了一些问题，尤其在财险市场，部分中小公司不注重科学发展观，一味地粗放式增长，既危害了公司的经济利益，又影响了行业的稳定发展。其中突出问题是，因中小企业在起步阶段大都面临着生存问题，往往形成重业务、轻管理的状况，管理者将“专业技术”与“行为管理”交织在一起，管理边界的不清晰造成了管理混乱，陷入执行力欠佳的窘迫境地。在中小企业的发展扩张阶段，管理问题集中爆发，尽管业务稳定，但是公司的经济效益却打了折扣。这种欲速不达的状况必然导致公司财务状况不佳。

对于中小保险公司的发展问题，监管部门一直高度重视，吴定富主席在2008年全国保险工作会议上就提出，要积极推动中小保险公司的发展，对中小保险公司的发展给予鼓励和支持。为引导中小保险公司的健康成长，保监会主席助理袁力提出了中小保险公司发展“五个一”要求，即“制定一个好的战略规划，构筑一个好的资本基础，搭建一个好的创新体系，打造一个好的管理平台，建设一支好的人才队伍”。这为中小保险公司更好地落实科学发展观指明了方向。

近两年来，在财险业快速发展的同时，保监会及时出台了70号文、80号文、90号文等，下大力量规范财产保险市场秩序，打击“三假”，防范理赔风险。吴定富主席要求各公司以“防范风险、调整结构”为重点，既坚持发展第一要务不动摇，又坚持转变发展方式不动摇。各地保监局采取措施，努力推动各项政策方案落到实处。各家保险主体高度重视并切实贯彻文件精神，对问题自查自纠，加强内控管理，主动转变发展方式和经营思路。2008年国际经济环境急转直下，国内经济困难明显增加，同时国内又遭遇了两场特大自然灾害，面对突如其来的危机，财险业经受住了考验，没有发生系统性风险。在规范市场秩序的各项措施影响下，中小财险公司在行业变革期解决了种种难题，逐步由“粗放发展”向科学发展顺利转变。

作为一家全国性的中小财险公司，渤海财产保险股份有限公司自成立以来就一直在探索中小公司的科学发展问题，因此我们积极承担了保监会的部级重点课题，希望以袁力主席助理的“五个一”为基础，结合自身的实践经验，认真做好理论研究，为我国中小财险公司的发展提供智力支持，也为我国保险业贡献绵薄之力。

作为该书实务部分的基础——研究报告，采用了理论与实践相结合的方法进行研究，是在掌握了大量第一手材料的基础上完成的。通过对保监会，以及北京、上海、深圳的近10家中小财险公司进行实地调研，形成了完整的调研报告。同时，为广泛听取各方的观点，课题组举办了专题征文活动，收到来自地方保监局、同业公司以及高校师生的多篇高质量稿件，进一步拓宽了课题组的思路。在此基础上，课题组先后召开了20余次研讨会，对课题的研究思路、研究框架、基本观点、写作内容等进行了细致的讨论，最终形成总论文。

本专著致力于以厚重和前沿的经典理论，回应中国财险市场特别是中小财险公司发展面临的重大现实问题。重点从资本基础和发展战略，盈利模式，风险管理，产品、营销和客户服务，企业文化和人才队伍等五大维度进行深入的分析和研究。本书共分五章：

第一章对中小财险公司资本基础与发展战略进行研究。本章由系统梳理发展战略和战略规划的理论研究入手，对中国中小财险公司发展战略规划现状及问题进行了较为深入的分析，指出了战略及战略规划对中小财险公司发展的重要性，以及资本基础对其战略规划和实施的重要影响。详细阐述了中小财险公司如何进行战略规划的制定与实施。本章指出，战略选择与实施必须是在长期规划的指引下，不断进行动态选择与修正的过程，而资本基础决定了差异化竞争战略和集中化竞争战略是目前中国中小财险公司的现实选择，基于不同客户群的战略分析与管理是可行的方向。

第二章对中小财险公司盈利模式进行研究。盈利模式可以直接反映出一个企业利润的来源及盈利的方式。本章对盈利模式的理论进行了全面研究和数理界定并划分了保险公司的盈利模式。重点从对中国中小财险公司的六种盈利模式的比较分析入手，探讨了中国中小财险公司盈利模式存在的问题，同时还研究了国外中小财险公司的盈利模式，并得出重要启示。在研究了资本约束对中小财险公司选择盈利模式的影响后，探讨了中小财险公司资金运用的原则。最后，本章重点探讨了中小财险公司对盈利模式的基本认识及构建的具体思路。

第三章对中小财险公司风险管理进行研究。首先，基于风险管理理论和保险公司风险特殊性分析，阐述了风险管理与公司治理对保险公司的意义。同时，详细研究了公司治理本质和起源、原则和机制以及典型模式，同时概述了组织结构的全面内涵。接下来，对中小财险公司公司治理的动因和特殊性进行了分析，重点针对目前中国中小保险公司治理结构的现状、对公司治理“失灵”问题等进行了研究，并从优化股权结构、加强董事会和监事会的建设、强化对高管队伍的监管、完善信息披露制度、加强内控、合规经营及支持中小保险公司上市以强化公司治理的外部机制七个方面提出了建议。最后，总结了中小保险公司组织结构的影响因素，介绍了发达国家保险公司组织结构，重点研究了中国中小保险公司组织机构的现状并进行了优劣势分析，提出“公司组织结构的优劣不在于公司组织结构本身，而关键看是否适合并很好地服务于公司，只要能够实现低成本、高效率，并且能够控制风险的目标的组织机构模式都可以灵活采用”的结论，并从集中管理、组织弹性、变革管理、运行机制体系等方面提出建议。

第四章对中小财险公司产品、营销及客户服务进行研究。产品、营销、客户服务是财产保险公司运营的重要环节，各中小财险公司需结合公司发展战略、遵循选定盈利模式的要求，在产品、营销、客户服务三方面有所突破。通过建立合适的产品策略、规范的营销渠道以及成熟的客户服务体系，协助中小财险公司健康转型，实现经营利润。本章在保险创新等理论研究的基础上，分别对产品、营销、客户服务三个环节存在的问题进行分析，并结合市场情况提出可行的解决对策和建议。最后重点提出了中小财险公司产品、营销及客户服务工作三者应有效统一，并通过三个环节的整体配合，构建企业持续竞争优势。

第五章对中小财险公司企业文化和人才队伍的建设进行研究。首先，对企业文化和人力队伍建设的理论进行了系统研究。接下来，阐述了保险公司企业文化建设的内涵和意义，重点总结了中小财险公司企业文化建设实践中存在的问题，并建议中小公司在进行企业文化建设方面，应与企业核心价值相一致，与行业文化相统一，以诚信为本，形成负责任的文化，注重凝聚力和创业文化的形成，重视中国传统文化的作用，并建议利用制度规范、系统培训和党团建设等方式推动企业文化的贯彻落实。最后，论述了保险公司人才队伍建设的内涵和重要性，重点对中国中小财险公司人才队伍建设中存在的问题进行了梳理，建议中小财险公司将人才队伍建设放到公司战略的突出地位，设立恰当的队伍建设目标，切忌拿来主义，要注重引进与培养相结合，要以德为先、德才兼备、注重风险合规意识的培养等。

我们认为，任何事物的成长和成熟都会经历一个过程，不可能一蹴而就，中小财险公司的发展也是如此。目前我国中小财险公司出现的问题也都是发展中的问题。面对这些问题，中小财险公司必须坚定发展的信心和决心，以科学发展观作为指引，做到以人为本，实现全面、协调、可持续的发展。具体来说，以人为本，就是要把客户的利益放在首位，发挥好保险业的保障功能，同时建好一支人才队伍，为公司的发展提供人才保证；全面，就是要在不断提高盈利能力的同时，加强企业文化建设和完善治理结构；协调，就是要统筹主业和投资协调发展、险种结构协调发展、公司价值和社会责任协调发展；可持续，就是要以公司的长远发展为出发点，选择内涵式增长模式，处理好发展速度与能力建设的关系。

本专著所基于的研究课题是在保监会的领导下，南开大学与西南财经大学的鼎力支持下完成的，在此向保监会及两所高校表示衷心的感谢。同时，课题组聘请了国内学术界和监管部门的多位专家学者作为顾问，他们是武汉大学保险系魏华林教授、南开大学保险系江生忠教授、西南财经大学副校长卓志教授、保监会发改部房永斌副主任、保监会中介部孟龙主任、保监会稽察局裴光局长、保监会财产险部董波副主任、保监会法规部王金铎副主任、保监会发改部贲奔处长、天津保监局局长郭左践。这些专家学者为课题的研究提出了很多宝贵的意见和建议，在此也表示衷心感谢。

本专著的最终完成，特别感谢南开大学保险系江生忠教授对课题思路的把握与研究方向给出很多的指导，以及南开大学祝向军副教授、张钦辉、高志强、何佳、赵硕刚、周昭辉、荣幸、高捷、谢曦，西南财经大学的高海霞，渤海财产保险股份有限公司的郝玲、薛磊、陈志霞、位双双、江津等人在不同方面、不同程度上所作的工作，对于上述人员为研究工作付出的大量心血，在此也表示感谢。

我国保险行业还处于初级阶段，中小财险公司的发展尚不成熟，对其规律性的探索也是刚刚开始，本报告只是为这方面的研究做了一个开启，希望更多的专家学者参与到我们的研究中。同时，也希望广大的同仁及读者对本书提出宝贵意见，并与我们一起深入探讨。

王建东博士

目 录

1 资本基础与发展战略研究

1.1 战略规划

1.1.1 发展战略和战略规划概述

一、发展战略和战略规划的基本概念

所谓企业发展战略是指对企业发展的整体性、长期性、基本性问题的谋略。企业发展战略是企业战略种类中的一种，它不同于企业竞争战略、营销战略、品牌战略、技术战略、人才战略、资源战略等。

企业发展是成长壮大的过程，其中既包括量的增加，也包括质的变化。其中，量的增加主要包括企业资源增加、盈利增长、销售额和人员规模扩张等；质的变化是指企业经营资源的性质、结构和支配主体的革新。由于量的增加更容易识别和衡量，所以企业的销售额增长、产品种类增加、雇员人数增加、上市公司总市值增长等指标经常被用来衡量企业成长。在企业处于成长阶段时，还不具备“做大”的条件，在激烈的竞争和环境的不确定性等客观情况下，如何调整自己的发展战略以提高对环境的适应性是其成长的关键。

战略规划，是制定组织的长期目标并将其付诸实施的过程，旨在加强企业自己的应变能力和竞争能力的长期性、全局性、方向性的规划，是在企业的目标、能力和不断变化的市场营销机会之间，发展和保持某种战略适应性的过程。战略规划实现了企业自身与外部营销环境的协调统一，是在高度竞争市场中管理现代公司的主要手段。

如何制定战略规划和执行战略规划，是战略规划的主要内容，也叫战略规划的操作化。制定战略规分以下三个阶段：

第一阶段是确定目标，即企业在未来的发展过程中，要应对各种变化所要达到的目标；

第二阶段是制定规划，当目标确定了以后，考虑使用什么手段、什么措施、什么方法来达到这个目标，形成战略规划；

第三阶段是将战略规划形成文本，以备评估、审批，如果审批未能通过，需要修改并重复上述过程，经反复迭代及修正，直至完成战略规划目标。具体步骤如图 1-1 所示。

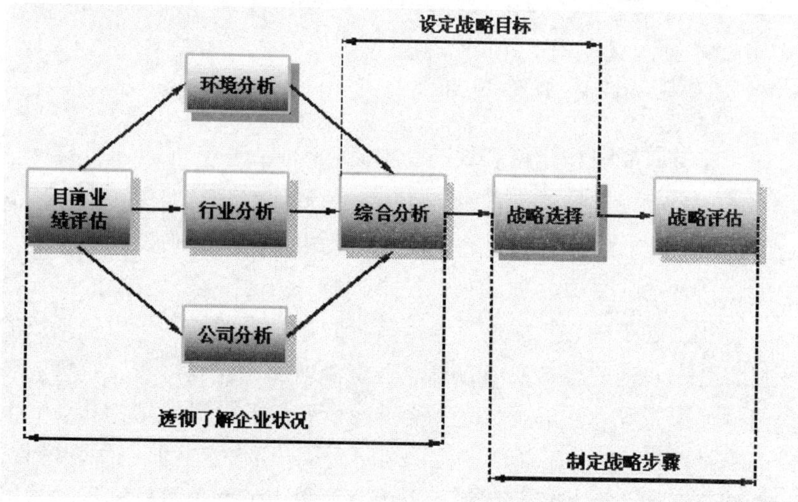

图 1–1 战略规划步骤

二、战略理论综述

从 20 世纪 60 年代开始，企业发展的战略问题开始受到重视和关注。1962 年美国管理学学者 Chandler 出版了《战略与结构》一书，他主要着眼于企业的成长，并探究企业如何利用战略管理来调整自身的经营，从而创造出优异的企业绩效。这部著作的出版掀起了研究企业战略的浪潮。1965 年美国经济学家安索夫（H.Igor Ansoff）出版了《公司战略》一书，他认为一个公司的决策包括操作层面、管理层面和战略层面这三个层面的决策，企业为了在竞争中生存，势必要做出若干战略性抉择，包括目标和对象的定位，产品和服务的选择，在产品市场竞争中公司的定位，适宜的经营范围和多元化的选择，组织结构、管理系统和协调策略的设计等。同年，Kenneth Andrews 和 C.Roland Christensen 出版了《管理策略》，他们认为，环境不断变化会带来机遇和威胁，一个组织既有优势又有劣势，应该适应环境的变化，避开威胁，利用机遇；通过评估内部优势与劣势可以摸清自身的竞争力，评估外部环境的机遇和威胁可以辨别潜在的成功因素。以上这三部开创性著作奠定了战略管理的理论基础。

关于企业战略管理的含义存在两种不同的理解：一是狭义的战略管理。该理论认为企业战略管理就是对企业战略的制定、实施、控制和调节进行的管理，也就是说，企业战略管理的对象是“企业战略”，战略管理是围绕企业战略而展开的一系列管理过程。二是广义的战略管理。该理论认为企业战略管理是运用战略对整个企业进行管理。按照这种理论，认为战略规划的制定固然重要，但战略管理不仅仅看成是对战略制定的管理方法，而是在本质上视为一种管理思想。所以，在实践中，很多企业并没有刻意去制定这样一个战略规划，但并不意味着在这样的企业里就不存在战略管理。

在企业战略的理论研中，Michael Porter 在 1980 年提出的竞争战略思想对战略管理理论产生了深远的影响。Porter 通过运用对行业和竞争对手的分析方法和分析工具，提出了“竞争战略理论”，从产业结构和竞争优势方面对企业的战略进行了研究。该理论认为，竞争是企业战略的核心所在，即企业应该努力获得竞争优势，而如何获得竞争优势取决于选择怎样一个赢利的行业和企业在行业中的相对竞争地位。因此，战略管理的首要任务就是选择最合适的行业，此外还要考虑企业在行业内的定位。目前比较典型的战略分析模型有五力模型、PEST 分析模型和 SWOT 分析模型。

五力模型是由 Porter 提出的，他认为行业中存在决定竞争规模和竞争程度的五种力量，包括潜在竞争者的威胁、替代产品的威胁、买方议价能力、卖方议价能力、行业内竞争者的强度。这五种力量综合起来决定了产业中的企业获取超出资本成本的平均投资收益率的能力，从而影响产业的吸引力。它是用来分析企业所在行业竞争环境的一种有效工具。

PEST 分析是对影响一切行业或企业的各种宏观因素的分析，不同行业和企业根据自身特点和需要对宏观环境因素作分析时，分析的维度会有差异，但政治（Political）、经济（Economic）、社会（Social）和技术（Technological）这四类影响企业的主要外部环境因素是分析的基本方面。PEST 模型是企业分析外部宏观环境的有效工具。

SWOT 分析是 20 世纪 80 年代初由美国管理学教授 Heinz Weihrich 提出的，包括对企业的优势（Strength）、劣势（Weakness）、机会（Opportunity）和威胁（Threats）的分析。该方法对企业内外部条件各方面因素进行总结和概括，优劣势分析主要是关注企业自身的条件及其与竞争对手的比较，机会和威胁分析关注外部环境的变化对企业的影响。通过 SWOT 分析，可以帮助企业把资源和行动聚集在自己的强项和有最多机会的地方。

1.1.2 中小企业发展战略的概述

一、中小企业发展的合理性

在过去相当长的时间内，在理论认识上人们总是将企业规模和经济效益等同起来，以亚当·斯密为代表的“企业大型化代表着未来经济发展方向”的理论和“福特生产方式”的大规模生产方式，使人们产生了“规模就是效应”的误区。由知名大企业所推动的战略管理理论发展具有明显的“外部经济性”，在传统企业战略理论中难觅适用于中小型企业的战略踪迹。学者们对战略本质的理解存在片面性，不能解释不同企业战略制定、执行和控制的差异性，从而难以有效发挥现有战略理论对中小企业持续成长的科学指导作用，导致了中小企业的曲折发展。但是尽管如此，中小企业在数量上居大多数的格局并没有改变，而且出现了一些中小企业发展比较好的国家和地区。中小企业能够存在和发展，是由多种因素决定的。对此，不少经济学家作了比较深入的研究。

第一，交易费用学说。企业最显著的特点是，它是价格的替代物。这样就有两种制度来协调和配置资源：在企业外部，价格运动指挥生产，它通过一系列市场上的交易来协调；在企业内部，这些市场交易被取消，而且市场交易的复杂结构由厂商内部的协调来代替，由它来指导生产。这两种方法是协调生产的不同方式。随着企业的不断兼并，“大企业病”便显现出来。其结果是，交易费用逐步提高。当企业内部协调费用高于外部价格调节费用时，大企业就会自动地划小核算单位，形成大型企业“小型化”。

第二，全社会范围内实现了专业化协作。由于生产技术的发展，专业化协作已经冲出企业的界限，在全社会的范围内实现。许多中小企业专门生产零组件，为大型企业配套，成为大企业的有机组成部分，既不妨碍其独立性，又有利于劳动生产率的提高，形成小企业“巨人化”。为了适应这种方式，有的国家还摸索出一套成熟的管理方法。在日本，大型企业用外包的方式，将众多的中小企业集聚在自己的周围，为自己生产零组件。大型企业为中小企业提供生产技术和收购产品，有的还提供原材料。这种生产组织，有利于提高产品质量、提高劳动效率和技术水平。

第三，维持企业家的连续供给。在人的素质普遍提高的条件下，每一个人都是潜在的企业家。人们可以在进入别人的企业取得工资和自己办企业获得利润之间进行选择，只要自己办企业的利润预期大于为别人打工的工资，并足以弥补所承担的风险，新企业就会不断诞生。由于有诞生有死亡，就维持了企业家的不断供给，因此保持了经济竞争的活力。企业是人建立起来的。所以，建立新的企业不是简单的现有企业的复制，而是代表着一种变化。企业是一种赞成变化的机制。从这个角度来看，劳动人口素质越高，中小企业发展的可能性就越大。

二、中小企业的发展战略理论

由于中小企业的发展在经济技术上的合理性，所以不管人们如何认识，中小企业还是按照其特有的规律发展着。鉴于中小企业在世界各国经济中的特殊地位和重要作用，各国对中小企业发展战略的理论研究和实践有了进一步的成果。战略联盟、企业集群、企业网络等形式逐渐成为中小型企业合理的战略选择。

“战略联盟”这一概念由美国的 J.Hopland 和 R.Nigel 最早提出。

战略联盟是现代企业竞争的产物，一个企业为了实现自己的战略目标，与其他企业在利益共享的基础上形成一种优势互补、分工协作的松散式网络化联盟，是中小企业在追求长期竞争优势过程中为达到阶段性企业目标而与其他企业的结盟，形成合力优势，共同对付强大的竞争者。战略联盟的具体形式可以表现为合资企业，或者短期的契约性协议。

企业集群目前还没有统一的概念，M.Porter 认为企业集群是某一特定产业的中小企业和机构大量聚集于一定的地域范围内形成的稳定的、具有持续竞争优势的集合体，分为垂直企业集群和水平企业集群。垂直企业集群是通过买卖关系来联结众多企业所形成的企业集群，水平企业集群是包括共享终端产品市场、使用共同技术技巧以及相似的自然资源的企业所组成的集群。一个集群的成员之间由于广泛的协作联系而产生的力量远远超过了单一企业的实力，因此中小企业组成的专业化集群同样可以获得规模经济效应。企业网络被认为是介于企业和市场之间的一种中间组织。

企业网络本质上是企业组织间寻求合作以取得协作经济效益的一种形式。外包制、虚拟企业、企业集团、战略联盟、企业集群都可以看做企业网络的表现形态。企业集群具有微观结构特征，是企业网络发展的早期形式，而企业集团和企业联盟相对而言则是企业网络发展高级阶段的产物。

无论是合资、供应链伙伴关系，还是如今被广泛采用的战略联盟、企业集群或是企业网络等形式，都显示出在激烈的市场竞争环境中，企业迫于强大的竞争压力，纷纷对自身的核心发展战略进行了对环境的适应性调整。中小企业通过选择与其他企业的合作承担专业化分工角色，降低了交易成本，分散创新风险，通过知识联盟共享了新的和互补的技术，加快了自身的学习过程，取得了协作经济效益，打破了“规模经济”对其发展的制约。如何从最经济的角度出发制定战略从而获得最佳的战略，如何从最经济的角度来执行战略从而获得最大的效益，应是战略选择的根本性原则。这些问题应该成为今后中小企业发展战略研究的关注焦点。

三、中小企业发展战略的趋势

上世纪 90 年代以来，经济全球化程度不断提高，商业环境日益复杂多变，这对企业的灵活性、效率、学习能力等提出了苛刻的要求。与大企业相比，中小企业由于企业规模小，组织结构简单，经营决策权高度集中，机制灵活且有效率，因而能对不断变化的市场做出迅速反应。中小企业在经济中的地位和作用日益显著，大型企业与中小企业的关系发生了深刻的变化，由过去弱肉强食的外部竞争关系变为企业内部协调合作关系，从直接竞争变为协调竞争。

1.1.3 中小财险公司战略规划的意义

近几年，在我国财产保险市场上，由于供应主体的迅速增加，市场竞争激烈程度不断加剧。此外，部分中小保险公司依然以迅速做大规模为经营目标进入市场，大多以牺牲效益的方式抢占市场份额，同时还要与大型财产保险公司进行市场份额的争夺，其结果导致多数中小型财险公司面临严峻的市场压力和发展阻碍，亟需在科学合理的战略管理下实现长期可持续发展。然而目前，国内财产保险行业中的中小型保险公司战略管理还未得到足够的重视。即使部分中小型财产保险公司制定了发展战略，但还没有公认的理论基础和发展模式，大多数观点都集中在塑造企业核心竞争力，提高人力资源管理水平、信息化建设、企业文化建设等比较通用的战略战术上，而分析和指导中小型财险公司的差距对比、环境研究、经营策略、发展方向的研究报告和文献也很少。直到 2008 年中国保监会将中小型财产保险公司的发展问题列为 2008～2009 年度部级研究课题。这对于推动我国对中小保险公司发展研究具有重要的意义。

无论从理论还是实践看，对于中小保险公司而言，战略规划与经营效率共同构成公司成长和可持续发展的两大要件。然而，当前国内中小财险公司普遍对于内部管理十分重视，期望提高效率，压低经营成本，保证企业生存与发展，而对于企业战略管理则没有一个清晰、明确地认识，或是战略管理流于形式，执行力度较弱。我们认为，对于中小保险公司来说，追求企业的经营效率是必要的，但是中小财险公司想更好地发展，即健康持续发展，仅专注经营效率的提升是不够的，而应当重视其战略管理，确定其合理的战略规划。

从理论上说，第一，过度强调经营效率，忽视发展战略的行为，会导致企业发展的盲目性，进而危及企业的生存。犹如一个人奋力奔跑，但对于自己要去何处却不甚明了。企业把经营的各个环节都力求做到最好，但若没有长期战略的指导，很可能会去追逐一些短期的、眼前的目标，如利润、市场份额等。而这样的企业在市场中很可能失去方向，最终导致经营失败。第二，对于中小企业而言，在短期内是难以形成其核心竞争力的。即使其经营效率提升带来的竞争力会因为竞争者的模仿而失去优势。管理技术的模仿并不困难，当先进的做法在业内扩散开后，先前的竞争力会逐渐弱化，直至消失。第三，对于新进入行业的中小企业而言，往往对产业本身的不确定性、不成熟等方面的特点分析不够透彻。对管理行为的效益性缺乏必要的监测工具与手段，阻碍了管理水平提升的动力。第四，若缺乏统筹与全方位布局的整体目标与策略协同性，战略管理的手段与方式明显缺位，在此情景下，局部、单一工具的使用与综合治理的要求相去太远，从而也影响其经营效率。

从我国中小财险公司的实际情况来看，因为缺少战略规划，在管理手段、经营效率趋同的情况下，各家公司的产品、服务、销售渠道、组织架构也在趋同。[①]价格无法提升，甚至在下降，巨大的成本压力，长期的价格战，中小财险公司之间的耗损竞争无疑是零和的。以经营效率为基础的竞争不会有真正的赢家。如果中小财险公司总是在用相同的方法争夺市场，耗损竞争的局面就不可避免。因此，重要的是中小财险公司要发现自己的市场，即有自己的战略规划，中小财险公司

① 波特认为经营效率的提升意味着在进行相似活动时，企业的绩效比竞争者来的更佳。但他同时强调，由于生产力边界（在给定资源、技术的前提下，提供商品或服务可以达到的最大价值）的存在，以及发展战略的缺失，众多企业最终会在相互学习、模仿中趋近生产力边界。而相似的生产、管理技术，相同的市场需求，必然会产生相似的产品、服务等。

想要谋求长期的竞争优势[①]和持续发展能力，战略布局就必不可少，这种布局不仅影响长、短期资源的投入与安排，更是引领着公司经营与管理的各个环节，包括策略、措施等。

因此，对目前中国财产保险行业进行分析，挖掘中小型保险公司的财产保险市场上的竞争优势，总结选择适合中小型财产保险公司的发展战略，并提出相应的战略实施方案和建议，从而提高整个财产保险行业的竞争能力及盈利能力，保证行业的长期持续稳定发展，这无论在理论上还是实践上都具有重大的意义。

1.1.4 中小财险公司战略规划的现状及问题

一、中小财险公司战略规划的现状

从总体上说，我国保险业外部环境始终处于较好的状态，加之随着经济的快速发展，财险需求不断增加，保险公司包括中小产险公司生存与发展依然存在较大的空间，所以无论是在市场上已度过生存期的中型公司，还是进入保险行业不久的小公司，多数公司无论在观念上还是在形式上都还是重视公司的发展规划及战略管理。其规划的指导思想非常清晰：纷纷从自身的实际情况出发，研究确立发展战略，目的是选择适合自身特点的竞争战略，并从培育核心竞争力的高度，不断提高战略管理水平。

尤其使我们都能直接感觉到的是，各中小产险公司依据行业背景和自身情况，分别确立了各自的总体战略目标，且多数公司的发展目标呈现出多元化、集团化和国际化的发展趋势。例如，中国大地财险公司的长期战略目标是打造民族保险业的百年老店，中期目标是在 3 年至 5 年内迅速成为行业第二集团的领跑者；华泰财险的总体战略目标是集约化管理、专业化经营、质量效益型发展，坚持走具有华泰特色的“快速发展、可持续发展和管理跟得上的发展”道路；天安财险坚持做强战略，总体目标是在十年内实现集团化、多元化、国际化；

① 目前学术界与业界都普遍认为，从长期来看，企业应该以企业价值最大化作为目标。但企业持续性价值仍需要通过竞争获得。可以说，长期竞争优势是服从于战略对于公司价值的追求的，两者并不矛盾。

华安财险的总体战略目标是建成一家产寿险齐全，市场占有率持续递增，集保险、基金、证券、投资、实业为一体的多元化综合性金融集团;安邦财险致力于成为中国保险业数一数二的价值增长型保险公司，为客户、社会、员工带来安全和帮助；阳光财险的总体战略目标是打造最具品质和实力的保险公司。

我们认为，就目标而言，并无好坏或对错之分，关键在于：一是公司有无战略管理的思想或思维；二是公司有无对行业自身及发展环境作认真、客观的分析；三是公司有无对自身的发展能力进行客观的分析和评估。

二、中小财险公司战略规划存在的问题

（一）战略规划制定和执行缺乏战略管理思维

战略管理思维并不排斥战略规划，但更强调的是一种战略意识，强调应站在长远和全局的角度去认识企业管理问题，而不是习惯上的“头痛医头，脚痛医脚”、就事论事的片段式思路。其实，在保险公司经营过程中总在面临各种各样的问题，也不停地解决问题。而这些问题中有些是影响公司战略发展，有些则不影响公司的总体战略。此外，公司经营中，有些是带来公司眼前效益或短期效益，而有些则是长期效益。所以，公司的决策者和领导者若急功近利，缺乏战略思维，则无疑会影响公司正确的发展方向。此外，在一些公司还存在发展战略摇摆不定的现象。其中原因之一是部分中小财险公司战略随领导层变化而发生根本性改变，有的甚至在一届领导任期内多次变动发展战略，使基层机构无所适从，迷失了发展方向。

（二）制定的战略不够合理

目前，我国部分中小财险公司战略规划不够合理和科学性不强主要表现为：

一是战略目标脱离实际。部分中小财险公司过分追求市场规模和增长速度，把“进入行业前列”等规模性目标作为发展战略目标，导致保费任务下压，造成基层机构包袱过重，甚至为了完成考核目标不惜以违规经营为代价。

二是在机构发展和发展步骤上，部分保险公司都集中公司资源争

夺为数不多的几个主要市场。但由于缺乏品牌、技术、有效服务体系及资本实力，导致部分中小公司在几个主要城市面临经营困境，出现欲撤不能、欲强不能的尴尬局面。

三是在产品创新上，新成立财产保险公司的产品条款仅仅是在市场上现有保险公司的条款上稍作改动，而不愿花力气研究市场需求并开发产品。与此同时，由于车险业务市场需求的价格弹性大，容易通过降低费率等价格手段做大规模，导致我国中小财险公司经营的普遍特点是车险业务占比高，不仅使公司的业务结构不稳定，具有潜在风险，同时由于车险业务竞争激烈，中小公司缺乏品牌和实力，从而导致公司业务亏损。目前，部分中小财险公司虽然普遍认为要优化业务结构，降低车辆险业务比例。但是长期以来的路径依赖性导致大部分公司业务结构的调整成效不大。在这一方面，外资保险公司就不同，他们都是从自身比较优势出发，倾向于一种“市场间隙”的业务定位策略。在国际市场上，中小财险公司一般均为专业性保险公司，所经营的业务险种单一。但通过专业化险种经营发展战略，使中小财险公司能够利用有限的资源，研究出更适合市场竞争的营销策略，集中精力拓展某一险种的市场深度和广度，在该领域内形成比大型公司更具管理服务优势的竞争能力。

四是在营销策略的选择上，中小财险公司未形成有自身特色的营销体系。中小财险公司在发展初期，受制于自身的资本实力，机构网络覆盖低，未形成较成熟的营销体系，业务发展难度大。而通过保险中介机构开展业务就成了绝大多数中小财险公司快速占领市场以实现相当的业务规模的首选。其结果导致中小财险公司直销渠道占营销体系比例低，过分依赖保险中介机构，只能以较高的成本（手续费）获取其客户资源，导致保险公司利润被保险中介机构等其他环节所分割。如何有效的整合现有的营销资源，将合适的产品以合适的渠道提供给合适的客户，设计出有效的激励约束机制，建立很难被同业公司复制的营销体系需要各保险公司进行大胆的创新和尝试。

（三）战略执行有偏差

在公司成立之初，各中小财险公司都将采取成本领先战略、差异化战略或专业化战略作为其主要的经营思路，但在经营实践中，战略导向特征不明显。在竞争战略上，是严格贯彻成本领先战略还是实施差异化战略，一些中小型财产保险公司在执行过程中并不坚定。部分中小财险公司在市场竞争中主要采取价格战的方式获取业务，如车险的随意优惠、乱打折、明收实退、账有实无，非车险费率更是随意，凭胆量、靠侥幸，平均费率已远低于成熟国家水平。在未确立成本领先的优势下，部分中小财险公司主动降低费率，实施非理性的价格竞争。其结果是导致经营成本虚高，行业长期亏损，积累较大的风险，也使保险行业形象受损。

1.2 中小财险公司的资本基础及其对发展战略的影响

1.2.1 资本与资本基础的概念和内涵

一、保险资本

资本是经济学领域的一个核心问题，无数经济学家从不同研究角度对资本下了不同的定义。马克思在《资本论》中认为“资本是能够带来剩余价值的价值”。在西方经济学的一般定义中，凡是用于生产、扩大生产能力或供给能力以及提高生产效率的物质（及其载体）都被称为“资本”。随着经济理论的不断发展，资本的概念有了更广泛的内涵，除了物质资本外，还包括人的技术和知识。从企业财务的角度看，资本可分为权益资本和债务资本：权益资本是企业投资者对企业投入的资本和形成的资本公积金以及企业在生产经营过程中形成的留存收益，即企业净资产，成为企业自有资本；债务资本是企业根据生产经营需要，从外部融资借入，在特定时期需以资产偿付的负债。本书所涉及的主要是一般意义的资本，主要指的是企业的创始资本以及在企业运行过程中的资本积累所形成的资本，是企业的权益性资本，另外也包括一部分资产意义上的债务资本（如次级债务资本）。

保险资本，是指用于保险经营活动的资本。保险资本的形成，是社会经济资源向保险经营领域积聚和积累的过程，是通过对保险产业的投资形成的。在动态上，保险资本是社会经济资源向保险行业的流入，静态上表现为保险产业的资本存量。

保险资本按财务学角度可分为：注册资本、实收资本、公积金、所有者权益、次级债务等债务资本。所谓的注册资本金是指保险公司为办理设立登记手续时在工商行政管理机构登记的资本金总额。而实收资本是指保险公司实际收到的投资者投入的资本，在一般情况下，实收资本等于注册资本。所有者权益是指所有者对企业资产的剩余权益，是公司的自有资本，包括注册资本（或实收资本）和公积金，在股份公司下也表现为股东权益。注册资本金或实收资本金一般由各国保险公司法规定，在开业时可视作初始准备金，在经营期间又是保险公司偿付能力或承保能力的标志之一。公积金是保险公司按保险公司法的规定从历年的利润中提存的，它和保险公司的注册资本金（或实收资本）共同构成保险公司的偿付能力或承保能力。在正常情况下，保险公司的资本，除按规定上缴部分保证金外，绝大部分处于闲置状态，可供长期投资之用。上述实收资本、公积金、所有者权益等称为权益资本，其筹集方式主要有发行股票、配股、增发新股以及留存收益的利用等。

负债资本的筹集方式主要是发行长期公司债券、借入银行长期贷款和融资租赁等，包括公司发行的长期票据和次级债等。次级债是指保险公司经批准定向募集的、期限在5年以上（含5年），并且本金和利息的清偿顺序列于保单责任和其他负债之后、先于保险公司股权资本的保险公司债务。次级债最早由银行发行，可作为银行的附属资本。这一模式运用到保险领域，那么次级债就可以作为保险资本的补充，成为缓解保险公司资本金不足的一种有效方式。

二、保险公司的资本管理

保险资本是保险公司存在的先决条件，这一点保险公司与其他公司并无差别。但保险公司是经营风险的特殊企业，保险资本在经营中具有特殊意义：

一是保险公司需要一定规模的保险资本，以保证保险公司在一段经营亏损期内维持企业经营活动；

二是保险资本是补偿被保险人损失和给付保险金，保护被保险人利益的重要保证；

三是保险资本是保险监管部门对保险公司实施监管的重要工具；

四是限制保险公司过度业务扩张和风险承担的约束条件。

因此，保险资本规模的大小、资本成本的高低对保险公司的经营和发展有很大的影响，这就要求保险公司从单纯对业务发生损失和获取收益的管理逐渐过渡到对资本的有效管理。在这一方面，欧盟Solvency II的“双层资本计算”为保险公司的资本管理指明了一个方向。双层计算，是指最低资本要求和目标资本要求的计算采用不同的模型。最低资本通常采用基于标准准则的简单计算方法（EU Directive 2002/14/EC for nonlife insurers and EU Directive 2002/84/EC for life insurers）。而目标资本在理论上等同于巴塞尔协议II（Basel II）中的经济资本，也就是将风险控制在一个高的置信水平上（如99.9%），应当要设置多大的资本以应对该置信水平下的非预期损失。目标资本的计算可以采用两类方法，一是内部模型法，二是标准法。

欧盟Solvency I 的最低资本要求，内容简单、可比性强，一方面使得偿付能力额度计算无须采用复杂的内部模型，另一方面使得监管部门对偿付能力充足性的判断较为容易，因而沿用至今。但最低资本要求考虑的风险因素比较单一，同时对资产、负债以及准备金评估未反映其真实的市场价值，因而在欧盟Solvency II中增加了目标资本的计算。目标资本框架的宗旨在于“以资本的多寡确定资产规模的大小，以资本的价值取向决定资产结构的组合”。通过这种模式，保险公司可以更加准确地衡量并管理各种风险，反映潜在的债务，设定最低的资本要求。

目标资本使保险公司借助于数据平台实现风险定价和业绩评估，并依据风险或资本的分布状况完成业务或管理的全程监管和动态优化。它要求保险公司增强资本实力，丰富资本结构。一方面提高自身的经营管理水平，增强公司大额盈利能力；另一方面拓展外部融资渠道，其中上市融资是我国优质保险公司的首选。当然，除了上述两方面外，保险公司还应通过优化自身的业务结构，压缩内含价值不高的业务。

三、资本基础

按照 Basel II 的定义，银行资本基础由核心资本和附属资本两部分组成，且两者之间应保持一定的比例关系，即核心资本必须占整个资本基础的 50%以上。保险公司资本基础具有三个基本特征：首先，资本基础是永久的、无限制的，它可以自由地被用于履行对保单持有人的赔付义务；其次，资本基础易于吸收风险损失，具有较好的流动性；最后，股东对资本基础的索取权在保单责任和其他债务之后。

保险公司资本基础可用实际资本来表示，是保险公司的认可资产减去认可负债后的余额。[①] 我国《保险公司偿付能力报告编报规则(2007)》借鉴了 Basel II 将实际资本分为核心资本和附属资本的做法，将我国保险公司的实际资本分为投入资本、剩余综合收益、计入实际资本的资本性负债三部分。[②] 其中，投入资本和计入实际资本的资本性负债是保险公司从外部获得的资本，不具有可持续性；剩余综合收益是内部积累的资本，是保险公司保持偿付能力的根本和源泉。从 Basel II 的角度来看，投入资本和剩余综合收益为核心资本，吸收风险的能力较强；资本性负债为附属资本，主要包括重估储备、优先股、可转债、次级债务工具等，吸收风险的能力较弱。

1.2.2 中小财险公司资本基础的现状

一、中小财险公司资本基础的现状和预测

目前，我国的财险业还没有建立任何有效的资本管理体系，资本和风险之间的数量关系也很不明晰，这与我国的经济体制状况是分不

① 认可资产是指监管机构接受的，可以在法定资产负债表上列示的资产。

② 投入资本是指保险公司的所有者和捐赠者通过资本交易实际投入的资本。剩余综合收益是指保险公司的综合收益减去分配的现金股利（或利润）后的余额。计入实际资本的资本性负债是指保险公司按照《保险公司偿付能力报告编报规则第 6 号：认可负债》的规定，不确定为认可负债而计入实际资本的负债。

开的。过去，我国的保险业都是采取国家支持的方式，一旦发生偿付能力危机，国家财政将全额支持，风险完全由国家承担，保险业也就不存在为风险准备缓冲资本的要求。股份制改革后，现代企业制度的确立促使了产权制度逐步明晰，财险公司开始认识到“股东价值最大化”是公司管理的最终目标，股东们也开始关注投入资本取得的回报。但由于历史原因和技术水平有限，目前的财险资本管理并没有从真正意义上将资本与风险结合起来考虑，资本效率的意识也相当薄弱。这些原因导致的直接后果就是，大部分财险公司为了取得短期较好的现金流收入而盲目扩展业务，完全不考虑业务本身包含的风险会给公司未来经营带来的危害，而相对地，保险资金的投资渠道又十分狭窄，无法为公司提供足够多的投资收益。

我国的财险公司资本结构体系相对简单，突出反映在资本构成以核心资本为主，缺乏附属资本的有效补充。对于一家保险公司来说，重估储备、优先股、可转债、次级债务等可以计入附属资本，对核心资本形成必要的补充。但在我国，除了已上市并公开发行新股的几家，大多数保险公司尚不能充分利用资本市场融资，因而资本构成都是股权资本，附属资本没有发挥应有的作用。同时，资本市场的不成熟影响了剩余综合收益的稳定性和可预期性，进而对中小财险公司资本基础的稳定性产生威胁。

从保费收入快速增长对资本的需求来预测，截至 2010 年 7 月，财险业保费收入已经达到 2417 亿元，较 2009 年同期的 1833 亿元增长 31.86%，创下了 5 年来的增长之最。根据保监会公开资料统计，2005 年以来的 5 年中，财险业年保费收入同比增长额度分别为 13.87%、23.36%、32.03%、17.26%、22.36%，加权后计算 5 年平均增速为 21.6%。快速增长将带来较大的资本压力。按照新《保险法》的要求，“经营财产保险业务的保险公司当年自留保险费，不得超过其实有资本金加公积金总和的四倍”，以 2010 年为例进行估算，若全年保费达到 4000 亿元，需要新增 200 亿元资本金，如果以此为基数，此后 10 年保持

15%的增长速度，至2019年需要新增资本金4061亿元。[①] 可见财险行业的资本金缺口十分巨大。

从偿付能力角度来看，按照保证保险公司偿付能力的要求，未到期责任准备金是按照1/365法全额计提的，该数字将比财务报表中计提的多。如果2020年以保费收入2万亿元，保单获取成本20%计算，那么保证偿付能力下的未到期责任准备金将比财务报表多计提2000亿元准备金，相当于要多消耗2000亿元的资本。

二、增强中小财险公司资本实力的主要途径

伴随着目前我国财险市场的逐步规范，发展势头日趋强劲，各财险公司特别是中小型财险公司的资本金缺口很大。出于维护系统性稳定及保证保险公司能够顺利履行保险职责，监管部门对保险公司的资本金施行谨慎监管，而中小型财险公司的整体盈利能力目前还比较有限，因此靠公司自有利润仅能占补充资本金很少一部分，大部分还需要外界注入。为了增强中小保险公司资本实力，保监会鼓励各中小财险公司抓住社会资金充足、各方投资者投资保险业积极性较高的有利时机进行融资渠道的开拓。

首先，要争取现有股东增资。加强对财险公司投资者的宣传，让投资者更加了解保险业特别是财险行业的发展特点和经营规律，引导中小财险公司现有股东树立长期投资的理念，在条件许可的情况下实现增资。

其次，引进战略投资者，应当吸引具有战略投资理念、广泛客户资源和持续出资能力的企业发起或入股中小财险公司，加强与电信、汽车、能源、资源等企业的资本合作和业务合作。此外，吸引外资也可以作为扩充资本实力的重要途径，目前国内多家中小型财险公司都通过中外合资、股权受让等方式得到了资本的充实和扩充。国外发达国家已走过财险市场高速增长的阶段，每年经营产生的利润远远大于保费、风险增长所需的资本金，还能分红，所以国外投资者有意愿到新兴市场去寻找目标进行投资，除此之外，面对正在崛起的庞大财险

---

① 《10年缺口4000亿，财险资本金饥渴》，《21世纪经济报道》，2010年9月15日。

市场，不少私募基金也以财务投资者身份积极参与到国内的财险业当中，可以预见中小财险公司今后仍将有相当一部分资本需求会通过引入战略投资者来得到满足。

最后，应当积极开辟新的融资渠道。就目前而言，发行可转债和次级长期债券是改善我国中小财险公司资本基础现状的可行选择。2010年以来，大型财险公司已经相继开始发行次级债进行资本扩充，阳光保险集团已获批发行不超过18亿元的10年期可赎回次级定期债务，平安产险今年拟发行不超过35亿元的公司次级债，人保财险也将次级债的发行作为重点研究问题。中小财险公司也应当积极探索符合自身特点的债券融资模式，为资本的充实寻找更广阔的平台。

另外，扩大直接融资渠道，进行上市融资是中小财险公司增强资本实力的一个有效途径。由于采用自我积累的保险资金运用方式在短时期内获取大量的发展所需的资本金不太可能，而增资扩股、引进外资也是权宜之计。与此同时，我国财险公司资本金总体水平明显低下，加之一些中小型财险公司抵抗风险的能力不强，充实资本的任务刻不容缓，因此，上市融资因其存在多方面的优点，成为目前解决我国中小财险公司资本能力不足、筹集新资金的最可能和最有效途径。中小财险公司上市后的直接收益是快速增加公司的资本金，从而扩大公司规模，提高经济效益；更重要的是能促进公司内部经营管理水平的提高，雄厚的资本实力为中小财险公司提高技术开发能力、承保能力、营销能力、服务质量和抗风险能力提供了后备资源。因此，积极和资本市场接轨，是中小型财险公司提高资本实力的重要途径。

1.2.3 资本基础对中小财险公司战略的影响以及战略选择

一、资本基础对中小财险公司战略的影响

由于我国中小财险公司投入资本规模较小，制约了公司发展战略的制定和实施，进而影响机构铺设、业务拓展和险种结构，尤其对大项目的承保能力产生很大的约束。对中小财险公司来说，业务的发展受制于资本基础，同时资本基础也受制于业务发展和投资收益，二者是一个正反馈的过程，如图1-2所示。

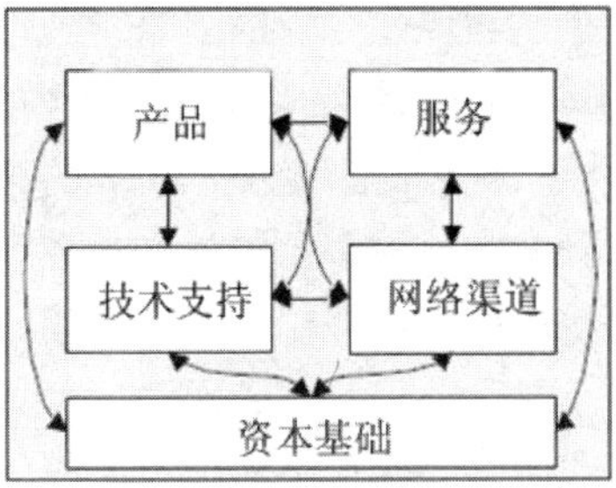

图 1-2　资本基础和业务发展的关系

另外，市场上的中小财险公司制定发展战略时，由于资本基础受限，往往致力于片面追求规模，导致效益低下，效益低下又促使公司采取更为激进的投资策略，如遇资本市场的下跌，必然导致保险资金投资浮亏增加，由此在保险公司财务报表上反映出来的就是净资产和总资产的下降，最后则引致保险公司偿付能力的下降。因此在偿付能力监管的规则下，由于监管层对保险公司所投资资产的认可程度不同，为了提高偿付能力，公司将投资标的资产沽售，从而获得百分之百的认可资产——而这体现在资本市场上，就是在低价位继续减仓杀跌。随着资本基础的削弱，公司的业务发展进一步受限，从而陷入资本基础与业务发展的恶性循环。因此，公司的发展战略必须同时基于资本基础和业务发展的状况，必须使二者与内外环境最大限度地动态匹配。只有这样，才能促进中小财险公司的良性发展，从资本基础和发展战略实施的良性循环中受益，即通过构建好的资本基础促进发展战略的制定和实施，从发展战略实施的过程中受益以巩固资本基础，从而进一步制定和实施发展战略。

二、资本基础制约下的战略选择

据《财富》杂志统计，全球只有不足10%的企业制定的战略规划得到了有效执行，而制约企业战略规划有效运作的一个重要原因是战略规划没有与企业的资本预算相联系。战略执行中重要的阶段性目标是实现公司战略的基础，需要花费一定的成本来根据实施进程的状况及时调整。从保险企业的战略基础来看，资本基础作为维系保险企业偿付能力的关键，直接制约保险企业的战略管理过程。资本基础的强弱是中小财险公司的差异之一，进而对公司的竞争能力产生重大影响。中小财险公司在进行战略规划时，受资本基础的约束，应更加注重成本费用的控制。考虑到中小财险公司资本实力较弱，应该尽量选择对资本要求不高的战略，如差异化战略和集中战略。

差异化战略是中小财险公司广泛采用的一种战略，它是指财险公司向客户提供的产品或服务与其他公司形成差异，在整个行业范围内独具特色，这种特色可以给产品带来额外的加价并构成整个行业内的竞争力。如果一个财险公司的产品或服务的溢出价格超过其独特性所增加的成本，那么拥有这种差异化将取得竞争优势。但差异化战略需要有较强的产品设计能力、良好的客户服务基础、较高的管理水平和信息技术优势、较专业的销售队伍和营销网络等。这对资本基础相对较弱的中小财险公司确实有些困难，但只要能找准突破口，做出自己的特色，并通过有形差异化、无形差异化、维持差异化优势等途径，建立竞争优势是可期的。由于中小财险公司中的市场跟随者只希望从新开发的市场中获得应得的利益，一贯采取模仿、追随市场领先者的产品和营销策略。因此，如果市场跟随者希望靠模仿求生存，可以选择差异化战略。通过差异化产品和服务来满足某些客户群体的特定需要，逐步培育客户对公司的品牌忠诚。

集中战略也是中小财险公司广泛采用的一种战略，它是将目标市场集中在特定的客户群体或某一险种及某一特定地理区域上，即在财险行业内总体市场的一部分建立独特的竞争优势，以财险行业中特定的目标市场开展经营和服务。其前提是能够为狭窄的客户群体提供效果更好或效率更高的服务，目的是在较小的细分市场里获得较大的市场份额。中小财险公司的资本基础和能力不足以进入整个财险市场或更多的细分市场，若发现特定的目标市场或客户群体已经足够产生盈利，同时公司在这一方面有突出优势，可以选择集中战略。其主要途径就是集中在被保险人群体、产品特色、销售渠道、服务专业、地理区域等上面。如果中小财险公司中的市场跟随者选择择优跟随市场领先者或市场挑战者，发挥自己的独创性，使产品适合市场领先者所占市场以外的其他市场需求，则可以选择集中战略。通过集中战略，建立自己独特的客户群体，形成自己独特的竞争优势和市场地位。而中小财险公司中的市场补缺者由于资源有限，无法在广泛的业务领域发展，不仅创造，而且还要扩大和保护补缺市场，通常也选择集中战略。

1.3 中小财险公司战略规划的制定与实施

1.3.1 中小财险公司战略规划的制定

明确清晰的战略规划对中小保险公司的可持续发展至关重要。在科学合理的战略规划指导下，通过采取灵活的具体竞争策略，不仅能够弥补公司在规模等方面的劣势，而且可以让中小保险公司出奇制胜，在激烈的市场竞争中立于不败之地。根据前文指出的战略规划理论和分析方法，中小财险公司应当对自己所处的外部环境和内部资源进行客观的分析，结合自身的优劣势来制定发展战略。应当从以下三个层面进行综合考虑：

第一，制定发展战略要与宏观环境相适应，与国家方针政策相适应。PEST 分析是企业在战略管理过程中对外部环境主要影响因素进行分析的有效工具。在全球金融危机的巨大冲击下，我国宏观经济不可避免地受到影响，但政府积极采取有力的调控措施保证了我国经济能够在平稳中运行。这样的经济形势成为财产保险行业稳定发展的坚强后盾，尤其是国民经济的高速发展、城乡居民消费结构的转型、进出口贸易规模的逐步扩大、汽车保有量的不断增加为财产保险行业提供了良好的发展契机。国家对保险业在国民经济中的作用越来越重视，提出要不断加强保险业竞争力，并对保险业服务经济发展提出了明确要求，《国务院关于保险业改革发展的若干意见》得到切实贯彻，政府推动和政策支持给保险业发展注入了强大的动力。以上这些宏观因素都对财产保险的发展具有积极意义，也是中小型财产保险公司得以生存和发展的基本条件。

第二，要正确分析财产保险行业的运行状况。M. Porter 提出的五力模型（这五种力量为潜在竞争者的威胁、替代品的威胁、买方议价能力、卖方议价能力以及现存竞争者之间的竞争）是用来分析企业所在行业竞争特征的有效工具。从产业竞争结构来看，目前我国的财险市场大致可以划分为两类群组：全年保费收入超过200亿元的大型财险公司和全年保费收入低于100亿元的中小型财险公司。对中小型财险公司而言，行业内竞争者主要是位于同一个战略群组内的其他中小型财险公司，中小型财险公司基本采取相似的战略，财险产品的同质性较强，各家公司的竞争非常激烈，大多采用低价策略获取市场份额。与此同时，中小保险公司在刚起步时要投入相当大的成本进行机构铺设、人员引进和品牌宣传等，支出成本较高，盈利压力较大。中小型财险公司和大型财险公司相比，在品牌知名度、资金实力、管理能力和服务体系等方面都存在很大差距，公司规模小、市场份额低，无法形成规模经济优势，对大公司和新进入者而言不构成太大威胁。此外，由于中小保险公司综合实力相对薄弱，在和再保险供应商和消费者的议价过程中基本处于弱势地位。但另一方面，广阔的市场前景和保险产品的不可替代性也给中小型财险公司的发展提供了良好机遇。可以说，中小型财险公司面临的是挑战与机遇并存的行业竞争环境。

第三，制定发展战略要和公司自身具有的核心竞争力相适应。SWOT分析通过评估企业自身的优势、劣势、竞争环境的机会和威胁，从而对企业进行深入全面的分析以及竞争优势的定位。中小型保险公司的内部优势有：经营的机动灵活性和决策快速准确，前期发展过程中管理费用较低，可以为满足市场特定需求进行专业化经营。其发展劣势有：抗风险冲击能力差，人才匮乏，整体管理水平较低，中小型公司间竞争秩序混乱形成过度竞争，没有稳定优质的客户群等。中小财险公司发展的机会主要有：保险需求不断增加，市场秩序日趋规范，竞争环境进一步改善，政府重视程度及推动作用日益明显，产品创新潜力巨大。中小财险公司发展面临的威胁在于：财险市场处于寡头垄断阶段，中小型财险公司竞争激烈、经营艰难，固定成本较高，供应商和消费者的议价能力较强等。

1.3.2 中长期战略规划下的动态战略理论

一、中长期战略规划的制定

中长期战略规划过程也是企业的综合战略管理过程，它清楚地描述了制定、实施和评价战略的过程与方法。中长期战略规划的起点是建立企业的现时任务和目标，因为不同企业所处的环境不同，各自所拥有的资源条件也不尽相同，所以每个企业都有自己的任务和目标。企业有了自己的发展目标之后，接下来的工作就是根据自身环境和资源条件采用哪种战略来实现这个目标，所以接着就要进行企业的内外部分析。外部分析的目的在于识别确定企业的可能获益和企业面临的风险。外部分析主要是从经济、社会文化和人口环境、政府和法律、技术及竞争等关键影响因素方面来分析企业可能遇到的机会和威胁，从而制定出应对措施。内部分析主要是从企业的管理、市场营销、财务会计、生产运作、研究开发和计算机信息系统等内部职能领域进行详细分析，确认企业的优势和弱点，从而采取相应的措施来应对。

企业在进行内外部分析的同时也在进行战略能力的识别。所谓企业战略能力是指企业实现内部资源同外部环境匹配的能力，它是企业的累积性学识（包括技术、设备、管理、营销等方面知识），是企业生存的基础，并能指导企业未来的发展，资源、能力和战略三者的有机融合构成企业的战略能力。识别战略能力的目的在于判明企业是否存在战略能力，进而决定下一阶段努力的方向。战略能力的识别是企业把握、培育、应用和发展战略能力，进而采用合适并正确的战略以取得竞争优势的前提。只有识别出了适合自身特点的战略能力，企业才能有针对性地去培育和获取这种能力，当企业具有这种战略能力后，才能制定、选择和实施适合企业自身的战略。

企业在进行内外部分析后，接着就是企业战略的制定和选择。企业必须根据自身条件制定和选择最适合自己企业的战略，而这离不开相应的战略能力的支持。当企业制定并选择好了适合自身条件的战略后，剩下的问题就是企业战略的实施和评价。由于当今企业处于复杂多变的环境中，企业的内外部环境变化了，企业的战略也得做出相应的变化和调整，因此要对企业战略做出定期评价，对战略进行反馈和调整，以适应变化的市场环境。

二、动态战略的内涵

（一）动态战略的含义

传统战略分析范式在很大程度上是从单一角度或者是基于稳态环境假设，在系统环境和结构不变情况下对某一特定技术发展的未来状态做出定量推算，以历史和现实状况作为预测未来的主要依据。它符合人们通常的思维方式，也能反映人们已经认识到的规律或约束条件。而实际上未来的发展是复杂多变的，企业成长形态是当时各种内外因素综合作用的结果，实质上也是企业内部结构不断完善以主动适应外界环境的动态过程。顾客需求的变化、竞争对手的策略、国家政策的改变等，均是影响企业生存发展的随机性外部动态因素。因此，纯粹用过去事物发展的模式来推断未来是有缺陷的，必须建立一种更为灵活、更能应对不确定环境的动态战略。

动态能力理论是当代战略管理领域迅速发展的一种理论。基于核心能力的刚性局限，该理论集中探讨企业组织能力的演进与竞争优势之间的核心关系，并把组织能力看成企业竞争优势的根本源泉。从战略管理理论范式的演化来看，动态能力观点则将竞争优势理论侧重的“由外而内”与资源基础观点强调的“由内而外”整合在一个统一的分析框架之中，将外部环境的变动趋势与企业内部资源或能力的演进过程连接在一起，从而为不断变化的环境下企业的战略适应性以及持续竞争优势的形成与发展提供了一种新的战略思维模式。

（二）企业中长期规划的战略能力和动态战略的关系

从企业战略能力的内涵和特征来看，动态战略可以分解为战略思维能力、战略资源管理能力、组织自适应与更新能力。战略思维能力是企业成长与发展的直接动力，只有具备战略思维能力的企业才能发现机会、识别机会、利用机会，才能做出正确的战略选择和决策。战略资源管理能力既包括战略资源的获取能力，也包括战略资源的运用能力。战略资源的获取能力是指企业对战略资源的占有、培育、整合和优化能力；战略资源运用能力是指企业对战略资源的投入和转化能力，即将企业从外部获取或自身培育的战略资源经整合后投入到内部业务流程，并将其转化为战略能力的能力。组织自适应与更新能力反映企业是否具有灵活性与适应性，是否能不断修正和改进组织功能与能力以及适应不断发展变化的环境。组织自适应与更新能力重在测度企业的适应与更新能力，涉及学习能力、协调能力、适应能力、激励机制等。

企业战略能力主要从企业成长的过程中积累而产生，也可以通过市场交易而获得，它是企业创造持续竞争优势的必要条件。企业可能通过自身拥有的资源和能力，在一时一事上获得竞争优势，但要不断获得竞争优势，实现可持续的有质量的稳健发展，必须拥有战略能力。

企业战略能力与动态战略密不可分。当一个企业能够随着环境的变化，实施动态战略管理手段而创造出高度市场价值，并且其他任何现有和潜在的竞争者都无法同时成功地实施这些战略，而且也缺乏开展模仿或复制该企业战略所带来的全部收益的资源与能力时，就可以认为该企业具有动态战略能力。因为企业战略能力是企业能够持续地增加消费者剩余和生产者剩余的关键因素。它是企业的积累性学识（包括技术、设备、管理、营销等知识），是企业生存的基础并能指导企业未来的成长，与主要竞争对手相比，它具有独特的、短期内不可模仿的特点，它有助于实现客户的根本价值并引导客户价值的提升。

三、企业动态战略管理

在动态竞争的条件下，通过有效地实施企业战略管理，可以确保企业长期、稳定和持续地获得高于市场平均水平的收益。而在动态环境下企业战略管理制定与实施成功与否，其核心就是构建与实施动态战略管理。动态战略管理是指企业在既定发展战略、愿景和战略目标的前提下，围绕战略调整的影响因素与环境的变化以及自身的战略资源与能力的提升，所进行的战略实施、战略评估、战略调整和制定新战略等方面的活动；同时，运用动态战略评估与调整的方式对原有的战略进行动态管理。动态战略管理是动态环境下企业未来发展的根本点和战略管理的基础。

企业要成功地进行动态战略管理就必须解决好战略形成和战略变革这两个问题。战略形成主要解决企业如何获得正确有效的战略，并将其在整个企业内部贯彻实施；战略变革则主要解决企业如何进行大的战略转向问题。

对企业战略的形成过程，加拿大管理学家 Henry Mintzberg 进行了深入分析。他认为战略不但可以被制定出来，而且也可以自己形成，有效战略的形成过程大多来源于自然形成。企业的很多重大战略改变都不是真正刻意制定或计划出来的，而是源于不同人们的一些小的行为和决定（有时候出于偶然和运气，并非刻意去寻求结果）。这些微小的变化经过企业长期的学习和相互作用，最后就可能变成企业的“深思熟虑的战略”，从而形成企业的战略模式。企业要在不断学习（企业的过去行为、现在状况以及环境变化）的过程中提高自身的战略洞察力，及时发现企业内部随时随地都可能出现的“萌芽战略”，然后战略型企业家要科学地选取某些可能导致奇迹的“萌芽战略”进行重点培养，最终得到企业的“创新战略”，再经过一段时间的学习和改进，就会不断发展为企业的行为模式，于是企业的战略便形成了。因此，企业有效战略的形成既需要有良好战略洞察力的高层领导进行战略规划，又需要企业形成“人人都可以发现、形成战略”的企业文化氛围，从而促使有效战略的自然形成。

战略变革是指企业通过改变战略内容，使企业战略能够动态地协调企业和客观环境，从而达到获取企业竞争优势的目的。因此，战略变革是企业动态战略管理的重要组成部分。任何一个企业在发展过程中都要经历必然的战略变革，这是因为环境的不断变化要求企业必须进行及时的适应性调整，才能更好地生存发展下去。虽然战略变革对企业的长期生存发展是必需的，但并非所有企业的战略变革都能成功。大多数企业变革失败的原因主要有：没有意识到环境的急剧变化、没有对环境变化做出恰当的战略反应、进行战略变革时的方向错误以及由于组织固有的惯例阻碍了正确的战略变革的实施等。因此，要使战略变革顺利实施，首先要正视现实的不确定性，在此基础上确立战略变革基调，变革的基调主要包括平衡与动态相协调的可持续发展、适应与超越互相促进、传统与现代互补的“扬弃”、主动变革与被动反应相结合；另外，还要增强企业战略弹性，通过提高企业知识创新能力或组织学习能力来提高企业战略学习机制的灵活性和战略学习能力，并且重视基于惯例变异的内生性战略变革过程。战略思维模式如表 1-1 所示。

表 1–1 战略思维模式表

	传统战略规划	动态战略规划
基础	历史数据和现状的分析	历史、现状、可能影响未来发展战略的因素以及这些因素在未来可能出现的状态
思想及方法	将未来环境的不确定性通过不同假设确定下来 对于未来发展的不确定因素的处理方式通常包括：忽视、通过设定假设条件将其固化、依靠直觉判断或做武断预测	正视未来发展的不确定性，通过对不确定性的深入分析确定未来环境发展最有可能出现的状态及形式
关联性	不同因素的影响分析相对独立，对因素组合影响的关注度较低	重点分析不同因素在未来环境中的影响组合
适应性	分析结论与战略措施基本上一一对应，一旦战略发展面临的环境发生变化，无法及时调整战略措施	分析结论涵盖未来可能出现的多种环境以及与各种环境相匹配的战略措施，能及时对战略措施进行调整以适应战略环境的变化

四、动态战略规划的主要方法——情景分析法

情景分析法是一种适用于在复杂的、不确定的环境中企业动态规划的有效方法，在长期或远景预测时尤为有效。情景分析法的具体操作步骤因研究对象和分析视角的不同而有所不同。一般而言，以下几个步骤是情景分析法的关键内容：

第一，关键因素的识别和选择。在明确分析目的和主要任务后，应当选择可能影响公司未来战略方向的多种因素。影响因素是指影响

未来发展趋势的因素，可以说是造成未来情景变化的主要原因。但是要将所有影响因素一一列举是不可能的，而且从不同角度分析它们的影响力度也不同。所以，在大量调研和分析之后，要将各种因素按照其不确定性和影响程度进行分类，将影响程度和不确定性同时较高的因素作为优先级因素进行重点考虑。

第二，将各主要因素未来可能出现的状态进行组合，形成多个初步的未来情景描述方案。将“发生概率”和“战略重要性”作为横纵坐标进行归类，如图 1-3 所示，通常分为 A、B、C、D 四个区域。

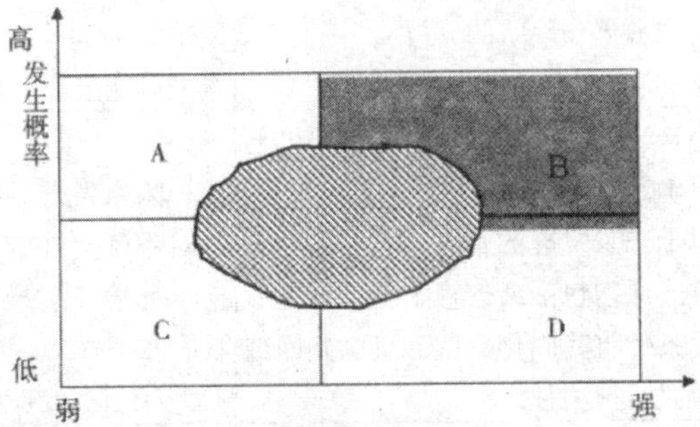

图 1–3 案例筛选模式图

其中，A 区域内方案拥有相对较高的发生概率和较弱的战略重要性，适合于追求稳定发展的企业；B 区域方案与 A 区域方案相比在战略重要性上明显增强，如果预测准确，该区域中的方案往往不仅是众多企业制定战略的重点依据，也是企业创造竞争优势的有力武器；C 区域中的方案因其低发生概率和弱战略重要性通常是被忽略的对象，但有时也能给企业带来出其不意的效果；D 区域中的方案与 B 区域中的方案都拥有非常强的战略重要性，但属于低发生概率的区域，该区域中的方案不如 B 区域中的方案受青睐。

第三，模拟演习并制定战略。从方案的战略重要性和发生概率两方面，结合企业自身以及所处行业特点，选择合理数量的方案进行模拟，也就是面对情景中出现的状况或问题采取对应的策略。在分组进行模拟并肯定了每个单一战略后，基于每种情景之下的战略汇总，找出将来决策的重心，最终制定出公司未来的总体战略规划和政策。

第四，建立早期预警系统。这在情景分析法中起着非常重要的作用，通过扫描主要影响因素，监测环境，发现环境中的细微变化，以及早发现威胁和机会，并对情景分析法中主要影响因素进行及时调整，进而调整方案，为以后的情景分析提供一个很好的基础。

情景分析法可以辅助企业在未来环境变化的情况下，对各种可能性进行挖掘、归类，描绘编撰各种不同的剧本和场景并进行策略规划，以协助企业针对未来各种不同的场景，评估其风险并找出各种应对策略，使企业在环境突变时，及时应对，减少损失。对处于不同地位、不同行业的公司进行研究后发现，情景分析与公司规模无关，但能够影响公司业绩。因此，对于中小企业而言，运用情景分析法进行战略规划具有一定的借鉴意义和参考价值。

1.3.3　中小财险公司的动态战略

一、中小财险公司的动态战略规划

中小财险公司从一出现就面临来自各方面的激烈竞争和复杂多变的外部环境，企业经营环境的动态复杂化对战略规划提出挑战，运用传统方法制定出来的战略往往与现实脱轨，这些理论的解释力表现出一定的局限性。因此，战略管理领域需要一个能够指导中小财险公司在动态复杂环境下获得可持续竞争优势的分析方法。

中小财险公司进入市场的门槛和时机相对于已有的公司来说处于劣势，规模经济、资本需求等是中小财险公司的天然屏障，但这并不代表中小财险公司无从发展。从战略的阶段性看，技术的发展和保险业行业秩序的好转也为小财险公司提供了一定的后发优势，中小公司可以通过短期战略快速建立局部优势。从战略的合作性来看，中小财险公司有可能通过不可替代的优势成为竞争对手的合作伙伴，获得多赢的结果。

（一）战略的合作性

企业基于合作的战略管理取向可以分为两个方面：一是传统战略管理理论强调的企业与相关客户、供应商间的合作关系；二是企业与

竞争者之间基于竞争的战略合作。

在动态竞争环境下，中小财险公司与竞争者之间往往面临着同样的战略逻辑与发展远景，产业的成长构成了共同的市场拓展与机会创造基础，这也意味着企业与竞争者之间不仅需要面对现有的产业发展情势，通过竞争获取各自在产业或市场上的位置，而且也需要面对共同的产业演化或变革趋势，通过合作推动产业的成长，扩大彼此之间共同的市场发展空间，实现产业快速成长基础上的战略双赢。

动态竞争理论的战略管理思维不仅整合了企业基于价值链基础的互动合作，而且在产业成长的基础上拓宽了企业基于合作的竞争战略范畴；这种基于非零和博弈基础上的竞争与合作之间的互动，既是合作基础上的竞争，也是竞争基础上的合作。从这个意义上来看，中小财险公司的发展战略目标应该是使自己成为市场上某一方面的专家或“特种兵”，成为竞争对手不能忽视的合作伙伴。

（二）战略的层次性和阶段性

在当前的超强竞争时代，企业之间的对抗已经超越了传统的产品与产品之间的竞争，表现出明显的层次性。企业的竞争优势大致可以分为由内而外的四个层次，即基于战略逻辑与企业远景的竞争优势、基于战略资源与核心能力的竞争优势、基于价值链管理的竞争优势以及基于产品与市场细分的竞争优势。

但是处于不同生命周期阶段和拥有不同禀赋的企业，不可能把有限的资源和能力全部投入所有层面，在中短期，企业必须根据自己目前的资源、能力等禀赋分别在这四个层次上选择某些重点突破，构造出一定的竞争优势；从长期来看，企业则必须持续不断地把深层次的潜在不足转化为竞争优势逐层向外推进，形成全面均衡的整体竞争优势。

二、中小财险公司的动态战略规划的运用

中小型财险公司在进行动态战略制定时，应当分析自身在整个财险市场中的竞争定位和产品的市场吸引力，同时分析企业在资本市场上的投融资能力和成长性，确定企业的财务定位，综合产品市场和资本市场的分析结论，确定企业的战略方向和战略定位。在战略执行部分，将战略要点细化到企业的组织资源和绩效管理层面，通过重组组织架构和重新配置资源来优化组织资源，通过绩效管理制度和激励机制实现绩效管理，从而实现企业价值创造最大化。中小财险公司应当在中短期战略和长期战略的制定与执行中贯彻渗透动态战略思想。

（一）中短期战略：基于创新能力的目标集聚和差异化战略

短期阶段最大的困难在于支撑公司战略所需的各种资源匮乏，如资金、人力、渠道等。资源的匮乏是造成这一阶段不匹配状态的主要要素。公司必须在有限的资本基础上，最大化的优化产品和服务，迅速获得造血能力，进入良性循环。这一阶段，中小财险公司不足以在产业链上与大公司等竞争对手全面抗衡，而应当通过培育核心的创新能力，通过差异化战略形成自己不可替代的竞争优势或产业位置，甚至成为大公司在某一领域的合作伙伴。

通过博弈论的理论分析和现实商业案例可以看到，行业领先企业为维持自己的优势地位一般采用较保守的跟随策略，而中小企业的发展与突破必须建立在创新体系的培育上。创新能力是中小财险公司的核心能力。当前保险行业产品同质化倾向明显，客户在不能区分产品差异时，只能根据对保险公司的偏好来选择产品，而这对具有品牌和市场优势的大公司具有明显优势。随着经济、社会、市场环境的变化，消费者的需求也在不断发生改变，这就可能造成不同时期对不同产品的热衷程度有所区别。能够在一定时期内迎合市场需求的产品将会对保险企业生存起到重要的作用。在买方市场的市场经济环境下，中小财险公司只有主动跟随消费者偏好的变化，发挥“船小好掉头”的优势，及时洞察市场趋势，大力创新经营模式才能获得生存和发展。

1．中小财险公司的创新体系

企业创新体系划分为内部创新层和外部创新层。内部创新层包含企业技术创新子系统和企业管理创新子系统，它是企业的“内力”，具有根基性的作用；外部创新层包含企业产品创新子系统和市场创新子系统，是企业创新系统实现其目的的“外力”。创新体系如图 1-4 所示。

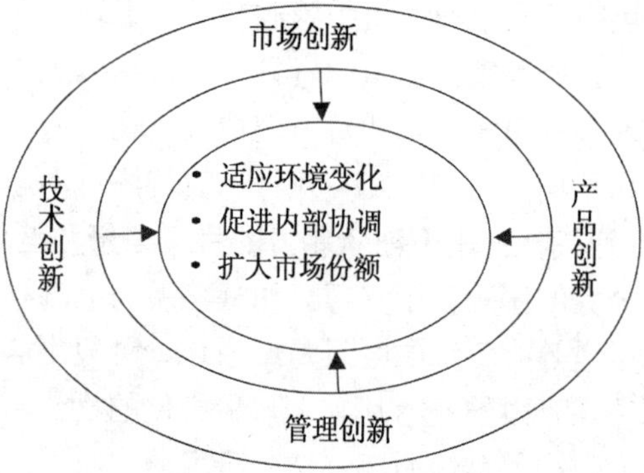

图 1–4 创新体系图

中小财险公司的创新体系有四个组成部分：

第一，技术创新子系统。技术创新是由新产品研发、推广到市场应用等一系列活动所组成的完整过程，是市场与技术的结合。只有符合企业发展目标、能够为企业带来收益的技术创新活动才能够真正称为技术创新。

第二，管理创新子系统。管理创新是指企业把新的管理要素（如新的管理方法等）或要素组合引入企业管理系统的创新活动。管理创新可能包括以下情况：提出一种新的经营思路并加以有效实施，创设一个新的组织机构并使之有效运转，设计一种新的管理模式，进行一项制度的创新。

第三，产品创新子系统。产品创新既可以是研发出新的产品，也可以是对现有产品的改进与提高。它既涉及新产品的结构、功能、品种、服务的创新，又涉及新产品销售中的商标、广告、销售渠道和服务等方面的创新。

第四，市场创新子系统。市场创新是企业的一种市场开发行为，它的目标是开辟新的市场，促进企业生存与发展，具有明显的商业目的。市场创新可运用的途径是多种多样的，既可以运用新技术来开辟新的市场，也可以通过改变市场定位、市场组织结构、市场需求状况、市场营销渠道和用户等方式来开辟新的市场。

2. 目标集聚与差异化战略

企业在市场竞争中有总成本领先、差异化和集中差异化三种战略可以选择。总成本领先战略是指企业通过技术和管理手段，使自己的成本水平总是低于同行的水平，从而取得较高盈利能力的战略。差异化战略则是通过创造产品和服务在设计、品牌形象、技术特点、客户服务、分销渠道等方面的独特性，提高客户对公司的忠诚度，降低客户价格敏感性，以避开低层次竞争，提高销售和盈利能力的战略。集中差异化战略是指企业将自身资源集中于特定的市场、产品或客户，取得局部优势，获取较高利润率的战略。

通过前面的分析，我们不难看到中小财险公司由于经营规模小，固定成本难以摊薄，加之多处于成长初期，一般都不具备实行总成本领先战略的必要条件。同时，由于经营时间不长，品牌知名度和美誉度不高，销售服务网络较小，特别是自身资源有限，难以在全产品线和经营的各个领域实施差异化战略，与大型公司展开全面竞争。因此，中小规模公司要应对面临的战略挑战，必须集中有限的资源，找准目标市场和目标客户群，明确战略重点，实施集中差异化战略，以创新为手段，着力培养核心竞争力，在特定的领域形成局部优势，突破大型公司的移动壁垒，从而持续改善市场地位，提高销售和盈利能力。

中小财险公司应坚持专业化经营、集约化管理、品质化发展的经营思想，主攻某个特定的顾客群、某产品系列的某一个细分区段或某一个地区市场，推进互动业务、营销业务、银行保险、电子营销渠道专业化建设，以精细化管理实现公司业务稳定增长和持续盈利；围绕着很好地为某一个特定目标服务这一中心，公司制定的每一项职能性方针都要考虑这一目标。这一战略的前提是公司能够以更高的效率、更好的效果为某一战略对象服务，从而超过在更广范围内竞争的对手。公司更加重视经营绩效、客户服务和团队建设，其结果是，公司或者通过较好满足特定对象的需要实现了差异化，或者在为这一对象服务时实现了低成本，或者二者兼得。

由于保险行业是一个与人的需求密切相关的行业，我们可以把这种集中差异化战略进一步定位于以客户为中心的差异化战略。保险行业同样遵循二八定律，即20%的高端客户能为保险公司带来80%的利润，80%的中小客户只能带来当前20%左右的利润。以客户为中心的差异化战略，以满足客户需求为宗旨，只不过其所面对的普通客户与高端客户的需求不同：在高端客户方面，需要保险公司满足其多样的保险需求，甚至需要保险公司为其量身定做，他们也愿意并且能够为这种特别服务付出比标准化服务更高的价格。因此，保险公司必须先了解每一位客户的独特需求，再设法为其专门设计保险产品，顾客需要什么样的产品，它们就创造什么样的产品，这样才能使客户感到满意与便利。在普通客户方面，由于受到预算的约束，他们需要以合理的价格、较低的交易成本得到标准质量的快捷服务。保险公司为客户提供的是基本上标准化的一揽子产品，也就是说，它们是先设计出产品，再将这些产品向尽可能多的客户推销。保险公司面向的客户群十分庞大，其关键特征是邻近客户的位置、标准化的产品、低廉的价格。

高端客户是中小财险公司的利润之源，需要尽量满足高端客户的全面保险需求和消费体验才能争取到他们。同时高端客户具有保险、投资、避税等多样化的需求，为中小财险公司发挥创新能力和快速响应能力提供了广阔天地。以客户为中心的差异化战略要求保险公司在成规模的客户中进行深度数据挖掘，发掘客户潜在需求，提供标准化产品满足需求，进行人性化的服务，提升客户体验。另一方面，随着中国经济发展和消费升级，一部分普通客户会在未来转化为中高端客户，只有通过现在的服务留住和培养目前的普通客户，才能保证中小财险公司未来的持续发展。

针对不同的客户群体和客户定位，创新产品、销售、服务、理赔、成本概念和盈利模式，开发渠道专属型产品、区域性产品、多层次产品，将公司提供的产品或服务标新立异，形成一些在市场范围内、产业范围内具有独特性的产品。实现差异化战略可以有许多种方式，如品牌形象、技术特点、客户服务、经销网络等。差异化战略利用客户对品牌的忠诚以及由此产生对价格的敏感度下降使公司避开竞争。它也可以使利润增加却不必追求低成本。客户忠诚造成其他竞争对手要战胜这种“独特性”需付出的努力即构成了进入壁垒。

（二）长期战略：打造全方位多层次的竞争能力，立足国内，放眼国际

在目前形势下，企业之间的竞争已经进入“产业链竞争时代”。研发、质量、服务、品牌等单一竞争形势，容易为竞争对手所模仿，难以保持长久的领先优势。而产业链竞争优势建立在更大范围的、更多种类的产业资源和核心能力的基础上，一旦达成，就可以获得长久的优势。

从企业成长理论看，中小财险公司在专业化发展的道路上必将存在规模不经济的情况，必须通过延伸产业链视野，在产品研发、数据挖掘、渠道建设、客户体验、上下游合作等环节的系统重组，深化产业价值链上、下游协同关系，形成纵向一体化和横向一体化发展模式，在规模经济的基础上追求范围经济，形成以主业为核心的多元化经营模式。主要手段包括：第一，在“微笑曲线”的两端树立优势，通过深入的数据挖掘和强大的研发团队，保持持续的技术创新，不断的产品升级，增加产品的有效差异性，通过技术提升带来应用领域的拓宽与附加值的提高，进一步刺激潜在需求；通过对渠道精工细作，打造精英营销队伍，保证对市场的快速反应和客户的优质体验。第二，提升技术效率，降低经营成本，优化管理水平，降低管理费用。第三，通过对产业链关键环节的控制，整合产业链上下游资源，打造产业链的战略联盟，形成全产业链的竞争优势。第四，产业或企业进入成熟期后，充分发挥企业现有优势，实施产业链上相关多元化，降低风险，延长企业生命周期。第五，对某些盈利模式的开创和进一步完善，行业关键游戏规则的确立与改变。

至于国际化问题，并非只限于中长期战略规划的选择，从国际经验看，中小财险公司应先立足国内市场，再进军国际市场，条件成熟的公司可以先行国际化，但针对国内目前中小财险公司的普遍性现状，我们建议仍将其作为一种中长期战略加以选择。

1.3.4 中小财险公司基于不同客户群的战略实施

一、企业整体发展战略下的客户关系管理战略

企业竞争优势的本质在于自身能比竞争对手提供更强的客户价值。客户资源对于企业来说具有重要价值，能为企业提供强大的信息与知识价值。客户资源特别是忠诚客户资源富有战略价值，它能转化为企业的长期性竞争优势。企业的竞争优势来源于企业以客户资产为导向组织和配置内部专有资源，在资源的价值创造和转移过程中力求使客户价值最大化，并通过优质的客户资产对企业外部环境的变化作出迅速有力的反应，来建立和巩固持久的竞争优势。因此，这就要求企业重新定义和修正它的客户价值，快速建立起提升客户价值的业务模式、人力资源、质量管理和信息系统。

客户关系管理（CRM）的概念在20世纪90年代由Gartner 集团率先提出。CRM是指通过采用信息技术，使企业市场营销、销售管理、客户服务和支持等经营流程信息化，实现客户资源有效利用的管理软件系统。其核心思想是"以客户为中心"，提高客户满意度，改善客户关系，从而提高企业的竞争力。客户关系管理战略不能被孤立地发展，它必须建立在现有的销售战略或市场战略基础上，也必须和公司整体战略具有高度的相关性和联结性。公司的愿景和目标就是客户关系管理战略需要达到的预期目标。CRM 绝不仅仅是一种简单的软件和技术，而是一种新的企业管理思想和企业战略，目的是使企业根据客户分段进行重组，强化使客户满意的行为并联接客户与供应商之间的过程，优化企业的可盈利性，提高利润并改善客户的满意程度。

客户关系管理战略目标分为短期战略目标和长期的战略目标。短期战略目标是在某一阶段，投入一定的资金去完成一次性的项目计划；而长期战略目标是指企业 CRM 项目开发的长期部署计划，长期目标的实现可以看成是几个短期目标的集合，企业在制定具体 CRM 战略目标时，还必须考虑企业未来中长期的发展战略，客户关系管理在企业中的应用是一个逐步完善、持续改进的过程。

二、中小财险公司基于不同客户群的战略实施

我国保险行业已经从以产品为导向的供应方市场转变为以客户为导向的需求方市场，任何一个公司只有为它的客户创造出价值才能获得成功。因此中小财险公司必须以市场为导向，以客户需求为驱动，提供一流的服务，才能在面对各种竞争压力时获得生存和发展的机会。根据中小财险公司发展战略的特点，应当着力实施以客户为中心的目标集聚化和差异化战略。

（一）基于普通客户的战略实施

第一，探索电子化、集约化的业务运作模式。普通客户业务笔数多、单笔金额小、管理工作量大，但其标准化程度高，适于批量作业，故可辅之以电子化、集约化的业务运作模式。因此，中小财险公司应开发系统的业务、客户管理软件，实现业务的承保、核保、理赔和档案管理诸环节的电子化、集约化。

第二，通过创新业务品种，扩大业务量。创新的险种总是能满足客户以前未被满足的某种需求，因而会受到消费者的欢迎。例如在财产保险中结合我国特殊领域风险的具体情况，推出新的险种，如创办地震保险、洪水保险等。

第三，通过整合以及扩大服务功能和提高服务质量，来扩大业务规模。目前我国绝大部分中小财险保险公司的服务内容单一，即主要围绕赔付开展服务，而很少提供与赔付密切相关的防灾服务以及防灾咨询服务，基本上没有提供其他服务项目。而增加相关的周边服务如提供热线信息、急救物品，提供救灾技术人员，支付救灾费用，培养客户消费习惯等。

第四，应和其他保险公司以及银行、证券等同业机构加强合作。这种面向普通客户合作的金融成果主要体现在组合包装各行业现有的金融品种，在集中考虑客户需求的基础上推出标准化产品，低成本地满足普通客户的复合型金融需求。譬如：一是保险与消费信贷产品的组合，将财产保险、信用保证保险与住房贷款、汽车贷款、个人耐用消费品贷款、学生助学贷款相组合等；二是创建“保险超市”及“金融超市”，为普通客户提供全面的标准化产品。

第五，创新销售渠道，快速扩大销售服务网络。随着社会消费环境不断优化，一方面机构直销、经纪、专兼业代理、电子商务、电话直销等新兴销售服务模式不断发展，客户的购买行为方式也不断转变；另一方面客户的流动性加快，也要求保险公司能随时随地为客户提供服务。这就要求保险公司提供全天候、多渠道的销售服务方式供客户进行选择，为客户降低交易成本。对中小财险公司来说，由于自身的资源有限，难以在短时间内通过延伸自有机构来扩大销售服务覆盖面。因此，必须大胆创新思路，积极开发和利用社会现有的各种网络资源，快速扩大“为我所用”的销售服务网络，实现低成本扩张。

（二）基于高端客户的战略实施

第一，注重客户体验，树立以客户为中心的理念。保险公司上至决策层，下至一线员工都应当深刻认识到优质客户是保险经营的重要资源和财富，是公司生存和发展的基础，自觉地将“以客户为中心”的经营理念贯彻到工作的每个环节。

第二，推广客户经理制，对高端客户进行专门服务。公司应该为优质的公司和个人客户配备专门的客户经理，向客户提供综合性、全方位、连续性的保险服务的保险营销与客户服务机制。客户经理的基本职责是发现客户需求并及时予以满足，同时对客户风险进行识别，以防止和降低经营风险。“市场细分”是配备客户经理的重要依据。基于对团体法人客户和关键人物的调查分析，可按一定依据把客户划分成不同类型，如可按保费规模、保费增长率、利润贡献率指标把客户划分为三个等级，按客户续保率、抱怨情况把客户划分忠诚客户、预警客户、脱落客户，按客户的投保决策因素把客户划分成专业服务型、关系型、交易型、综合型等，为不同类别、等级的客户配备相应等级的客户经理，为其提供定制服务。由于客户经理在前台受理了客户的一切保险服务需求，然后将具体业务交给保险公司各职能部门完成，使各部门能够统一调度、相互配合，避免了多头对外、相互扯皮的弊端。因此，既维持了保险公司内部产品生产在分工上的便利性，又使客户得到了“一站式”服务。这种服务在延长支付链条、增加价值链中每一个环节的附加值的同时，也增加了客户转向其他保险公司投保的成本，从而成为增强中小财险公司竞争力的有力武器。

第三，建立智能型的客户信息数据库。中小财险公司应利用自身的后发优势和灵活性，加快信息系统建设，完善数据挖掘机制。因为信息系统可以全面反映客户的金融活动情况，有助于保险公司细分客户和对客户对保险公司盈利贡献能力的分析，进行产品的市场定位、确定公司的险种开发及产品组合销售方向，制定差异化服务营销策略。数据库的建立有赖于保险公司内部数据共享的实现，即将原来分散的、存在于不同部门的客户资料，包括承保、理赔、风险评估、风险管理、客户服务等数据加以整合，形成一个完整的、方便访问和快速提取的数据库，使客户数据能得到有效的保留、集成和利用。在此基础上，建立客户信息指标体系和分析模型，制定客户细分标准，利用现代统计分析方法和数据挖掘技术，对数据进行加工整理，从而形成有用的客户信息和知识。如在客户信息系统的基础上开发客户搜寻系统，选择有发展潜力的客户，形成自己的“客户备选库”、“项目备选库”。

第四，为高端客户提供增值服务，个人客户经理和公司客户经理要了解客户价值增值系统的关键点和变化特点，采取各种措施与客户进行经常性的双向沟通，从客户的角度出发，真正为客户创造价值，通过提供政策分析、税务咨询、高端客户座谈会和 VIP 客户俱乐部等形式为高端客户提供专业化的服务。

综上所述，中小财险公司必须清醒地认识到内外环境匹配的重要性，适时地调整自身发展战略，建立多层次、多阶段的发展战略。从短期来看，中小财险公司无论从资本实力、技术力量、再保支持、承保能力，还是销售网络、服务提供等方面均与大型财险公司有比较大的差距，难以满足市场和全部客户的需求。因此，中小财险公司要认真研究市场和客户需求，结合自身专业优势和业务特长，锁定目标市场和目标客户群，进行精耕细作和专业化服务，主动实施以客户为中心的差异化战略。从长期来看，中小财险公司形成产业链上的关键优势，控制产业链安全，实现做强之后做大，向专业化公司、专业金融服务提供商转变。当然对每一家具体的公司来说，都应有自己特点的发展战略和盈利模式，发展战略没有最优的，只有最适合的。

2 盈利模式研究

2.1 中小财险公司盈利模式的理论分析

2.1.1 盈利模式的概述

一、企业盈利模式定义

国外对盈利模式的研究相对较早。关于企业盈利模式的定义主要有以下几种：

1. 盈利模式是指一个企业价值创造的方法

盈利模式就是指一个企业价值创造的方法和通过这种价值创造为自己的客户及维持企业正常运转的所有参与者服务的一系列设想。当今企业之间的竞争，不是产品的竞争，而是商业模式或盈利模式的竞争。企业的盈利模式就是企业将人才、技术、品牌、外部资源等要素有机地整合在一起，并为企业创造价值的独有经营模式。

2. 盈利模式是指企业各个方面的有机组合

确定企业盈利模式首先应充分了解企业的商务战略、企业的组织形式或结构、企业的业务流程、企业的价值链、企业的核心能力。盈利模式至少要满足两个必要条件:第一，必须是一个整体，有一定结构，而不仅仅是一个单一的组成因素。第二，盈利模式的组成部分之间必须有内在联系，这个内在联系把各组成部分有机地联系起来，使它们互相支持，共同作用，形成一个良性的循环，形成一个有机的组合。

3. 盈利模式定义归纳为三个方面

在经济方面，盈利模式是指企业利润产生的途径，相关变量包括收益来源、定价方法、成本结构和利润等；

在运营方面，盈利模式是指企业内部流程及构造问题，相关变量

包括产品或服务交付方式、管理流程、资源流、知识管理等;

在战略方面，盈利模式是指企业的市场定位、组织边界、竞争优势及其可持续性，相关变量包括价值创造、差异化、愿景和网络等。

这三个方面的定义各有不同，但也有共同包含的部分。价值提供、经济模式、顾客界面或联系、伙伴关系网络或角色、内部基础设施或关联活动、目标市场等是三种定义共同的组成部分。

我国的学者对盈利模式的定义也提出了自己的看法。其主要观点是：

1. 企业盈利模式是获取利润的解决方案

企业的盈利模式应当是：企业如何利用自身资源，在一个特定的包含了物流、信息流和资金流的商业流程中，将最终的商品和服务提供给客户，并收回投资、获取利润的一种解决方案。这种解决方案包括企业的基本制度、组织架构、管理规范、业务流程、经营战略等要素组成的企业运作机制，盈利模式直接解决企业的生存与发展状况。

2. 盈利模式就是一种商务模式

国内有学者认为盈利模式就是一种商务模式。从商务模式的角度来看，盈利模式是指给定环境中核心界面要素形态的有意义组合。

由上文可知，目前理论界对盈利模式还没有一个统一的定义。本书认为，盈利模式是指经济体（项目）在特定的外部环境和内部资源下，通过投入经济要素和各种管理活动以获取利润的方式和手段，其核心是获得利润的途径组合。盈利模式是企业经营模式和发展模式的重要组成部分。盈利模式的转变其内涵十分宽泛，包括盈利来源的拓展、盈利结构的优化、发展战略、盈利方式的转变、竞争行为的提升等诸多方面。盈利模式的问题涉及企业发展的各个层面，盈利模式的优劣直接决定了企业经营效果的优劣。

二、盈利模式的理论

1. 亚德里安•J. 斯莱沃斯基盈利模式理论

美国学者斯莱沃斯基等人在其所著的《发现利润区》一书中，将企业的利润区分为 22 种类型，并据此归纳出了 22 种盈利模式，见表 2-1。22 种典型盈利模式是斯莱沃斯基及其团队在研究了大量工商企业实践后的成果，其中有相当一部分取材于他们自己的战略咨询业务案例。因此，斯莱沃斯基有能力抽象出一些从客户需求到企业利润形成的一般规律。

表 2–1 典型的盈利模式及其成功实践者

盈利模式	领先的实践企业
1. 客户解决方案模式	通用电气、USAA、Nordstroaa、ABB、Naleo、惠普
2. 产品金字塔模式	SMH（斯沃琪）、马特尔玩具
3. 多种成分系统模式	可口可乐、Mirage Resorts
4. 配电盘模式	施瓦布、USAA、Auto-by-Tel、明星艺人经纪公司
5. 速盈模式	英特尔、信孚银行、索尼
6. 卖座“大片”模式	默克、迪斯尼、全国广播公司
7. 利润乘数模式	迪斯尼、Virgin、本田
8. 创业家模式	热电子公司、ABB、3M
9. 专业化利润模式	ABB、EDS、Wallace
10. 基础产品模式	微软、奥的斯、吉列、通用电气
11. 行业标准模式	微软、Oracle、美利坚航空的 SABRE 航班订票系统
12. 品牌模式	英特尔、可口可乐、耐克
13. 独特产品模式	Hercules、默克、3M、大湖化学
14. 地区领先模式	星巴克咖啡、沃尔玛百货
15. 大额交易模式	摩根士丹利、英国航空公司
16. 价值链定位模式	英特尔、大片音像、Republic Industries
17. 周期利润模式	丰田、道氏化学
18. 售后利润模式	通用电气、软件库（Kingstor）
19. 新产品利润模式	康柏、克莱斯勒
20. 相对市场份额模式	宝洁、菲利浦·莫里斯
21. 经验曲线模式	MiUiken、爱默生电器
22. 低成本模式	纽科、西南航空、戴尔

2. 熊彼特有关盈利模式理论

盈利模式概念是在很多管理规范、业绩曾经骄人的大公司在很短时间内被新公司打败的背景下提出的。因此，一般意义的盈利模式弱化了管理的概念，而突出创新的作用和意义。其核心思想可以用熊彼特提出的“创造性破坏”来描述。在这个框架下，“价格和产出的竞争并不重要，重要的是来自新商业、新技术、新供应源和新的组织模式的竞争”。企业家通过新的组合来创造出新的顾客需求、新的顾客偏好、新的市场盈利点。

3. 加里·哈默尔盈利模式理论

美国学者加里·哈默尔在其所著《领导企业变革》一书中提出一个比较完整的框架，对盈利模式进行分析，如当大家对打字机的消费已经习惯以后，这种产品的价格和利润必然随着销量的增加和竞争的加剧而降低。企业要赚钱，就必须重新创造一种产品来完成打字机的功能，有更多其他功能的扩展，或者是可以使打字变得更加轻松和方便。因此，有公司开始全力推广电脑，苹果、康柏成为成功者，还有迷途知返的IBM也成为了胜利者。电脑行业发展到现在经历了无数次创造性的变化。这就是熊彼特认为的“企业的经营行为就是不断实施创造性破坏——在打破旧有市场格局中建立并确定了盈利模式的组成元素”。他认为，一个盈利模式应包括四个主要组成部分：核心战略、战略资源、客户界面以及价值网络。

其中，核心战略是企业选择如何竞争的基础；战略资源是指企业竞争优势所依赖的独特的具体资源；客户界面是企业与客户发生联系的所有关系的总和；价值网络则是指以企业为中心，补充和扩大企业自有资源。四个要素之间有互相联动的效应，这种联系由三个连接媒介体现：

（1）在核心战略与客户界面之间充当媒介的是客户利益，这实际上是向客户提供特定的利益集合体。利益是指从用户立场出发，其基本需求和需要得到满足。

（2）在企业的核心战略与战略资源之间起到连接桥梁的是资源配置。配置是一种独特的方法，它用来整合企业的战略控制手段，并且共同支持业务经营活动的展开。

（3）在战略资源与价值网络之间充当媒介的是企业边界。这种连接媒介是指对企业要做什么以及将何种业务承包给价值网中的公司做出决策。

加里·哈默尔认为，确定任何一种盈利模式的利润潜力，要考虑四个方面的因素：

（1）效率的标准是客户价值多于客户的成本。

（2）独特的盈利模式是获得高于平均利润的起点。

（3）盈利模式在其内部必须是一致的，即其所有部分必须朝着共同的最终目标一起努力。

（4）利润助推因素实际就是控制市场供需关系的手段，依此创造准垄断的市场地位来获取超额利润。

4. 迈克尔·波特盈利模式理论

盈利模式理论的另一个重要思想来源是美国哈佛大学企业战略专家迈克尔·波特提出的“价值链”。波特把企业的上、中、下游的整体看成一个产生价值的链条，在上线有关联的企业与企业之间存在着行业的价值链，企业内部各联系的业务单元之间构成了企业的价值链。但是这些价值链并非是自然结合起来的，而是建立在独特的企业定位和价值观念上，只有以成本最低或者差异化为目的，设计一个不同的、以客户为导向的价值链，然后以核心资产、能力对价值链进行打造，并辅以配套的营销，才能成功地打造以价值链条上各环节的匹配为条件的“价值链”，所以，企业的盈亏与否，关键就在于对价值链的设计以及核心能力的运用。这也就形成了波特的盈利模式理论。

三、盈利模式的理论来源

盈利模式涉及对企业整体系统的基本认识，也是商业创意的实现形式，其包含的要素内容涵盖极其广泛。

我们通过盈利模式的要素组成来研究企业盈利模式的理论来源。可以归纳和总结出企业盈利模式分析与设计的五个要素，几乎所有企业的利润模式都是以某一个或两个要素为核心的各要素不同形式的组合。这五个要素是：

利润源是指企业提供的商品或服务的购买者和使用者群体，他们是企业利润的源泉。利润源分为主要利润源、辅助利润源和潜在利润源。好的企业利润源，一是要有足够的规模；二是企业要对利润源的需求和偏好有比较深的认识和了解；三是企业在挖掘利润源时与竞争者相比较而言有一定的竞争优势。

利润点是指企业可以获取利润的产品或服务。好的利润点，一要针对明确客户和清晰的需求偏好；二要为构成利润源的客户创造价值；三要为企业创造价值。

利润杠杆是指企业生产产品或服务以及吸引客户购买和使用企业产品或服务的一系列业务活动。利润杠杆反映的是企业的一部分投入。

利润屏障是指企业为防止竞争者掠夺本企业的利润而采取的防范措施。它与利润杠杆同样表现为企业投入，但利润杠杆是撬动“奶酪”为我所有，利润屏障是保护“奶酪”不为他人所动。

利润家是企业内对企业如何盈利，具有极强的敏感性和预见性的人。他往往是企业家本人，也许是企业家的盟友，或许是职业经理人。

从上面我们可以看出，盈利模式包含的内容是十分宽泛的，没有一种理论可以直接解释盈利模式的方方面面。不同行业的盈利模式理论来源也是不完全相同的。总的来说，盈利模式常基于企业战略及相关理论的核心思想。它包括价值链理论、战略定位理论、内部资源最优配置理论，以及熊彼特的创新理论等。

2.1.2 中小财险公司盈利模式的理论分析

一、保险公司盈利模式

保险公司盈利模式是指保险公司在特定的保险市场中，充分利用自有资源，组织承保与投资活动获取利润的途径与方式。保险公司经营内容的特殊性决定了保险公司的盈利模式与一般意义上的盈利模式有所不同。在其他行业中，被打败的大公司其问题往往不是出在管理上，而是产品陈旧、销售方式过时等造成销售量下降并丧失市场。这些问题的背后是企业没能把握行业的发展趋势，导致企业发展落后于时代发展，从而在产业变革中被创新的公司打败。而保险业不同，保险公司经营的是风险，尽管随着环境的变化和人们生活方式的改变，保险公司管理的风险也在不断发生变化，但是从根本上看，自保险产生以来，保险的经营方式及产品内容并未发生过革命性变革。保险经营内容及经营方式的稳定决定了保险业很难出现颠覆性的巨大变革。从实践来看，保险公司主要是因为风险管理工作没有做好，最终导致偿付能力不足而破产，而不是因为新险种、新营销方式的出现导致客户大量流失而破产。因此，尽管创新同样重要，但是保险公司仍然可以通过生产要素的完美组合实现盈利。

另一方面，不同类型或不同特征的保险公司应该选择不同的盈利模式，保险公司在不同的发展阶段也要选择相应的盈利模式。总体来看，确定保险公司盈利模式应该有两种基本思路：一是关注生产过程，通过优化价值链降低成本，实现效率利润；二是关注改革，通过创新实现短期或局部垄断，获取超额利润。

以上两种思路的根本区别在于：第一，获取利润依靠的是保险公司中各种要素的完美发展和组合，比如人员、技术、产品、文化、营销、服务、客户关系、信息等；第二，更关注于各种要素，依据环境因素进行重新组合获取超额利润，这个超额利润就是改变之后获取的利润和其他竞争对手未改变而获取的普通利润的差。

二、研究和建立中小财险公司盈利模式的意义

近年来，在我国“盈利模式”逐渐成为一个炙手可热的词汇，无论是互联网、电子商务、物流业还是金融行业都频繁出现，人们热衷于谈论的盈利模式包括 B2B 模式、B2C 模式、电子市场模式、“鼠标加水泥”模式等。但是发展并不尽如人意，许多新出现的互联网企业出现严重亏损，这才引起人们对新经济企业模式进行思考与研究。其实不仅新经济需要研究和反思盈利模式，即使在发展了几百年的传统产业中，也有许多企业因找不到适合自己的盈利模式而倒闭。因此，盈利模式是每个行业都需要不断思考和研究的问题，没有盈利模式或者盈利模式不清晰以及盈利模式不适应企业的发展，企业都将面临生存危机。在全球经济一体化的今天，盈利模式甚至决定了中国企业在未来全球经济中的地位。

在我国保险业，中小产险公司的盈利状况不容乐观。2008 年我国共有中外产险公司 47 家。其中中资中小产险公司 28 家，外资（含中外合资）中小产险公司 16 家。在 28 家中资中小产险公司中盈利的公司只有 7 家，盈利总额为 2.66 亿元人民币，亏损的公司有 21 家，亏损总额为 106.51 亿元人民币。在 16 家外资中小产险公司中盈利的只有 4 家，盈利总额为 0.85 亿元人民币，亏损的外资中小产险公司为 12 家，亏损总额为 8.31 亿元人民币。中外中小产险公司亏损总额为 114..83 亿元，亏损企业数占总企业数的 75%，而盈利的企业所得盈利额占总资本投资额的比率即盈利率很低。因此，盈利能力低是我国中小产险公司存在的普遍问题。

此外，我国中小财险保险公司发展中存在的主要问题有：一是管理手段和经营方式粗放；二是缺乏专业化经营意识及相关管理人才；三是国际化程度不高，业务渠道单一。

中国中小保险公司的现状及未来如何发展，中国保监会主席助理袁力曾指出：第一，制定好的发展战略，其中包括找准市场定位、提升专业化经营水平、培育竞争优势、实施品牌战略等内容；第二，构筑一个好的资本基础，其中包括：一是争取现有股东增资，二是引进战略投资者，三是开辟新的融资渠道。

总之，加强对中小保险公司盈利模式的研究，并确立与各家保险公司发展相适应的盈利模式，已成为我国保险行业科学发展的重要问题。

2.1.3 保险公司盈利模式的构成要素

一、对盈利模式构成要素的理论综述

确定合理的盈利模式，从某种意义上说，实质就是界定盈利模式的构成要素。而关于盈利模式的构成要素所应包括的内容，学者的看法各不相同。若归纳各个不同的观点，则有：

1. 从资本和资产的角度看，盈利模式的构成要素包括产品运营、业务流程设计、员工薪资激励体制、企业资源运营和风险管理以及产

品和服务的周期管理。

2. 在管理和运营层面，盈利模式的构成要素主要包括外部环境、内部资源、替代和相关产品及服务方式等。

3. 在明确外部假设条件、内部资源和能力的前提下，盈利模式是用于整合组织本身、顾客、供应链伙伴、员工、股东或利益相关者来获取超额利润的一种战略创新意图和可实现的结构体系以及制度安排的集合。

4. 盈利模式就是在给定的平台环境下，发现客户环境、外部环境、内部环境以及它们关联中所存在的价值潜力，并以新的平台界面、客户界面、伙伴界面和内部构造的要素组合来最大限度地加以挖掘，取得能够持续超越竞争对手和现有商务模式的盈利能力。盈利模式创新可以是盈利模式内不同维度和不同界面及价值流动的任何创新。因此，盈利模式构成要素包括价值对象、价值内容、价值提供、价值回收。

综合上述观点，构成盈利模式的核心要素对所有企业来讲都是大同小异的。我们可以将其概括为一个核心、四个基本点：

一个核心就是企业的价值创造活动：向客户提供什么样的价值、向哪些客户提供价值、如何提供这些价值、提供价值的关键活动是什么、收入来源、如何保持优势等。

四个基本点指的是盈利模式构成的四个要素：盈利增长点、盈利对象、盈利的措施和盈利的屏障。盈利增长点是指企业可以获取利润的产品和服务；盈利对象是指企业提供的商品或服务的购买者和使用者全体，他们是盈利的唯一源泉；盈利的措施是指企业生产产品或服务以及吸引客户购买和使用企业产品或服务的一系列经营活动，反映企业的投入；盈利的屏障是指企业为防止竞争者掠夺本企业的利润而采取的预防措施，它反映的也是企业的投入，重点解决了企业如何维持某个盈利增长点，保持持久盈利的方法。

企业的盈利模式不是一成不变的，在不同时期所面对的外部环境不同，对各要素的重视程度也会不同，在某一时期会突然出现某一种要素的发展，这样组合出来的盈利模式自然也不相同，企业的盈利模式实际上是这四种要素之间此消彼长组合的结果。

二、保险行业中公司盈利模式的普遍构成要素

具体到保险行业，我们认为，保险公司盈利模式应该至少包括五个要素：盈利途径、盈利方式、产品结构、成本控制、风险管理。

1. 盈利途径

盈利途径是指能给保险公司带来盈利来源的业务。保险公司的经营活动中最重要的就是承保和投资两项业务，因此承保利润和投资利润也成为保险公司最主要的盈利来源。无论是承保业务还是投资业务，都要服从于盈利的最终目标。

2. 盈利方式

盈利方式表现为保险公司在利用盈利途径获得收入时所借助的媒介。在传统的盈利途径没有改变的时候，更好更优良的盈利方式也可以增强盈利能力。盈利方式包括的内容很多，譬如保单销售渠道、保单服务方式、公司组织架构等。盈利方式的改进可以从多方面开展，譬如选择成本更低的销售渠道、通过完善服务提高投保人续保率、选择最合适的组织架构等。

3. 产品结构

产品结构是各业务在收入结构中所占的比例。保险公司利润的核心来源是保险产品，但在市场上并不是每个产品都能为保险公司带来利润。吴定富主席曾经指出我国保险公司存在的问题，即“关键原因在于部分公司发展模式粗放，产品结构不合理，公司盈利能力不强甚至长期亏损”。

4. 成本控制

成本控制是保险公司通过加强对公司的管控而减少不必要的支出和浪费，优化资源配置。事实上，成本控制涉及财险公司各个经营环节，是财险公司最需要做，但是又最难做的一项工作。以理赔中的虚假赔案为例，项目组的调研结果显示，绝大部分财险公司都认为虚假赔案的支出在总成本中占很高的比例，打击虚假赔案是财险公司实现盈利的必要条件。但是，这项工作的难度非常大，对保险公司的管理形成一定的挑战。在成本控制中，最需要注意的是，不能简单地因为控制成本而束缚业务的拓展和影响公司的可持续发展。以人力成本

控制为例，合理的人员调整、岗位调整可以削减支出，提高保险公司的盈利能力。但是，如果过度强调成本的降低，而影响了员工的工作热情及队伍的稳定性，则会影响保险公司的正常经营，也就得不偿失了。

5. 风险管理

风险管理是保险公司盈利模式中不可或缺的组成部分。保险公司是为客户管理风险的，如果保险公司自身都不能做好风险管理工作，就更不可能为客户提供好的保险服务。对于保险公司来说，风险管理的价值创造功能体现在如下几个方面：第一，可以降低保险公司的经营风险，有助于公司的稳定经营；第二，可以为保险公司节约成本，提升效益；第三，可以帮助保险公司塑造稳健的形象，有助于公司的品牌建设。风险管理是保险公司盈利的基础，无论保险公司选择怎样的盈利模式，都必须做好风险管理。

2.1.4 保险公司盈利模式的表现形式

根据经济学与管理学基本理论，结合保险公司的经营特性，在理论上，保险公司盈利模式的表现形式可以分为如下五种：

一、范围经济模式

范围经济模式是指保险公司在多个业务领域同时经营多项不同业务，主要通过多领域的成本分摊、协同效应而实现盈利。需要区分的是，并不是所有多元化经营都能称为范围经济的盈利模式。只有各领域、各业务之间有显著相关性并且可以在很大程度上共享资源时，才是范围经济盈利模式。相关性可分为有形关联和无形关联，有形关联是建立在共同市场、营销渠道、生产、技术、采购、信用、人才等使相关业务之间的价值活动共享的基础上的。无形关联则是指建立在管理、品牌、商誉等方面的共享。如果保险公司涉及其他领域与业务只是出于财务投资的目的，这就不属于范围经济盈利模式的范畴。

虽然我国有很多保险公司以集团化形式进行经营，但是能称上范围经济模式的却很少，这是因为：第一，很多保险集团只是为了多元化而多元化，集团的子公司间并未形成资源共享和成本分摊；第二，多元化经营并没有成为保险公司最突出的特点和最主要的盈利来源。目前，我国保险公司中比较成功的应用范围经济模式的是人寿财险公司。如果人寿财险公司能够协调好与人寿股份公司的利益关系，继续低成本共享人寿股份公司的营销资源，则盈利是必然的，其竞争优势也是其他公司无法比拟的。在正常利润率的情况下，由于经营范围的扩大自然会增加保险公司的盈利额。

二、规模经济模式

规模经济模式是指保险公司通过业务与规模的扩张摊薄固定成本，进而降低保单的平均成本并实现盈利。规模经济是经济学理论中最基本的盈利方式。保险公司通过积极的规模扩张后，可以显著地摊薄固定成本并降低保单的平均成本，即使在市场平均价格下，保险公司也可以盈利。同时，保险公司在规模扩张后，可以建设更先进的信息平台，采用更科学的管理方法，进一步提高生产率，降低平均成本。

目前，我国众多中小财险公司都将规模经济模式作为自己的盈利模式，但结果却是公司亏损与行业混乱。其根本原因在于这些保险公司并未对规模经济模式形成正确的认识。依托保险公司的规模取得盈利的形式是需要一定条件的。这些条件包括内在条件和外在条件。而这种外在条件包括保险企业数量不多，保险需求大于保险供给，保险产品的价格处于相对较高的水平等；内部条件则主要包括保险公司经营的盈利点比较稳定。因为只有在这样的条件下，保险公司的资本金越多，承保的范围越广，收取的保费越多，盈利才会随着增长。

因此，对保险公司的规模经济模式，需要注意以下几点：

第一，保险业是资本密集型产业，保险公司进行规模扩张时，必须有充足的资本做基础。当前很多保险公司在既没有充足资本又没有可行的资本补充渠道的情况下就贸然进行扩张，当出现资本不足时，又突然转型，造成公司经营的不稳定。

第二，很多保险公司都认为开设分支机构是规模扩张的最直接有效的方式，但是忽略了分支机构的产能问题。如果分支机构产能过低，就无法达到降低平均成本的目的，反而会增加成本，造成保险公司亏损。

第三，保险公司扩张速度过快必然在管理上导致人力短缺、管理不到位、管理措施不合理等问题。因此，保险公司的扩张应该有阶段性。当保险公司扩张到一定程度后，应该重点解决管理问题。当公司管理能力与业务规模相匹配时，再进行下一轮扩张。当前很多保险公司只是注重业务扩展而忽略了管理的提高，众多的管理漏洞使公司处于混乱状态，最终造成保险公司的严重亏损。当然在做好了上述几个方面的同时，保险公司应该清醒地认识到盈利量与保险公司的经营规模是成正比的，在规模经济模式下，保险公司的首要经营目标是增加保费收入，为此，其经营的重点可能会更多地放在增加资本金，增加员工数量，扩展分支机构，占领市场份额等方面。

三、股东资源模式

股东资源模式是指保险公司通过充分利用股东背景带来的各种资源并实现盈利的一种方式。对保险公司来讲，最重要的资源包括自有资源与股东资源。在自有资源有限的情况下，如果能够充分、有效并且合理地利用股东资源，将为保险公司形成独特的盈利模式。股东资源可以有很多形式，包括人力资源、技术资源、数据资源、业务资源等。当然，并不是每个股东都能为保险公司提供盈利的资源。只有部分保险公司具有这种先天性的优势，而这些保险公司应该依靠股东支持，重点发展股东资源，形成不可模仿与替代的盈利模式。

在市场经济条件下，每个经济体的行为都会以不伤害自身利益为前提，从自身利益最大化出发，股东为保险公司提供资源也是如此。因此，保险公司如何协调好与股东的关系，最大限度地利用股东资源是该盈利模式成功的关键。采用股东资源模式作为盈利模式的保险公司包括人寿财险、英大泰和财险、永诚、中意财险等。

四、精耕细作模式

精耕细作模式是保险公司通过细分市场、业务选择、优化管理、成本控制等精细化活动实现盈利的方式。通过采用精耕细作模式，保险公司可以把主要资源和能力用于擅长的业务和盈利能力强的业务，在严格控制业务质量的同时，规范经营管理，避免不合理的成本支出，通过管理和成本控制使保险公司实现盈利。专业化经营也属于精耕细作模式的范畴，但是，目前我国的专业化保险公司普遍不成功，其根本原因在于：一是对市场认识不清，缺乏针对市场的反应措施；二是没有体现出专业化经营的特点和优势。

精耕细作模式的优点与缺点都十分明显：优点是该盈利模式风险小，可以保证保险公司获得比较稳定的利润；缺点是该模式以内部积累作为公司发展的基础，会影响保险公司的发展速度。但是，对既没有充足的资本又没有显著股东资源的保险公司，精耕细作模式是保险公司的合理选择。因此，该盈利模式比较适用于中小财险公司。其中，比较典型的案例是华泰财险。

五、差异化模式

差异化模式是保险公司通过创新在局部市场实现技术领先进而攫取局部垄断利润的方式。差异化模式是现代经济理论最推崇的一种盈利模式，这种模式要求企业注意客户群偏好的动态演变，发现一个个全新的利润区。差异化的盈利模式彻底改变了传统企业获取最大利润或者迅速成长的方式，不再是将现行各种要素做的至善至美，而是随时准备将自己的现有产品或者是服务进行改变，当然这也包括将组织和提供产品及服务的方式进行改变，从而获得一定时期内的利润最大化。

差异化模式对保险公司的要求较高，尤其是保险公司的创新能力。但是，这是一种适合新型保险公司及中小财险公司选用的盈利模式，有利于这些保险公司获得稳定持续的利润。在采用差异化模式时，需要面对的一个问题是保险产品的同质化问题。解决产品同质化、推动差异化模式的方法有三个：

第一，将业务重点放在非传统业务领域。当前国内主要财险公司以车险为主，而盈利空间大的企财险、家财险等业务发展缓慢，积极发展非车险业务，将有助于改善财险公司实现差异化盈利。

第二，保险产品同质只是体现在保险条款及保障内容上，需要注意到，保险产品的概念不应该只局限于保单本身，保单服务同样是保险产品的重要组成部分。并且，保单服务不应该只是售前服务，更重要的是售后服务，而这正是保险公司所忽略的。保险公司要以投保人为中心，为其提供立体服务，在服务内容、服务质量上实现差异化。

第三，在市场选择上实现差异化。据调研结果显示，在目前保险市场上，外资财险公司在市场上很少与中资财险公司发生直接业务竞争，他们往往以在华企业作为主要客户，实现差异化经营。以三星火灾为例，它的客户只限定为韩资在华企业，因而在这个市场上实现了垄断，尽管规模不大，但是收益稳定。也就是说，外资财险公司差异化经营，主要是在客户选择、产品、服务内容等方面与中资公司产生差异，从而获得局部竞争优势。

2.2 中小财险公司盈利模式的实证分析

2.2.1 现阶段我国中小财险公司的主要盈利模式

一、以利润为中心的稳健型发展模式

采用这种模式的主要是外资财险公司。我国产险市场上，外资保险公司在数量上占到很大的比例。与中资公司不同，外资公司普遍是以利润为中心，采取稳健的发展模式，较少的参与规模扩张，而是更多地通过差异化进行竞争，形成了独特的外资模式。下面以美亚保险公司为例，对这种模式进行分析。

2007 年 7 月，美亚保险获得保监会批准，将其在中国的分公司改建为在中国注册的全资附属子公司——美亚财产保险有限公司。目前，美亚在上海、广东、深圳和北京设立了 4 家分公司。在“核保严谨、产品创新”思想的指导下，美亚保险公司形成了以利润为中心的稳健型发展模式。

美亚充分依托其母公司的资源优势，在技术优势、产品开发能力和承保利润等方面普遍优于中资财险公司。美亚非常注意差异化经营，在中资财险公司纷纷在车险市场进行价格竞争时，美亚将业务重点放在责任险、海运险等领域，并在责任险、意外险、货运险市场形成明显的领先优势。同时，美亚积极进行创新，在广泛的市场调研基础上，了解客户的需求点，在擅长的领域有针对性地去进行产品开发，有针对性地开拓市场。为保证公司的创新能力，美亚建立了包括精算、法律、商务、技术、市场营销、趋势分析和调研7类人才的创新队伍。在产品创新的同时，美亚非常重视后续服务，把理赔服务视为销售的有效支撑。

上述的理念和措施使美亚实现了差异化经营，直接效应就是美亚保险的规模稳步增加，利润持续增长的良好局面。但是这种发展模式也有其弊端，即保险公司过于谨慎，其业务增速较慢，市场份额偏低。目前，我国产险市场上的外资公司规模普遍较小，市场份额不高，与其发展模式是有直接关系的。

二、股东资源模式

目前，我国保险市场上一些中小财险公司拥有良好的股东背景，这些中小财险公司充分依托股东资源，形成了独特的盈利模式，如永诚、英大泰和、大地、人寿财险等。下面以人寿财险为例，对这种盈利模式进行分析。[①]

中国人寿财产保险股份有限公司成立于2006年12月，由中国人寿集团和中国人寿股份两家公司发起设立，现有资本总额为40亿元。目前，人寿财险拥有15家分公司。2008年保费收入为53.4亿元，截至2009年4月底，人寿财险保费收入为27.4亿元。人寿财险特殊的股东背景，使其在发展过程中占尽了各种优势，包括：第一，渠道优势，除自有直销、营销等渠道外，人寿财险可通过人寿股份公司遍布全国的分支机构、15000多个营销网点和65万多名寿险个人代理人、1.2万多名团险销售人员及设在各商业银行、邮局、信用社的90000多个销售网点代理财险业务，形成强大的销售网络；第二，资源优势，人寿财险可以充分利用人寿股份公司1.2亿的长期保单客户、1.5亿的短期保单客户、3000家客户服务中心及先进的95519服务平台等资源优势，为公司快速发展提供强有力的支持；第三，品牌优势，人寿股

① 实际上，人寿财险同时具有范围经济模式与股东资源模式的特点。人寿财险与人寿股份共享资源，降低了经营成本，实现了范围经济。但是，考虑到人寿财险实现范围经济的前提是依托股东资源，也就是说它的低成本是特殊的股东背景形成的，因此这里将其作为股东资源模式进行分析。

份公司已经成为纽约、香港和上海三地的上市公司，市值位居全球保险公司首位，具有较强的国际影响力。“人寿”这个品牌成为人寿财险最重要的无形资产。

人寿财险自成立以来就充分依托人寿股份公司的销售资源和客户资源优势，进行一体化经营，致力于打造分散性的个人业务体系。人寿财险的发展思路是：“一个立足”，立足于中国人寿集团化综合经营；“两个依托”，即依托中国人寿的资源优势和机制优势，既要依托中国人寿的销售队伍、机构网络、资金运用等资源，也要依托中国人寿在创新发展中形成的先进的经营管理机制、文化理念、品牌形象；“三个整合”，即整合分散性业务、法人团体业务和客户服务体系，形成“两金（分散性业务、非寿险投资型业务）、一银（法人团体业务）”的市场定位；“四个创新”，即创新产品、销售、服务和盈利模式，开发渠道专属型产品、区域性产品、多层次产品，推进互动业务、营销业务、银行保险、电子营销渠道专业化建设，打造具有中国人寿特色的互动业务销售模式；建立以资源整合为核心、以电话服务为基础、以社会化服务为外延的客户服务模式；探索承保与投资双盈利的模式。

三、精耕细作模式

在我国保险市场上，一些中小财险公司在没有突出的股东背景也没有特殊的资源的情况下，稳健经营，依靠精细化管理和深度的风险管控实现了盈利，华泰保险公司就是一个典型的代表。

华泰保险公司注册资本金13.38亿元，其中国有资本占到73.77%，海外资本占到24.1%。到2008年年底，净资产达到39.5亿元。华泰公司在2002年引入了战略投资者ACE。华泰公司在2009年一季度实现盈利2.4亿元，其中承保利润和投资盈利均超过1亿元。公司每年为股东分红，到目前为止，公司累计分红达到10亿元。公司的股东年均投资收益率在10%左右。目前，华泰公司经营班子下设18个部门，主要有三类：业务管理部门、共同资源部门（如人力）、事业部门。同时，有23家已开业的分公司和1家在筹的分公司。华泰保险公司是典型的精耕细作模式，其主要经营特点包括：

1. 矩阵式管理模式中实行各级机构之间适度分权

在组织架构上，华泰公司采用矩阵式管理。与传统管理模式不同的是，华泰分公司的各部门接受分公司管理的同时，也接受总公司对口部门的管理，华泰称这种纵向管理为条线管理。在公司运营过程中，更突出条线管理。在处理条线管理与分公司管理的关系时，对业务的管理是条线管理，技术性问题也是条线管理，而行政的管理都是分公司进行管理。在对分支机构的部门进行考核时，参考分公司的考核意见，但是以条线管理的考核为主。公司在管理权限上实行适度的分类授权。业务、财务、人力控制权都依据一定的标准在各级机构之间进行分配，既能够有效控制风险，又能提高公司整体运营效率。

2. 引进国外战略投资者，提升技术水平，优化治理结构

2002 年，华泰公司引进战略投资者 ACE，对公司结构进行了调整。在董事会下增设预算委员会、薪酬委员会和审计委员会。委员会负责公司的所有重要议题，议案在提交董事会之前，要先由委员会审批。此后，华泰引入独立董事制度，使公司的治理结构更加完善。

华泰的组织架构中有很多来自 ACE 的顾问。他们分布于各主要技术部门，对华泰公司提供技术支持并提出建议，其建议是否被采纳完全由华泰决定。

在 ACE 的指导和帮助下，华泰公司不断开发和引进区别于国内其他财险公司的产品，如监事责任险、出口产品责任险等。这些差异化的产品成为保费收入和利润的重要来源。新业务增加后，车险业务比例降低，业务结构得到了改善。到 2009 年一季度，华泰公司非车险业务比例为 45%。

3. 质量效益型发展战略贯穿公司经营管理各环节

华泰坚持公司经营是以盈利为基本要求。对于无法实现盈利的渠道和业务，公司都会坚决舍弃。为了获取高质量的业务，华泰公司的业务取得成本会略高于同业其他公司。华泰认为，保险公司在与汽车 4S 店合作中应该找好自己的优势和定位，不是简单地和 4S 店争夺业务。

华泰公司的理赔成本控制较好。公司盈利的关键是筛选业务，对于亏损并且难以管理的业务要坚决退出，因为质量不好的业务不仅造

成亏损，还会占用大量的人力、物力。同时，华泰公司也在积极降低运营管理成本，公司希望提高全员人均产能，即全员人均保费的水平；同时，建立业务团队也是希望能够解决这个问题。

4. 销售团队的营销组织模式有利于提高业务留存率和人才稳定性

华泰公司重视团队的作用，认为应该加强销售团队的整体作战能力。团队业务的优点是稳定性高，不会因为某个业务员的离开而造成业务流失。销售团队不做零散性业务或个人业务，只做由公司资源而产生的业务。公司对销售团队实行高底薪制度，同时以奖金的形式进行鼓励。

5. 完善的人才培训机制，干部稳定性高

华泰公司非常注重培养自己的人才，公司完善的员工培训体系包括下几个重要组成部分：核心课程、业务发展的课程、学费资助计划、海外交流、英语沟通方面的课程。核心课程主要面向新员工和新任经理人，是对新人的培训。根据员工层级的不同，有不同的培训内容。业务发展课程主要面对分支机构的业务骨干，对新业务进行培训，这其中也包括对分公司老总和分公司部门经理进行培训。学费资助计划是由华泰公司选择骨干员工到高校进行学习，由公司资助学费。引入ACE后，华泰公司加强了海外交流，派员工到海外学习先进的技术和管理经验。

目前，公司的骨干大多是本公司自己培养的干部。华泰公司也有一部分从外部引进的人才，但是引进的人才大多不是来自保险业。从长期来看，公司还是以培养自己的干部为主。公司自己培养干部的优势表现在：第一，员工队伍的稳定性高；第二，对公司经营理念比较认同，能够坚决贯彻执行公司的各项政策。

四、投资驱动模式

目前，我国产险市场上部分中小公司在承保业务亏损的情况下，依靠突出的投资能力，实现了总体盈利，成为了投资驱动的盈利模式。[①]

投资业务与承保业务是保险公司不可或缺的两个轮子，在承保市场价格竞争激烈的情况下，一些保险公司通过高效的资金运用弥补了直接承保业务的亏损。应该注意到，在这些保险公司的中高层管理队伍中，有一部分来自投资领域，有丰富的投资经验。优秀的投资人才队伍保证了这些保险公司突出的投资能力和良好的投资收益。

如果中小财险公司的承保业务一直处于亏损，完全依赖于投资收益，这种盈利模式的风险较高。目前，我国中小财险公司普遍资本实力较弱，抗风险能力也较差。如果中小财险公司过度依靠投资盈利，无疑将造成公司经营风险过高，不利于公司的稳定。

五、专业化模式

目前，我国产险市场上有的中小财险公司采用了专业化模式，希望通过专业化经营提高生产效率，获得竞争优势。下面以天平汽车保险公司为例，对专业化模式进行分析。

天平汽车保险股份有限公司成立于2004年12月31日，与阳光、都邦、安邦同期，总部设于上海，注册资本金2.2亿元。至今，天平公司拥有12家省级分公司，7家中心支公司。经过多次增资后，天平公司的资本金达到5.5亿元。2008年，在考虑投资收益的情况下，天平公司实现了当年盈利。但是如果实现累计盈利，还需要几年的时间。

天平公司在经营中有一些鲜明的特点，如“两头在外”，也就是展业和理赔的功能都通过外部市场实现；有统一的电话销售和服务中心等。但是它最重要的特色是专业化经营，是一家主要做汽车保险的专业保险公司。天平公司努力把业务做细，做好对风险的甄选。其指导思想是：不追求高的市场占有率，但是一定要做优质业务。在天平

① 投资驱动模式属于差异化盈利模式的范畴，是差异化盈利模式的一种表现形式。投资是保险公司的盈利途径之一，盈利途径的不同也导致盈利模式的不同。某些保险公司在承保方面与其他公司没有显著差异，但其在投资方面具有技术优势，在投资市场上获取了超过平均利润水平的超额利润，并弥补了承保亏损，使公司实现了整体盈利。事实上，这些保险公司正是依靠某些方面突出的能力，而在局部市场实现了竞争优势，最终获得利润，并与其他保险公司实现了差异化。因此投资驱动模式是保险公司实现差异化的一种形式。

公司的绩效考核体系中，对业务规模的要求相对宽松，避免了分公司盲目冲规模而承保大量垃圾业务。同时，分公司在风险选择上有较大的自主权，可以选择哪些风险可以承保，哪些风险需要拒保。天平公司认为，专业化经营的优势应该体现为在风险选择和控制的技术上处于领先地位。以理赔为例，理赔成本的可压缩空间非常大，尤其是汽车修理厂部分，它存在的水分非常多，以后工作的重点应该是管控好成本，降低赔付率，实现较高的效益。

六、规模扩张模式

通过大规模生产降低平均成本并实现竞争优势是经济学中最典型的一种盈利模式。我国产险市场上的很多中小公司采取了规模扩张的模式，然而由于未能把握好扩张的方式及速度，导致保险公司承保了大量亏损业务，公司管理也没能与业务扩张速度相匹配，产生了较多的问题。下面以中华联合保险公司为例，对规模扩张模式进行分析。

中华联合财产保险公司，其前身是新疆兵团保险公司，成立于1982年。自2002年全国化经营以来，中华联合以分权经营的方式，采用分公司分散决策的管理体制，积极地进行扩张。其主要形式为：广泛铺设网点，下放核保、核赔权限；推行营销制，迅速发展销售队伍；人才措施灵活，推行高激励性的薪酬机制；实行灵活的费用机制等。2002年，中华联合的保费收入只有6.27亿元，到2007年，中华联合的保费收入达到了183亿元。由于发展速度过快，管理跨度和管理幅度急剧膨胀，相应地出现了机构管理不力，垃圾业务过多的问题，其结果直接表现为巨额亏损。2007年，据有关数据显示，中华联合亏损64亿元，折合每股净资产-3.57元。截至2008年中期，中华联合的净资产为-66.2亿元。

对于中小财险公司来说，采用规模扩张模式具有较高的风险，主要原因为：

第一，中小财险公司盲目扩张会大量消耗资本，容易导致偿付能力不足；

第二，我国中小财险公司创新能力较差，竞争手段单一，只是通过铺设网点、降价等低端策略进行规模扩张，造成大量的垃圾业务的出现；

第三，扩张速度过快对中小财险公司的管理水平造成极大的冲击。

当然，规模扩张模式也有极好的成功案例。中国大地保险公司是一个典型的例子。大地保险公司成立于2003年10月20日，注册资本金38.13亿元人民币，总部设在上海。大地公司最大的股东是中国再保险集团公司，股份占比为86.36%。目前，该公司有分公司34家、营业部1家，5个层级的机构总数超过1800家。2008年，大地公司的保费收入为94.24亿元。

在中再集团雄厚的资本支持下，大地保险公司采取的是规模经济的盈利模式，短期内在全国铺设分支机构，迅速将保费规模做大。进入2008年以后，大地公司控制了业务发展速度，同时重视管理能力的提高。在这个过程中，大地公司的规模经济效应逐渐形成，低成本优势也不断显示出来。大地公司的主要特点与优势表现为：

第一，股东结构单一，并且资本实力雄厚。

大地保险公司的股东结构非常简单，中再集团一股独大，股份占比超过85%。这样的股东结构比较稳定，有利于股东间统一意见，股东大会的决策效率高。并且，中再集团资本实力雄厚，可以对大地公司提供资本上的支持。此外，中再集团又是从事再保险业，对保险公司的经营规律比较熟悉，不会存在“短视行为”，也就是不会要求经营层在短期内必须盈利，这有利于公司的长远发展。

第二，信息化程度较高，有利于实现集中化管理。

大地保险公司的集中化管理模式能够推动，离不开其比较发达的信息系统。大地保险公司在张江建立了大规模的运营中心，对全国的核保、核赔进行集中管理。这种管理模式可以提高效率、降低风险，但是必须依赖于信息系统的建设。大地公司的信息化程度较高，有助于其实现集中化管理，这也成为大地公司的一个竞争优势。

第三，采用总成本控制，成本具有优势。

大地保险公司实行总成本控制，经营费用和理赔成本相挂钩，赔付率下降，费用率可上升；赔付率居高不下时，费用就紧张，以此保证总成本在可控制范围内。这样形成的结果是大地公司的综合成本率在同业中处于中等偏下水平。

第四，实行扁平化管理、垂直化管理、集中管理。

大地保险公司在管理模式方面最突出的特点就是扁平化管理、垂直化管理、集中管理。大地公司的管理层对扁平化管理的方式非常认同，在将总部机构扁平化设置的同时，将权力集中到总部，实现总部对分支机构的垂直化管理、集中管理。在集中管理的思路下，大地公司建设了集中的IT平台，为实现有效的垂直化管理提供了必要的系统支持。在大地公司目前的管理模式和IT平台下，总经理可以随时查看任何一个五级机构的保单信息，以及任何一个赔案进行到了哪个环节。

大地保险公司垂直化管理模式的一个典型案例就是理赔的集中化管理。大地公司从2005年就开始注意理赔的控制问题。目前，大地保险公司坚持集中报案、集中理赔，即使是再小的赔案也要集中理赔，坚决不放权。同时，总公司加强对理赔过程的监督和控制，坚决查处假赔案。理赔集中的效益最终通过赔付率降低的形式表现出来。目前，大地保险公司的赔付率比2006年降低了10个百分点。

七、六种模式的比较

综上所述，我国中小财险公司的六种盈利模式各有特点。以利润为中心的稳健型发展模式稳扎稳打，能够确保盈利，但是略显保守，公司发展速度较慢；股东资源模式优势明显，但是这种模式要求很高，并不是每个中小财险公司都有突出的股东资源；精耕细作模式并没有特殊的要求和条件，容易被中小财险公司所采用；投资驱动模式风险较高，投资收益受资本市场影响较大，中小财险公司应该承保与投资并重，提高承保盈利能力；专业化模式对技术要求较高，中小财险公司如果在某个险种的管理方面、风险选择及风险控制方面处于领先地位，就可以选择这种模式；规模扩张模式容易产生较多的问题，就我国保险市场的现状来看，不适合中小财险公司所选用。

对于一个特定的保险公司，可能并非仅仅局限于一种盈利模式，好几种盈利模式的综合采用也是一种常见的情况。阳光财险公司是一个极好的例子。阳光财险公司采用的是规模经济模式与精耕细作模式相结合的特有盈利模式。

阳光财险成立于 2005 年，截至 2008 年底，开业的分公司有 33 家，三级机构 245 家，四级机构 690 家；除宁夏、西藏外，已在全国建立销售服务网络。阳光公司的规模扩张速度非常快，2008 年实现保费收入 53 亿元，市场份额从 2005 年的 0.14%提高到如今的 2.16%。尽管成立的时间不长，但是阳光财险已经实现盈利。阳光公司已经实现了集团化经营，采用的是规模经济模式与精耕细作模式相结合的模式。阳光财险的经营特点有如下几个方面：

（一）建立以盈利和价值为核心的管理制度体系

1. 以价值贡献为标准的考核体系

阳光公司采用经营成本率和边际成本率对机构进行考核。对分支机构考核，采用经营成本率；对新筹建的机构，采用边际成本率进行考核。其中，经营成本率=边际成本率+固定成本率，边际成本率=变动成本率+综合赔付率。阳光公司实行标准保费的机构考核办法。公司率先在产险领域提出标准保费概念，标准保费体现了对公司的价值贡献和价值积累。

2. 以效益为核心的管理模式和盈利模式

从 2006 年下半年开始到 2007 年底，实行业务“红黄蓝”管理，按业务的边际成本率划分区间，红线业务（经营成本率大于 105%）坚决不要，黄线业务（经营成本率在 100%～105%之间）倡导发展，蓝线业务（经营成本率小于 100%）大力拓展；2008 年，从业务的“红黄蓝”管理扩展到盈利模式的“红黄蓝”管理。

“红黄蓝”盈利模式是以“红、黄、蓝”分界为载体，以利益导向为驱动，以惩罚和激励为手段，对贡献和破坏盈利的人、组织、机构，给予支持与控制、奖励与惩罚的一种管理模式，“红黄蓝”指的是对公司利润的贡献。

3. 以价值为本质的发展模式

价值发展模式的本质是以阳光公司的盈利标准及发现目标去判断发展方向、发展重点、发展选择和发展成果，以创新的发展思路、有效的市场策划、良好的拓展队伍，赢得健康快速发展。本质是价值，核心是发展，一切围绕发展的业务、人、组织和机构都有符合价值、能力的发展要求。

（二）企业文化对公司发展起到引领和推动作用

阳光公司提出“打造最具品质和实力的保险公司”的企业愿景和“共同成长”的企业使命，作为企业核心文化的重要组成部分，并针对公司各部门、各职能提出分项文化，包括经营文化、核保文化、人力资源文化、销售文化、IT 文化和执行文化；高度重视文化的宣导和落实，在筹建分支机构、组建销售团队时，公司内部进行文化验收。公司坚持以文化“引人、造人、育人”的人才战略。虽然不同的职能和岗位，对于人才的具体要求不同，但都强调对公司经营理念、发展前景、价值观的认可。

（三）走集约化发展道路，实行过程管控

在过程管理模式中，注重过程细节管理，包括上级对下级、机构对组织、组织对个人、领导对下级，总公司管理重心可以下移到三四级机构。在销售管理中，公司最主要的销售渠道是直销，这样可以有效地控制业务质量。在理赔管理中，不招有经验的理赔查勘人员，积极引进女性查勘定损人员，实行案均赔款的考核激励。另外，2007 年公司设立理赔监查局，监督查处理赔人员的违规违纪行为，每年强制规定开除一定数量的理赔人员，公布理赔监查的举报电话，坚持控制成本，走集约化发展道路。目前，车险业务占到公司业务的 80%左右，这与其他财险公司相差不大，但车险业务经营业绩对公司的整体业绩起到至关重要的作用。公司严禁承保来自汽车修理厂和 4S 店的业务。在 2009 年，公司规定车险业务中私家车车损险的比例要控制在 20%以内。

（四）具有清晰的发展思路

几年来，阳光保险集团明确提出了“以实现真正的核心竞争力，赢得快速发展”的发展观，及“一切围绕公司盈利和价值增长”的价值观，并把“公司实现盈利（价值增长）、可持续发展、员工价值成长”作为阳光公司发展观与价值观的根本追求。阳光公司的发展观定义为：依靠清晰战略、人才优势、管理创新和资源整合等，不断强化核心竞争力，形成阳光公司的发展模式，努力实现公司的快速发展及健康的、可持续的发展能力，其根本问题是有价值的快速发展。阳光公司的价值观定义为：一切以价值实现为导向，不断创新管理模式与盈利模式，优化资源配置，有效控制成本，努力提高企业的盈利能力与价值积累，其核心问题是企业的盈利与价值增长。阳光公司发展观与价值观是确定评价、考核、利益、人才标准的前提与准则，一切判断标准必须围绕为公司创造价值，为盈利做出贡献，凡是破坏公司价值的行为与活动都应受到制止与惩罚。

2.2.2 我国中小财险公司盈利模式存在的问题

从目前市场情况看，制约中小财产保险公司盈利的现实问题较多，既有外部的，也有内部的；既有战略层面，也有组织流程设计和基础管理等方面的问题。具体而言有以下几点：

一、缺乏清晰的盈利模式

目前，制约中小财产保险公司盈利的现实问题较多，其中最主要的就是中小财险公司对盈利模式的重要性和地位认识不足，缺乏准确的盈利模式。在中小财险公司中，存在两种普遍的观点：一是规模扩张论，二是投资盈利论。在规模扩张论的支持下，部分中小财险公司不注重盈利能力，盲目扩张，一味追逐现金流。保险公司需要维持一定的规模以分摊固定成本，但是规模必须以效益为基础，规模扩张只有在保证业务质量和管理能力的前提下才能进行。当前，很多中小财险公司盲目进行规模扩张，以现金流维持经营。在这种思想的指导下，中小财险公司大打价格战，不计业务质量与业务成本，承保了大量亏损业务，甚至是“垃圾”业务，给公司造成了巨额亏损。同时，由于扩张速度过快，资本被大量消耗，很多中小财险公司出现偿付能力不足的现象。

有些中小财险公司将盈利的希望全部放在投资业务上，认为业务规模一定要大，要为投资业务提供现金流，即使承保亏损也没有关系，只要能投资盈利就可以。而从实践来看，这种观点恰恰是不正确的：一方面，如果承保业务亏损过大，投资的利润根本无法弥补亏损；另一方面，保险投资也有风险，如果中小财险公司过度依靠投资盈利，无疑将造成公司经营风险过高，不利于公司的稳定。2009 年上半年，受投资收益波动的影响，某些中小财险公司的偿付能力变动频繁，时而充足，时而不充足，这也影响了公司自身的正常运营。

可见，非理性的扩张以及过度依赖投资将危害中小财险公司的盈利能力和我国保险业的稳定，这也是我国中小财险公司在盈利模式方面存在的突出问题。

二、缺乏差异化的市场定位

目前，我国中小产险公司的普遍特点是车险业务占比很高。业务结构雷同，一方面是由于车险业务市场需求的价格弹性大，容易通过降低费率等价格战手段做大规模；另一方面也说明中小产险公司缺乏差异化意识，而基本上采取随大流的做法，没有理性客观地选择各自的市场定位。而外资财险公司一般都有明确的市场定位和主打产品。以美亚（上海）保险公司为例，在上海财险业的市场化程度较高、竞争尤为激烈的状况下，美亚保险坚持发挥自身的竞争优势，在责任险市场上独占鳌头。上海责任险市场中美亚财险公司的市场份额占比达到了 25%左右，为其业务发展奠定了基础。

三、缺乏自主创新能力

目前，国内中资中小保险公司大多是新公司，没有历史遗留问题，推行新技术、新方法、新模式的阻力小，引起的震动也小，不需要支付很大改革成本和沉淀成本。从这个意义上说，中小公司应当具有创新的优势。但是，目前中小保险公司受各种条件的约束，其创新的能力仍然很缺乏。从理论上说，与大公司发展不同，企业的创新能力正是中小保险公司生存、成长和持续发展的核心竞争力。此外，这种核心竞争能力又是中小保险公司提高其盈利能力的基础和决定性因素。因此，若中小保险公司没有创新能力，则很难形成其特有的盈利模式，并保持其盈利水平。

四、没有形成自身特色的营销体系

目前大型产险公司可以借助自身发达的机构网络和品牌优势来拓展业务，中小产险公司自身机构网络和服务支持系统不发达，又没有建立符合自身实际的营销体系，这无疑加大了展业难度。在德国，保险代理人被称为保险公司“伸长的手”，保险经纪公司被称为保险公司的“同盟者”，西方国家发达的中介营销组织对保险公司发展起到举足轻重的作用，而我国的中小产险公司由于无法按照业务代理制模式建立自身营销体系，也没有相应建立一整套代理人培训、考核、人员管理的制度，最终还是走在全国各地设机构、铺网点的老路。

五、基础管理薄弱

中小财险公司往往处于业务扩张的初级阶段，普遍存在重业务、轻管理的倾向，具体问题包括：缺乏执行力；不能优化资源配置并建立起高效的组织流程体系；没有致力于建立一整套透明、科学、导向正确的绩效考核与全流程监控体系；危机管理能力不足，对业务经营状况出现持续性不利局面，缺乏预警机制和快速反应能力。

每个中小保险公司的基础管理都会有自身的风格和擅长的地方。中小产险公司如果对管理经营更多的网点和分支机构充满信心，那么可以选择规模优先发展的盈利模式，不断地扩大网点和分支机构，以产品的增加和保费收入的增加为目标。如果保险公司考虑缺乏分支机构管理的成本控制等能力，那么也可以选择对投资管理和财务管理要求较高的利润优先模式作为目标。也就是说，具体的一家保险公司不可能在基础管理的方方面面都很成功或者很失败，我们在改造自身劣势的同时，不要忘记利用好自身的优势。

另外，保险公司在基础管理的治理结构上存在的问题也导致了盈利模式的虚弱无能。我国中小产险公司在治理结构上关系不清晰，在管理模式上方向不确定，甚至出现经常变更的情况，严重影响了公司在重大问题上的决策和企业决策的顺利实施，从而影响了盈利能力。这种涉及公司发展方向的董事会、监事会和经理室三大权力机构的利益分配问题无疑是中小财产保险公司基础管理的最重要最基础的环节。三大权力机构的权力划分是否明确、相互之间的制约关系是否平衡以及管理模式的选择是否恰当是当前我国中小产险公司亟待解决的基础管理问题。我国的保险公司也正是在这些问题处理上的不力最终导致盈利能力受到一定程度的影响。

六、过度依赖资本市场

目前，若仔细分析保险公司的盈利构成，我们不难发现不少保险公司的承保业务出现亏损，而完全依靠投资业务利润支撑企业发展。保险业净利润与投资收益、投资收益与资本市场的这种高度相关性，反映出我国中小产险公司过度依赖资本市场的现状。

之所以我们认为中小产险公司过度依赖资本市场是一个严重的问题，主要是因为资本市场的不稳定性。资本市场数百年的发展历程显示市场的大幅波动、小幅震荡都是常态，没有人能够真正做到准确地预测和把握明天的市场。因此，如果一个行业的盈利状况主要依赖资本市场，那么其盈利风险必然是多发和巨大的。而对于保险这个特殊的行业而言，投资的三性（盈利性、流动性和安全性）中最为重要的是安全性。也就是在盈利模式方面，中小保险公司需要更加侧重稳健发展，而不能过度依赖资本市场。在金融危机后时代，中国的保险业应重新审视保险市场与资本市场的关系。

2.3 中小财险公司盈利模式的构建

2.3.1 海外中小财险公司的盈利模式及启示

一、海外中小财险公司盈利模式的简介

（一）德法保险集团

德法保险集团是由乔治·迈哈尔于 1922 年建立的一家保险公司。在公司成立之初，迈哈尔认为农民开车风险低，应该付更低价格的汽车保费。基于这一想法，迈哈尔创立了一个只为农民提供汽车保险的公司，并在短短 20 年内将其发展成美国最大的汽车保险公司。在 1964 年，德法集团又成为美国最大的房屋保险公司，公司服务的顾客也早已不再局限于农民。在美国，近 1/5 的汽车和房屋都是由德法集团承保的。每天，德法集团处理大概 4 万起赔偿事件，发放 6000 万美元的赔偿金，对整个美国保险业有重大影响。

（二）好事达保险公司

好事达于1931年由连锁店西尔斯成立，已经有70多年的历史。[①]好事达建立之初依靠直接邮件来销售保险。1934年，好事达开始在西尔斯的商店里安放保险代理人。由于西尔斯在当时非常成功，每天都有很多的顾客，很多人也就顺便在店中的好事达保险代理人那里购买保险。通过这种外联式的发展战略，好事达保险公司在发展初期取得了巨大成功。

好事达公司认为其经营核心是两件事：人力和资本。“如果有合适的人，并能有效地利用资源，我们就有信心向顾客作出我们的承诺”。[②]在2000年，好事达公司开始投入巨资推出一个新的销售体系给顾客提供更多的方便。为了支持这项工作，它投资近10亿美元来改善电话中心和互联网设施，并且给代理人提供了2万多台新的计算机。[③]好事达公司在多渠道销售方面的努力在美国保险业引起了广泛的关注。

（三）大东京火灾海上保险公司

大东京火灾海上保险公司是在日本战后严格的监管环境中快速发展起来的一家中型财险公司，在财险业界拥有较高地位，现已与千代田火灾保险公司合并成为爱和谊保险公司。在20世纪50年代，大东京火灾的保费收入在业界内排名居第13、14位的水平。

大东京火灾公司从成立之初就开始实施专一化的发展战略，积极致力于在当时情况下难以盈利的汽车保险业务，最终取得了非常好的效果，乘着日本汽车普及的东风，跃居日本财险业界的前列。大东京火灾公司具有经营资源领域的特长。虽然不是财团的下属公司，但在企业领域和个人领域都有较强的渗透力，同时也重点推进面向汽车销售商、汽车修配厂的业务，其汽车保险的保费收入占其全部保费收入的60%以上。与千代田火灾的合并也是其专一化发展战略的一部分，因为千代田火灾在1998年便加强了与原本关系就密切的丰田汽车公

① 西尔斯是美国著名的服装、日用品连锁店，芝加哥的西尔斯大厦是现在美国最高的建筑。

② Allstate 2002 Annual Report.

③ Allstate 2002 Annual Report.

司之间的业务及资本联系，明确了其作为丰田集团一员的发展战略。由于有丰田汽车这一顶尖厂商作为后盾，合并后的爱和谊保险公司提出了在汽车保险领域推出顶尖品牌产品的战略目标。大东京火灾公司在构筑全国大型修配厂网络、提供丰田汽车专用保险产品等特有的汽车保险服务的同时，以子公司“安心拨号盘”为中心，努力构建自己的特色服务网，提供事故处理服务和故障时的路段服务。

在经营区域集中战略方面，大东京火灾公司仅以东京周边地区为中心开展业务，基本不做赔付率较高的关西地区的业务。例如，在日本的琦玉县、千叶县等地区的市场占有率（除海上保险和运输险外）均处于各家公司的前列，并且这一战略在合并后的爱和谊保险公司也得到了继承。

（四）成人之美的“婚礼保险公司”

1993年1月24日，美国旧金山的法尔曼基金保险公司和芝加哥的联合规划公司想出奇招，双方合资在芝加哥创立了一家“婚礼保险公司”。它们希望通过开办婚礼保险，解除飞来横祸对即将成婚者所造成的后顾之忧。该保险的承保范围是：对不是由订婚男女双方的过失而造成的婚礼方面的损失，由保险人予以经济赔偿。若在婚礼过程中丢失或损坏任何结婚礼品，最高可获得1000美元的保险赔偿金。若新郎或新娘身体受到伤害，婚礼或婚宴所在房物受到损坏，或在5天内结婚礼服被毁坏而取消了婚礼，保险公司将给予一揽子赔偿，总额可达3000美元。但是，若因一方感情有变、精神失常造成损失而被迫取消婚礼，则属于除外责任，保险公司不予赔偿。保险期限通常从婚礼举行的5天前开始，到婚宴完毕即告结束。该保险公司自开业以来生意兴隆，经济效益也很可观。

（五）独一无二的“气候保险公司”

社会的迅速发展使得人们的生活变得丰富多彩，人们也更加关注气候对生活的影响。于是，善于创新的英国保险人彼得·才思在伦敦开办了一家新颖的“气候保险公司”，并起名为 “普鲁尤斯”，意思就是下雨。该公司经营的业务就是为英国人的日常生活提供各种气候担保。当被保险人在参加户外活动或体育比赛时因恶劣气候影响而被迫中断时，便可获得约定的保险赔偿金。另外，该公司在每年的圣诞来临时，也承保很多游乐场所及纪念地的下雪保险。因为如果圣诞节下雪，就会增添节日的迷人色彩，使节日气氛更加欢快热烈，而外出观雪狂欢的游人自然会流连忘返，也使得这些公共场所的生意更加兴隆，其投保的积极性自然也很高。

二、国外中小财险公司盈利模式的启示

国外中小财险公司的盈利模式有很多种，公司之间各有差别，以上是几个比较典型的案例。通过上述案例的分析，我们可以从中得到如下几点启示：

第一，中小财险公司应该有清晰的市场切入点。中小财险公司在进入市场初期时，首要解决的问题是生存。在大公司立足市场已久、品牌优势显著的情况下，中小财险公司要想在狭缝中找到生存的空间，就必须有清晰的市场切入点。德法保险集团以为农民提供车险为切入点，好事达保险公司以邮件销售及在西尔斯商店为切入点，都是成功的例子。我国很多中小财险公司的设立就显得比较盲目，没有稳固的立足点及清晰的市场切入点，只是在形式上模仿大公司，一味地增资设点，然后就是通过降价来抢夺客户，最终造成了公司亏损。

第二，中小财险公司的发展思路要开阔，要积极创新。缺乏创新精神和创新能力，是我国中小财险公司的一个突出问题。中小财险公司要发展，就必须和大公司走不一样的道路，要有自己的特色，在市场定位、经营战略、资源配置上都应该和大公司有所不同。以相同的发展思路、相同的经营模式去和大公司竞争，最终只能以中小公司的失败告终。我国的实际情况是，大公司经营历史悠久，发展思路也相对成熟，中小公司必须跳出惯性思维，不受传统思路的束缚，积极创新，才能实现跨越式发展。

第三，中小财险公司不一定要把做大作为目标。每个公司的市场份额不同，市场影响力不同，承担的责任也不同。我国保险业要做大做强，需要所有保险公司稳健发展，但不需要每个中小财险公司都要发展成金融寡头。只要有盈利，能健康发展，就都是在为我国保险业的做大做强做贡献。消费者的需求是有差别的，同一消费者的需求也

是多层次的，大公司的生产模式是批量生产，对于一些个性化的需求往往显得无能为力。而正是这些需求，是最能体现中小财险公司价值的领域。譬如上文分析的气候保险公司，虽然公司规模不大，但是盈利能力很好，既繁荣了市场，又满足了消费者的需求。

2.3.2 中小财险公司盈利模式的定位

盈利是公司的永恒追求，也是中小财险公司的首要目标，因此，构建一个合理的盈利模式对每个中小财险公司来说都意义重大。中小财险公司在构建盈利模式前，应该对盈利模式有一个正确的认识和准确的定位。

一、中小财险公司的盈利是必然趋势

在前一阶段，我国中小财险公司出现普遍亏损的问题，究其原因，有以下两点：第一，行业秩序较为混乱，恶性竞争现象较为严重。从前几年我国产险市场的发展实践来看，一批中小公司相继成立，在经营思想不成熟的情况下，众多的中小财险公司纷纷投入了恶性价格竞争中，造成增容后的产险市场进入了短暂的混乱期和众多公司亏损。第二，也是更重要的一点，中小财险公司没有形成合理的盈利模式，发展过于粗放，经营思路不清晰。事实上，也正是因为中小财险公司发展思路不清晰，一味模仿大公司，铺机构、冲规模，造成了产险市场的恶性竞争。

随着保监会相关措施的出台及监管力度的加大，我国产险市场逐步规范，为中小财险公司提供了一个越来越好的生存环境。同时，经历了非理性的冲动后，中小财险公司逐渐回归理性，将盈利作为主要任务。根据保监会公布的数据，2009 年上半年，我国财险业账面净利润为-5.41 亿元，同比减亏 44.98 亿元；综合赔付率为 67.62 %，同比下降 4.17 个百分点；承保亏损有明显下降，经营有盈利的公司由上年同期的 12 家增加到 19 家，其中承保盈利的公司由上年同期的 5 家增加到 11 家；盈利险种由上年同期的 6 个增加到 9 个；全国 36 个省市区中，承保盈利的地区由上年同期的 8 个增加到 16 个。上述数据表明，更多的中小财险公司正在逐渐从亏损中走出来。盈利是一个动态的过程，尽管很多中小财险公司现在仍然处于亏损状态，只要它们以盈利中心，理性经营，建立合理有效的盈利模式，盈利将是必然趋势。

二、中小财险公司要力争承保盈利

保险公司的发展由承保、投资两个轮子驱动，缺一不可。但是，承保应该是保险公司的主业，是盈利的基础，尤其是中小财险公司，应该力争实现承保盈利。前两年，我国资本市场形势较好，很多中小财险公司通过投资弥补了承保亏损，并实现了公司整体盈利。以渤海、华安等公司为代表，形成了投资驱动的盈利模式。中小财险公司实现盈利，固然是值得肯定的。但是，从公司长远的发展来看，如果不能解决承保亏损的问题，而单纯依靠投资实现盈利，将会极大地增加中小财险公司的经营风险。

中小财险公司实现承保盈利的必要性有以下两点：第一，如果中小财险公司承保业务持续亏损，在没有保费增长的情况下，现金流为负，将影响可用于投资的资金量。如果保险公司采用扩张型发展思路，保费收入逐年增加，虽然增加现金流入量，但是承保亏损将以更快的速度增加。一方面给公司的投资收益增加了压力，另一方面，一旦投资收益达不到预期水平，将导致保险公司巨额亏损无法弥补。并且，一旦保费增长的速度放缓，仍然造成保险公司现金流为负，保险公司又陷入无资金可用的局面。第二，资本市场收益与风险并存，投资收益率波动性较大。目前，我国中小财险公司普遍资本实力较弱，抗风险能力也较差。如果中小财险公司过度依靠投资盈利，无疑将造成公司经营风险过高，不利于公司的稳定。2009 年上半年，受投资收益波动的影响，某些中小财险公司的偿付能力变动频繁，也影响了公司自身的正常运营。所以，中小财险公司的盈利模式要力争实现承保盈利。

保监会主席吴定富在 2010 年上半年的一次中小保险公司调研活动中指出，中小保险公司要夯实基础，勇于创新，在转变发展方式中成长壮大，其中“树立正确的发展理念、盈利理念”尤为重要。要结合经济的发展，强化自身的风险防范和业务质量，以保障公司的盈利水平和为社会服务的能力。

三、中小财险公司的盈利模式应以精耕细作为基础

盈利模式是多种多样的，每个中小财险公司的盈利模式也都应该是不同的，是各具公司特色的。中小财险公司应当在结合自身条件与外部环境的基础上，构建并不断调整自身的盈利模型，才能在市场竞争中占据主动地位。

对于资本实力充足或拥有特殊股东背景的中小财险公司，相对优势比较明显，盈利模式也更加清晰。相比之下，既没有雄厚的资本实力又没有可利用的特殊资源的中小财险公司，其构建盈利模式的难度要大一些。从我国保险市场的实际情况来看，这种类型的中小财险公司占很大比例。对于这些中小财险公司而言，其具体的盈利模式可能会有所差异，但根本的方向应该是以创新为主线，以精耕细作为基础。

对于中小公司而言，在既无资本又无品牌的情况下，如果完全照搬大公司的发展思路和盈利模式，只能以失败结束。中小财险公司必须时刻以创新为目标，以打破传统市场的格局和服务方式为手段，才能在竞争中站稳脚跟。在必要的情况下，中小财险公司应该积极利用“外脑”，通过引入战略投资者等各种方式，提高本公司的技术水平和创新能力。当然，创新是一个动态的过程和长期的工作。中小财险公司要把创新作为常抓不懈的重点工作，但是这也不能保证公司就必然有创新，或创新就一定能形成盈利模式。因此，在以创新为主线的同时，中小财险公司还要以精耕细作为基础，扎扎实实地做好业务质量控制、风险控制和费用控制，让精耕细作成为一种日常的工作状态。这样，即使中小财险公司暂时不能因创新实现“超额利润”，也可以通过精细化管理实现基本利润。

在国内的中小保险公司中，阳光财险公司在“通过精细化管理实现基本利润”方面表现较为突出。2007 年，阳光财险在提取 32 亿元各项准备金的前提下实现利润 2308.8 万元，不但创造了新设财产保险公司盈利时间最短的历史纪录，并且打破了财险公司经营 4 年至 5 年后才能实现盈利的纪录；截止到 2008 年 7 月末，阳光保险集团总资产突破 300 亿元，阳光保险自 2005 年 7 月末成立至今，在短短几年时间里，迅速崛起，成功跻身中国保险业“七国集团”，总资产从 11 亿元

增长至 347.48 亿元，增幅达到 30 多倍。阳光财险从中小产险公司向集团化发展的过程中精耕细作的经营方式为公司赢得了成功，阳光财险在治理结构、股东选择、战略布局、人才选择等方面都细致把关，步步为营。

四、中小财险公司要不断提高服务能力与风险管理能力

中小财险公司的盈利模式各种各样，但无论中小财险公司采取怎样的盈利模式，其中都必须包括两部分内容：提高服务能力、提高风险管理能力。

在保险市场竞争日益激烈的情况下，保险公司之间的竞争更多地体现为服务能力的竞争，中小财险公司只有不断提高自身的服务能力，才能在市场上占据一席之地。提高服务水平对中小财险公司至少有三个方面的好处：

第一，服务工作占用的资金量小、技术要求不高，更容易被中小财险公司作为竞争的手段。

第二，提高服务水平可以提升消费者对公司的满意度，有助于提高保单的续保率。

第三，提高服务水平有利于中小财险公司的品牌建设。

所以，无论中小财险公司具体的盈利模式是怎样的，它都需要不断提高自身的服务能力与服务水平。

保险公司是为客户管理风险的，其风险管理能力也直接决定了为客户提供服务的质量。保险公司只有认清自身面临的风险，并将这些风险妥善管理，才能为客户提供保险服务，发挥提供风险管理和保障的行业核心价值。对于中小财险公司而言，风险管理能力尤其重要。一方面，提高风险管理能力可以降低中小财险公司的经营风险，有助于公司的稳定经营；另一方面，提高风险管理能力可以为中小财险公司节约成本，提高效益。因此，中小财险公司应该加强风险管理及内部控制，规范业务管理流程，降低应收保费比例，减少不合理开支，打击虚假赔案。以理赔为例，调研结果显示，各财险公司均认为理赔中可压缩成本的空间很大，各种原因形成的虚假赔案给保险公司造成很大的支出。甚至有的财险公司认为，理赔中有 10%甚至更多的都是

“水分”。如果能够解决理赔中的这个问题，将极大地提高中小财险公司的盈利能力。

五、中小财险公司盈利模式的重点应是成本控制

中小财险公司适用成本领先战略，但并非依靠规模实现成本领先，而是依靠小本经营、精打细算，实现对成本的有效控制。

成本控制的一个关键途径是集中管控。在保险业务不具备规模经济效应和当前保费充足率较低的情况下，做好管理运营成本、销售成本和理赔成本控制，成为保险主体实现盈利的重要内容，而做好成本控制的关键是实现人力、财务和两核的集中管控。

集中管控的基础是矩阵管理和强大的IT系统平台。集中管控要求产品线垂直管理占主导地位，且辅以分支机构的横向管理，从而形成矩阵管理模式。同时，集中管控需要强大的IT系统支持，需要通畅的信息传递渠道，否则，总公司不可能对分支机构的经营环节进行掌握和监控。当然，对于发展中的公司，在IT系统建设方面也必须充分考虑成本因素，能够承担多么高昂的系统建设费用，在多长时期内有多大能力对信息系统进行不断的升级换代，是需要慎重思考的问题。

2.3.3 资本约束及其对中小财险公司盈利模式的影响

一、中小财险公司盈利模式的特殊性

相对于大型保险公司及保险集团而言，中小财险公司有很多的竞争劣势，如资本实力较弱、缺少品牌效应等。因此，并不是所有的盈利模式都适合中小财险公司。要研究中小财险公司盈利模式的选择问题，必须首先分析中小财险公司盈利模式的特殊性。

影响中小财险公司盈利的因素有很多，如品牌、人才、设备、技术、企业文化、资本、企业筹措资金的能力、销售能力、风险管理能力、服务能力等。但是，大部分因素并不是影响中小财险公司选择盈利模式的首要因素。有些因素本身就是盈利模式的组成部分及内在要素，如销售能力、风险管理能力及服务能力等，如果中小财险公司具有突出的某项能力，实际就已经形成了一种盈利模式；有些因素的通用性和流动性都很强，可以在相应的要素市场上购买，如人才、设备等；有些因素虽然重要，但是需要中小财险公司在相当长的时间内培养和积淀，如品牌、企业文化等。因此，真正能影响中小财险公司选择盈利模式，并且体现出中小财险公司特殊性的因素是资本。

保险业是资本密集型产业，资本是保险公司最重要的内部资源。资本约束是影响中小财险公司选择盈利模式的首要因素。中小财险公司的资本由两部分组成：显性资本和隐形资本。显性资本就是现有资本，隐形资本就是融资能力。如果中小财险公司有充足的资本或稳定的资本补充渠道，就可以选择扩张型的盈利模式；[①] 如果中小财险公司资本有限且没有资本补充渠道，就只能选择积累型的盈利模式。[②] 目前，很多中小财险公司经过了不冷静的扩展后，陷入迫切需要注资的境地，其根本原因就是没有认真考虑资本的约束性。

因此，资本约束对中小财险公司选择盈利模式具有重要的影响，资本是中小财险公司选择盈利模式应考虑的首要因素。

二、资本约束下中小财险公司的盈利模式

资本是保险公司防范风险的最后一道防线，资本的充足性直接影响保险公司经营的稳定性和持续的盈利能力。当资本量不变时，保险公司存在一个最优的业务规模，使保险公司达到价值最大化。[③] 因此，资本对中小财险公司盈利模式的选择具有重要的约束作用。如果中小财险公司扩张速度过快，业务规模超过了最优水平，将导致其破产风险增大、价值降低。并且，中小财险公司业务规模扩大主要是通过增加机构、降低费率的方式实现的，这会造成很大的成本，如机构扩张的费用、费率的降低、管理成本的增加等。如果考虑到这些成本因素，业务扩张会消耗中小财险公司更多的资本。

目前，我国中小财险公司普遍存在的一个问题就是不考虑资本约束的影响而盲目扩张，直到资本充足性不足时，要么仓促转型，要么继续注资。仓促转型对中小财险公司的影响有两个：第一，影响中小

---

① 扩张型的盈利模式包括规模经济模式和范围经济模式。

② 积累型的盈利模式包括精耕细作模式和差异化模式。

③ 高志强、张梦琳：《保险公司价值最大化下的最优资本研究》，《中南财经政法大学学报》，2009（3）。

财险公司在保险市场的形象，不利于品牌建设；第二，造成中小财险公司业务的波动和人员的流失，影响保险公司经营的稳定性。如果选择注资，就会形成扩张—注资—再扩张—再注资的循环过程。一旦中小财险公司没有能力继续注资时，长期积累形成的巨大亏损会直接拖垮这些公司。

中小财险公司在规模扩大后必须面临的一个问题就是业务发展与管理能力相协调的问题。目前，很多中小财险公司存在“重业务、轻管理”的问题，一味关注规模的增长，而忽略了管理能力的提高，这为公司今后的发展带来很多的遗留问题。中小财险公司的业务处于动态的增长过程中，管理不可能一步到位。只能是公司规模发展到一定程度后，管理的漏洞才会暴露出来。对此，中小财险公司应该采用“螺旋式发展”的方式：当业务快速增长一段时期后，应该主动将速度放缓，在相对稳定的环境内，将管理水平提高到与业务规模相匹配的程度，然后再进行下一轮的发展。如图 2-1 所示。

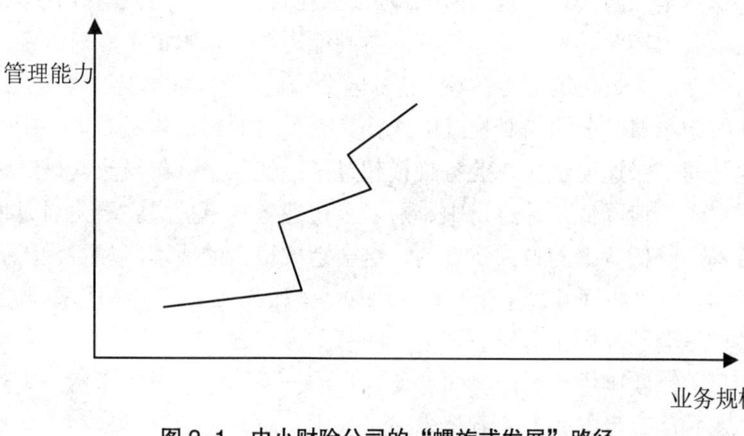

图 2-1 中小财险公司的“螺旋式发展”路径

综上所述，中小财险公司合理的发展思路应该是：根据自身最大潜在资本水平确定本公司合适的业务规模；保险公司在该业务规模水平下经营，并积累利润；当保险公司资本量积累到一个新的层次后，再确定与此对应的新的业务规模。如此循环发展，可以保证中小财险公司持续稳定地经营并获利。

2.3.4 中小财险公司资金运用的原则

一、保险资金运用的意义

在现代保险经营中，保险公司的业务大体分为承保业务和投资业务。承保业务是也就是直接保险业务，它体现了保险的基本职能。保险人运用保险的经济补偿和经济给付的功能为被保险人及其关系人提供经济保障。保险的派生职能则是保险的融资功能。从保费收取到保险金赔付的时间差额以及最终的规模差额造成了大量资金的闲置。在此基础上，理所当然的产生了保险资金的运用。在现代社会里，资金闲置可以说是一种无形的浪费，保险资金合理的应用已经成为关乎保险公司生死存亡的问题。它的重要意义主要体现在以下几个方面：

第一，维系良好的偿付能力。保险资金的主要来源为准备金负债，也就是说保险资金的运营是建立在负债的基础之上的。保险公司资金数量和期限有必要与所承担的风险相匹配。只有合理地运用保险资金，使其保值增值，才能维系和提高良好的偿付能力，更好地实现保险保障的基本功能。

第二，降低保险经营成本，从而不断降低保险费率。保险公司的费率大体上可分为纯保费和附加保费。纯保费以危险的损失概率大小为基础，资金的成功运用则可以降低附加保费的部分，从而提高保户参加保险的积极性，最终达到扩大保险公司业务量和知名度的目的。

第三，扩大社会再生产的规模，促进金融市场的繁荣。保险业将逐步向金融服务业渗透是未来发展的一个必然趋势。在发达国家，保险资金投入债券和股票市场的比例都有上升趋势，表现出了保险市场和资本市场深度融合的趋势。保险资金的良好运用对金融市场的稳定和繁荣起到推动作用。

二、中小财产保险公司资金运用的原则与特殊性

随着财产保险费率的市场化和市场竞争主体的不断增多，财产保险公司的承保利润在不断下降，这种下降趋势在外资保险公司进入后将会更加突出。为了能够在激烈的市场竞争环境中生存和发展，中小财产保险公司在做好传统业务的同时，应该加强对保险资金运用问题的研究，通过对保险资金的有效运用来提高公司的经营效益，解决承保利润下降所带来的问题。

（一）流动性原则

保险具有经济补偿的功能，保险事故的发生又具有随机性特点，这就要求保险资金运用应保持足够的流动性，以便随时满足保险赔偿和给付的需要。保险人应根据不同业务对资金运用流动性的不同要求，选择恰当的投资项目。

财产保险公司与寿险公司保险资金来源最大的不同是期限短。财产保险公司可以运用的资金主要有自有资本、经营利润和保费收入中的未到期责任准备金。在这三项资金来源中，自有资本和经营利润保险公司能够长期使用，而未到期的责任准备金则由于其固有的特性只能进行短期运用。在保险公司资金运用的三项来源中，前两项由于受中小保险公司的规模和经营能力的限制，在保险资金运用中的比例往往很低，保险公司更多地利用保费收入进行资金运用。财产保险公司目前主要经营的是中短期保险产品，保险期限一般比较短，除了一些具有投资功能的产品外，大部分产品的保险期限都在一年以内，这也使其保费收入以短期为主。保费收入的特点决定了保险公司在保险资金运用过程中更多地需要考虑资金的流动性问题。因此，我们把流动性原则作为中小财产保险公司资金运用的首要原则。

（二）安全性原则

安全性原则是保险资金运用的重要原则。因为保险基金是保险人对全体被保险人的负债。从数量上看，保险基金总量应与未来损失赔偿和保险给付的总量一致，若不能安全返还，必将影响保险企业的经济补偿能力。为保证保险资金运用的安全，保险人一定要做好投资预测，选择安全性较高的投资项目，以小额、短期、形式多样化来分散风险，增加投资的安全性。

保险公司的风险分散必须考虑保险资金来源的结构。中小财产保险公司自有资本和经营利润在资金运用中的比例较低，因此，主要考虑保费收入的结构状况。财产保险公司能够经营的保险产品涉及的范围相当广泛，但从保费收入的构成来看，机动车辆险的保费收入在整个保费收入中比例较高，基本上占其保费收入的一半以上，除企业财产险和货物运输险的保费收入相对比较大外，其他险种的保费收入则较低。由于保费收入集中于出险率比较高的一些险种，资金运用只能更加谨慎以确保安全性，当然这肯定会影响到资金的使用效率，从而影响到盈利性。但值得注意的是，资金的盈利性应该是建立在一定的安全性基础之上的。

（三）盈利性原则

保险资金运用的主要目的就是盈利。盈利能给保险人带来企业效益，增强保险企业的偿付能力。这就要求保险资金运用中选择高效益的投资项目，在一定风险限度内力求实现收益最大化。

中小财险公司坚持盈利性原则，也面临着自身的特殊性。这体现在保险资金来源缺乏稳定性。近年来，虽然财产保险公司的保费收入每年都以较快的速度增长，保险资金运用的规模也在不断扩大，但这不能掩盖保险资金来源不稳定的问题。与寿险公司大量稳定的续保保费相比，中小财产保险公司因其期限较短且市场竞争激烈，客户的稳定性不高，客户的流失率普遍较高。不同期限和不同金额的保险资金的频繁变动，使财产保险公司在选择投资产品过程中显得被动，这也给中小财产保险公司对保险资金运用进行战略选择和规划带来了困难，影响到了保险公司的盈利性。中小财产保险公司因自有资本无法与大型公司相提并论，在资金的收益上也相应地缺乏竞争力。

综上所述，这是中小财产保险公司应该坚持的三项原则。它们相互联系、相互制约。其中收益性原则是目的，而安全性、流动性是资金运用盈利的基础。稳健的资金运用，应该首先保证资金的流动性和安全性，在此基础上努力追求资金运用的收益性。在资本市场上，投资产品的收益往往与其期限是互相匹配的，投资期限越短，所能获得的投资收益越低。因此，结合中小财产保险公司的特点，我们提出在资金运用中以中短期的投资产品为主，再根据自身经济实力和经营状况进行适当的长期投资。

2.3.5 市场效率分析与中小财险公司要素优化

一、关于财产保险公司投入—产出的效率分析

在这一节里，我们以近几年我国财产险公司经营的实际数据为基础，进一步于分析财产公司的经营情况和盈利模式。

（一）数据包络分析法（DEA）选用的背景

净利润、ROA、ROE 等财务指标常被用作绩效的替代。但产险公司由于其负债经营和竞争模式的特殊性 ，若以此类指标衡量产险公司的绩效，则可能会产生一定的偏差。目前研究中普遍使用 DEA 方法计算产险公司的相对效率，并以此作为绩效的一种替代。

目前上述研究所面临的共同问题在于，对处于有效前沿的多家公司无法进一步区分其效率值，给后续工作的开展造成较大的误差。本书使用 super efficiency 模型来克服上述不足。该方法区别于一般 DEA 分析的优点在于其突破绩效值为“1”的限制，使其更加贴近我国产险市场的实际运行。这种调整方法源自 Andersen 和 Petersen（1993）的研究，其优势在于结果并不会改变处于非有效前沿的公司的效率得分，但是对处于生产前沿的公司，则可以突破效率值上限，反映其真实经营成果。

（二）变量及数据的选择

1. 变量的选择

在投入指标的选择上，本书在劳动和资本的选择上沿袭之前的研究成果，不过与国内研究成果相比，对资本的选择与国内研究相似，采用了固定资产一项，对劳动的选择则并没有将员工人数作为一项指标，而是采用了营业费用作为综合衡量人员劳动力投入的指标，引入了手续费支出一项来强化其作用。考虑到转型中的中国经济和中国保险市场路径依赖作用和锁定效果明显，因此，本书引入了实收资本的概念作为各家产险公司初始禀赋的衡量。

在产出指标的选择上，本书从保险公司经营的特殊性角度来定义产出。首先是经济保障和补偿的职能，商业保险公司的存在就是为了平滑不确定时间给人们生活带来的影响，因此将赔款作为产出指标;

其次是保险业负债经营，为了保持其经营的持续性和稳定性，需要准备一定的准备金来满足日常和未来的需要，因此准备金提转差一项也应纳入产出项目。考虑到现阶段产险业承保业务几乎无法盈利的情况，为了平滑经济周期、通货膨胀以及其他一些突发性事件的影响，必须通过投资收益来增加自身实力。保险生产不但是一种多产出的生产，更是一种具有外部性产品的生产，对产险产品公共品属性的特点予以考虑，在产出指标中新增一项——社会贡献。社会贡献的计算公式为（利润+赔款）/总资产。

2. 数据的选择

在数据的选择方面，我们选择了保险年鉴2007年到2010年，也就是2006年至2009年的数据。在这期间涉及一些公司的合并或者信息披露不够完全的情况，我们对这些公司进行了剔除。

（三）实证结果与解释

1. 规模收益非递减的假设

在保险业中，规模代表了一个公司的实力和信誉度，是影响保险效率的一个很重要的因素。

在20世纪90年代初期以后，有较多的美国学者对人寿保险业和财产保险业的规模效率进行研究。代表性研究者有GraceTimme（1992）、Yuengea（1993）、Gardner与Grace（1993）、Cummins与Zi（1998）等。这些研究发现大型保险公司存在规模效应递减，但总体上有比较明显的规模效率。

自90年代中后期以来，由于美国保险市场并购现象突出，引起了一些学者的极大关注，Cummins J.，Tennyson S.与AryWeiss M.（1999）则首次用数据包络分析方法（DEA）研究了保险业并购与规模经济和效率之间的关系。研究对象是代表美国80%资产的保险人在1988年～1995年的成本和收益效率，并用Malmquist指数方法来检验技术效率和全要素生产率的变化。他们发现参与并购的保险公司比其他公司在并购两年后取得了更高的效率，这说明并购有利于效率的提高和盈利能力的显著改进。

Hao与Chou（2002）运用了DEA方法测度了8家保险公司的效

率，发现效率与适度的规模和多样化的产品战略相关。

基于以上的文献研究，我们在这里选择规模收益非递减的假设。

2. 实证结果

在保险公司规模收益非递减的假设下，我们运用 EMS 软件计算得到各年产险公司绩效值，如表 2-2 所示。

表 2–2 DEA Super Efficiency 计算结果

公司名称	2006 年	2007 年	2008 年	2009 年
人保财险	178.12%	94.35%	82.97%	124.07%
太平保险	50.73%	42.93%	39.40%	57.69%
阳光财产	109.29%	54.22%	301.81%	114.53%
中华联合	111.13%	597.75%	71.08%	181.93%
太平洋财险	83.75%	74.66%	83.87%	73.47%
平安财险	107.19%	86.85%	119.35%	94.29%
华泰财险	66.86%	99.39%	87.59%	135.31%
天安保险	104.50%	100.62%	64.83%	65.94%
大众保险	91.73%	60.87%	39.61%	46.15%
华安财险	784.51%	big	0.00%	419.68%
永安财险	384.63%	230.79%	173.02%	132.85%
永诚财产	84.17%	62.16%	78.42%	112.44%
安信农业	74.59%	113.73%	53.49%	66.65%
安邦	77.04%	32.34%	41.87%	142.03%
安华农业	81.96%	223.48%	386.67%	153.53%
大地	59.37%	60.41%	48.31%	63.00%
天平汽车	203.96%	86.36%	75.72%	149.33%
阳光农业	big	323.14%	374.49%	326.08%
渤海财产	50.84%	26.21%	100.27%	87.25%
民安保险	59.83%	36.79%	49.26%	55.45%
美亚财	91.16%	156.53%	93.80%	72.23%
东京海上上海	134.07%	145.54%	551.39%	217.29%
丰泰	99.46%	118.07%	89.00%	109.99%
皇家太阳上海	98.54%	97.65%	67.76%	55.87%

公司名称	2006 年	2007 年	2008 年	2009 年
美国联邦	97.80%	45.09%	55.77%	108.24%
三井住友	96.99%	101.13%	115.54%	110.90%
三星火灾	227.02%	346.78%	352.14%	329.91%
中银保险	51.89%	21.66%	79.63%	90.25%
安联保险	95.08%	87.84%	112.11%	311.3%
日本财险	91.23%	64.81%	88.10%	69.65%
利宝互助	big	923.17%	30.70%	59.13%
安盟成都	619.25%	1339.58%	49.38%	118.17%

注：

1. 美亚 2006 年数据是由美亚上海、美亚广州、美亚深圳加总得到的。2007 年这三家公司合并为美亚财。

2. 2006 年，民安保险与民安海分合并为民安保险。

3. 表格中的“0”表示年鉴上缺失数据。

4. 美国联邦保险公司在 2008 年改名为丘博保险公司。

5. 2008 年，保险年鉴上没有华安财险的各项数据。

6. 其中显示“big”的公司由于投入产出的配比过分超前而无法给出具体数值。上述计算采用规模收益非递减方法计算。

在本章第二节我们提出了我国中小财产保险公司发展的六种盈利模式。其中，普通公司难以模仿和复制的是以中国人寿财产保险股份有限公司为代表的股东资源模式，而投资驱动模式更多地依赖于整个经济的投资环境，规模扩张模式则往往导致重规模、轻效益。因此，结合上表的 DEA Super Efficiency 计算结果，我们认为以利润为中心的稳健型发展模式、精耕细作模式和专业化模式是值得为中小财产保险公司发展所采纳的最佳模式。这三种模式的代表性公司（美亚、华泰、天平）2006 年到 2009 年的效率平均值达到了 90%以上（当然，由于每年的经营波动或者财务统计口径有所偏差，同时也由于我们的指标选择不能涵盖测度公司效率的各个方面，这三家代表性公司并非每年的效率数据都超过 80%）。

总的来说，我国中小财产保险公司通过稳健经营，依靠精细化管理、深度的风险管控和专业化经营来提高效率，从而获取在市场中的竞争优势，这是我们认为的一种可取方式。

二、中小公司要素优化

在上述的DEA Super Efficiency效率分析中，我们建立的我国产险公司DEA分析投入—产出模型，如表2-3所示。

表2–3

财险公司	
投入	产出
固定资产	赔款
实收资本	准备金提转差
营业费用	社会贡献
佣金支出	投资收益

（一）固定资产和实收资本

在投入的指标方面，我们按照微观经济学的观点分为资本投入和劳动投入。在资本投入方面，我们选择了固定资产和实收资本。

实收资本是指投资者按照企业章程或合同、协议的约定，实际投入保险企业的资本，它是企业注册登记的法定资本总额的来源，表明所有者对企业的基本产权关系。实收资本是保险企业永久性的资金来源，是保证保险企业持续经营和偿还债务的最基本的物质基础，是企业抵御各种风险的缓冲器。

固定资产是指企业使用期限超过1年的房屋、建筑物、机器、机械、运输工具以及其他与生产、经营有关的设备、器具、工具等。不属于生产经营主要设备的物品，单位价值在2000元以上，并且使用年限超过2年的，也应当作为固定资产。固定资产是企业的劳动手段，也是企业赖以生产经营的主要资产。资本变量的选择不宜用注册资本或股本来衡量，因为注册资本或股本并不能完全反映生产和经营中的资本性投入，而真正能够全面反映资本性投入的实际上是各种投入所形成的固定资产，因此本书用固定资产作为资本投入的度量。

固定资产与实收资本都表示了公司规模，由上面的 DEA 我们大致可以看出同保险公司的效率正相关。也就是说，大公司比小公司效率高，因为大公司有规模经济和范围经济优势。而这一点在保险业中体现得尤为突出。此外，大公司抵御风险能力强，在投保人中有更高的声誉，从而赢得更多的优质保险业务。而这是小公司难以企及的。从这一点讲，中小财产公司可以采用规模扩张模式，但正如我们前文所提到的，采用规模扩张的盈利模式应该注意扩张的方式及速度，绝对不能以承保垃圾业务的方式获得短期的增长，同时公司的管理水平也需要与业务扩张的速度相匹配。以中华联合保险公司为例，对规模扩张模式进行分析。从 2002 年以来，中华联合保险公司发展迅猛，已经从一家西部的区域性保险公司快速成长为排名第 4 位的全国性保险公司。从 DEA Super Efficiency 计算结果可以看出，在这种高速的扩张下，中华联合财产保险公司的效率得分是比较高的，然而中华联合自 2007 年爆出 60 多亿元巨亏以来，一直存在经营模式粗放、亏损得不到改善、总公司管控能力弱化的问题。因此，我们强调效率与利润率是不能等同的两个指标。

（二）营业费用、佣金支出

对劳动的选择没有将员工人数作为一项指标，主要原因在于财产保险公司内部员工人数和保险代理人人数的数据较难获得，这里选择了把公开的财务报表中的营业费用作为综合衡量人员劳动力投入的指标，并引入了手续费支出一项来强化其作用。按照我们选择的规模报酬非递减的假定，大公司仍然是存在规模经济和范围经济优势。这里之所以提出对投入要素进行优化是因为我们希望不仅仅是营业费用、佣金支出这种数值的增长，而更应该是由此带来的数倍的产出，或者说是建立具有激励效用的营业费用的一种分配机制问题。

根据中国保监会公布的保险业经营数据（1999 年～2009 年），保险业营业费用金额从 1999 年的 182.73 亿元增长到 2009 年的 1234.06 亿元，年均复合增长率为 21.05%；而赔款、给付金额从 1999 年的 510.24 亿元增长到 2009 年的 3125.48 亿元，年均复合增长率为 19.87%。前者高于后者 1.12 个百分点。由此可见，营业费用的增长速度已经超过了赔付、给付的增长速度。因此，我们提出合理的控制营业费用和佣金支出，节约资源，减少不必要的消耗。

营业费用是管理成本的重要组成部分。它由新合同费、合同维持费、收费费用三部分组成。新合同费是签发保单所需要的费用，主要包括营销员的佣金、体检、核保等签约费用；合同维持费是指为保持契约的效力而需支付的费用，主要指管理长期保单的系统成本；收费费用是为收取每次的保险费所需要的支出，即收费员的费用支出。

总的来讲，从降低新合同费途径入手，可采取的措施主要有改革现行佣金体制。从降低合同维持费途径入手，中小财产保险公司可采取改革长期保单管理流程，提高管理效率，建立支持可扩展基准的核心业务 IT 开发平台，提高开发效率等。从降低收费费用途径入手，涉及面比较广，比如改革社会整体支付体系等多个方面的内容。

当然，从三个途径入手是降低营业费用最有效的方法。但是在现实中，改革社会整体支付体系是一个长期的过程，这里我们不予讨论。我们认为中小财产保险公司应注重降低新合同费和合同维持费两个方面。

2.3.6 中小财险公司构建盈利模式的思路

一、以自身分析为基础

中小财险公司在选择和制定盈利模式时，必须首先对本公司的资源和特点有清楚的认识。中小财险公司只有根据自身的特点和保险公司发展的规律制定战略，并根据市场的不断变化调整经营策略，才有可能冲出重围实现成长。对于中小财险公司来说，最重要的资源是那些经久耐用的、难以界定与难以理解的、不能完全流动的、难以仿制的、公司拥有所有权并能够控制的资源与能力。盈利模式的核心就是如何有效地保护与利用这些资源，把公司的业务范围限定在自己的具有资源竞争优势的领域，不断地挖掘、培养、维持自己的独特资源与能力，保持竞争优势的持久性。对于中小财险公司来说，最重要的资源就是资本，还包括设备、品牌、人力资源、知识资本等。

当前，很多中小财险公司不能正确认识自己，导致在发展过程中出现很多问题。譬如，一些中小财险公司没有认清自己的资本水平而盲目实行规模扩张，最后不得不仓促转型或被迫要求股东再注资；还有的中小财险公司没有认清本公司的资本管理能力而大量投资于一些高风险领域，导致偿付能力波动严重。此外，如果中小财险公司选择扩张型模式，那公司的亏损期会较长，股东对此是否有足够的理解和耐心也是中小财险公司需要考虑的重要因素。中小财险公司掌握的资源不同，决定了其选择的盈利模式也不同。

以保险公司的机构铺设为例，一个普遍被接受的观点是，快速铺设分支机构可以使中小财险公司在短期内迅速增加保费收入。因此，在保费规模的诱惑下，很多中小财险公司在成立的几年之内就在全国铺设了大量的分支机构。其结果是保费高速增长的同时，中小财险公司巨额亏损。中小财险公司短期内在全国范围铺设分支机构的行为至少在以下四种情况下是不理性的：

第一，如果中小财险公司保险资本不够充足，则这种快速铺设分支机构的行为会大量消耗资本。

第二，如果中小财险公司的管理跟不上，会导致公司发展失控。一方面，管理能力提高落后于业务发展，会影响公司的可持续发展；另一方面，快速扩张导致公司人才短缺，从其他公司挖来的人员成本和流动性都较高，且不容易融入公司文化。

第三，如果中小财险公司不能保证投保人的续保，会造成公司巨额亏损。中小财险公司一般通过价格竞争获取业务，如果不能通过提高投保人续保率而降低成本，公司不可能实现盈利。

第四，如果某些分支机构产能过低，将成为公司盈利的负担。

在进行自身分析的情况下，以下两点是特别重要的：

第一，分析清楚自身经营业务的盈利能力。对于保险公司，应该多做盈利性险种，少做甚至不做亏损性险种。但是，在保险公司统一经营管理的情况下，如何进行管理成本摊销，如何核算某个险种是否盈利，是一个值得思考的问题。譬如对于与理赔相关的费用，如果按照案件数量平均摊销的话，对人身险是不利的，因为人身险的案件很小，但是数量大。所以每个险种的盈利情况要受摊销方法的影响。同时，利润核算中是以产品为标准还是以客户为准备，中小保险公司应该制定科学的标准。

目前，我国中小财险公司普遍亏损，其根本原因在于保险公司一味的追求规模，而忽视了对业务质量的控制。对于中小财险公司来说，比较理想的展业思路是“抢占优质业务，维持中等业务，放弃垃圾业务”。对于赔付率低、稳定性高的优质业务，即使业务取得成本稍高，中小保险公司也应该尽力争取。对于赔付率稍高，但仍在可接受范围内的中间业务，中小保险公司也不能放弃，有两方面原因：一方面，没有保费规模，就不能分摊高额的固定成本；另一方面，没有保费规模，就没有现金流和费用，不能养住公司和队伍。对于赔付率非常高、流动性又很强的垃圾业务，要坚决放弃。

第二，分析清楚自身公司业务内部控制能力。中小保险公司应该加强内部控制，规范业务管理流程，降低应收保费比例，减少不合理开支，打击虚假赔案。以理赔为例，调研结果显示，各财险公司均认为理赔中可压缩成本的空间很大，各种原因形成的虚假赔案给保险公司造成很大的支出。甚至有的财险公司认为，理赔中有 10%甚至更多的都是水分。如果通过内部控制解决理赔中的这个问题，将极大地提高中小保险公司的盈利能力。

二、以对手分析与市场分析为主体

1. 分析竞争对手

资本约束下的盈利模式对中小财险公司的创新行为和创新能力提出了很高的要求。而创新就是中小财险公司在某个产品市场，或某个客户市场，或某个地域市场，比竞争对手具有技术优势，或与竞争对手形成差异化。因此，中小财险公司应该对竞争对手的经营管理、市场行为进行分析，充分的认识竞争对手。这样做最少有三点好处：

第一，通过对本行业其他先进保险公司的学习和其他行业先进模式的学习，与本公司的具体情况相结合，设计、改进本公司的盈利模式。

第二，及时掌握竞争对手对本公司的影响，当竞争对手对本公司的盈利造成极大冲击时，要及时调整盈利模式，防止竞争对手抢走本公司的利润。

第三，在掌握未来市场发展动态的前提下，通过研究竞争对手的动态，在竞争对手之前行动，占得市场先机。

从现有竞争对手的情况看，我国产险市场的竞争主要集中在两个方面：

一是争夺现有的市场份额，即财险公司通过提高产品供给能力，满足市场上已出现的保险需求。如对企业财产保险、机动车辆保险和货物运输保险市场份额的争夺。

二是要通过产品创新，开发潜在市场。如责任保险市场、保证保险市场、健康保险市场、投资连结保险市场等。中小财险公司在认识竞争对手时，不仅要关注同业的保险公司，有时还要关注来自其他领域的竞争。例如，中小财险公司在发展信用保证保险时，需要关注担保公司的竞争。

中小财险公司在认识竞争对手的过程中，需要特别注意以下两个问题：

第一，不能盲目模仿。中小财险公司在学习竞争对手的先进经验时，应该与本公司实际情况相结合，否则只能是适得其反。以电话营销为例，电话营销的方式不一定可以被每个中小财险公司所复制。

第二，不能盲目崇拜。采用内部积累方式发展的中小财险公司，其规模增长速度较慢。在与竞争对手做比较时，尤其与大保险公司或采用扩张型方式的中小财险公司做比较时，必须保持理性，大公司有大公司的盈利模式，中小公司有中小公司的盈利模式，应该克服对规模的冲动，始终把盈利放在首位。

2. 分析保险市场

对市场的正确认识是一个盈利模式最重要的因素，如果一个盈利模式在设计的时候对市场的分析不够透彻或者全面的话，就会使假设条件错误，从而导致整个盈利模式的失败。所以，中小财险公司要创造自己的盈利模式，必须对所有的市场因素进行仔细的分析，从而得出一个有竞争力的模式。同时，中小财险公司还应该根据市场的变化不断调整自身的盈利模式。例如，当财险市场是规范竞争时，中小财险公司经营的重点应该是开拓市场、增加业务；当财险市场是不规范竞争时，中小财险公司经营的重点应该是对风险及业务质量的管控。同时，中小财险公司还应该考虑承保周期的变化对盈利的影响。

从目前情况看，中小财险公司在选择盈利模式时，至少要认识到如下几个市场特点：

第一，保费增加，市场继续扩大。2009 年上半年，全国财险业务保费收入 1511.8 亿元，同比增长 16.4%。根据《保险业“十一五”规划》，2010 年全国保险业保险费收入为 1 万亿元，保险深度为 4%，保险密度为 750 元。保费不断增加，市场持续扩大，是财险市场发展的大背景，中小财险公司应该抓住有利时机，尽快建立合理的盈利模式。

第二，监管力度加强，市场进一步规范。保监会加大了保险市场的监管力度，尤其是加强了偿付能力监管和市场规范性监管。70 号文出台后，保监会加大规范市场秩序工作力度，严厉打击基础数据不真实、不严格执行报批报备条款费率等违法违规行为，见费出单效果开始显现。在这种背景下，中小财险公司在选择盈利模式时必须基于稳健性原则，放弃粗放型发展的思路。同时，市场进一步规范后，大公司的品牌优势会更加明显，这要求中小财险公司的盈利模式应更注重创新与差异化。

第三，投资渠道进一步拓宽。监管机构对中小财险公司投资渠道的限制将进一步放宽，中小财险公司应该充分利用各种投资渠道，不断提高资本运作能力和公司盈利水平。

第四，业务结构进一步调整，农业险、责任险发展速度加快。2009 年上半年，我国财险市场的业务结构进一步调整，家财险、工程险、农业险等业务得到较快发展，同比分别增长 12.9%、23.6%和 59.8%。责任保险保费收入 51.9 亿元，同比增长 8%。2009 年，中央财政保费补贴支持的险种新增加了育肥猪保险和森林保险。中央政策性农业保险险种已达 9 个。[①] 在传统市场被大公司牢牢控制的情况下，中小财险公司应该积极开拓新市场，开辟新的利润点，争取在新兴市场有所

① 数据来源于保监会网站。

作为。同时，中小财险公司应该抓住国家振兴十大产业规划实施的机遇，积极推动车贷、房贷以及船舶油污、环境污染等责任保险试点工作。

三、以差异化经营为关键

中小财险公司要有明确的战略目标和准确的战略定位，通过差异化经营，做市场的拾遗补缺者。要做到拾遗补缺，中小财险公司必须做好两个工作：

1. 选好目标市场

中小财险公司应该真正做到细分市场，并选择可以盈利的目标市场。一般来讲，产险市场分成三个部分：高端市场，如大型商业风险等，这个市场需要保险公司有较强的承保技术；一般市场，如车险等，这个市场进入壁垒较低，但是竞争也相对激烈；特色性市场，如监事责任险等，这个市场可开发的空间较大。中小财险公司应该重视后两个市场，尤其是第三个市场。在此基础上，中小财险公司应该对市场进一步细分，以车险为例，哪个车型是赚钱的，哪个车型是赔钱的；哪个地区的车险是赚钱的，哪个地区的车险是赔钱的；出险率是否和性别有关，是否和保额有关等。中小财险公司应该把细分市场落实到行动上，主动选择市场中的盈利区。

2. 通过服务实现“立体化竞争”

差异化是中小财险公司盈利的一个重要手段。但是，目前财险市场上保单同质化严重，财险公司所谓的产品差异化也只是在主险的基础上增加几个附加险或保障项目。这种差异化并不明显，也不容易被投保人作为区别其他保险产品的特色（除非增加的保障范围很大或非常重要，但是这样又会造成保险公司定价不足）。这只是一种平面化竞争，是静态竞争。

根据马斯洛的理论，安全性只是人在最低层面上的需求。保险公司要在竞争中胜出，就不应该只满足投保人的安全性需求，而应该尽量满足投保人更高层次的需求，这就需要保险公司在核心产品上追加一些特征，提供一些追加的价值，以便把产品推到一个更高的层次上。保险产品实际是一种保障，整个保险期都是服务期，都可以看做是“保险产品”。因此，应该将保险产品差异化体现在时间纬度上，也就是体现在售后服务上。如组织车友会、为投保人代办车辆手续等。中小财险公司应该通过加强服务，实现“立体化竞争”，实现动态竞争。

保险产品是保险服务的载体，与其他商品一样体现出服务的内容。从产品层次理论来看，动态竞争应该贯穿保险产品的每个层次，在不同的保险产品层次上选择合适的保险服务，赢得市场。产品层次理论最早由科特勒提出。1988 年著名的市场营销专家科特勒出版了《市场管理：分析、计划、执行与控制》一书，提出了一个产品的三层结构理论，认为任何一种产品都可被分为三个层次：核心利益（Core Benefit），即使用价值或效用；有形产品（Form Product），包括式样、品牌、名称、包装等；附加产品（Extra Product），即附加服务或利益，并认为这三个层次是相互联系的有机整体。科特勒的产品三层次结构理论，较好地反映了消费需求的多层面性，特别是解释了消费需求的动机，以及实体产品与服务的不可分割性。保险产品是指保险公司能够提供给市场的各种保险金融服务。

四、以政策导向为框架

中小产险保险公司的经营管理始终面临各种法律法规的约束和制约，同时这些法律法规也是对中小产险保险公司良性发展的保护。这些法律法规的变化，甚至微量的调整都会对中小产险公司的各种决定性策略产生重大的影响。保险公司始终应该是在这个政策导向的框架下进行效益最大化的经营准备。在目前的产险市场上主要有以下一些政策导向性特点：

1. 投资渠道进一步扩宽

保监会主席吴定富在 2009 年召开的一季度保险监管工作会议上指出，“增加股票投资主体，支持符合条件和有能力的中小保险公司直接投资股票。发布股票投资能力和信用风险管理能力标准，支持符合标准的保险机构先行先试”。监管机构对中小保险公司投资渠道的限制将进一步放宽，中小保险公司应该充分利用各种投资渠道，不断提高资本运作能力和公司盈利水平。

2. 业务结构进一步调整，农业险、责任险发展速度加快

2009年上半年，我国财险市场的业务结构进一步调整，家财险、工程险、农业险等业务得到较快发展，同比分别增长12.9%、23.6%和59.8%。责任保险保费收入51.9亿元，同比增长8%。2009年，中央财政保费补贴支持的险种新增加了育肥猪保险和森林保险。中央政策性农业保险险种已达9个。[①]

在传统市场被大公司牢牢控制的情况下，中小保险公司应该积极开拓新市场，开辟新的利润点，争取在新兴市场有所作为。同时，中小保险公司应该抓住国家振兴十大产业规划实施的机遇，积极推动车贷、房贷以及船舶油污、环境污染等责任保险试点工作。

3. 逐渐注重偿付能力监管

偿付能力监管是保险监管体系的三大支柱之一。我国保险监管的一个重大转变就是以市场行为监管为重心向公司治理监管、偿付能力监管和市场行为监管并重转变。为了适应偿付能力的监管要求，保险企业需要转变发展的方式，包括经营的方式和盈利的模式等。保险经营的新模式也就是要实现盈利模式和偿付能力的协调互动，在盈利模式和偿付能力之间找到平衡点。这是由于从风险的角度看，高风险业务意味着高收益，也意味着更高的风险资本要求，高风险业务需要高偿付能力，而要扩大利润、增加盈利就必须增加资本金的数量，才能满足部门对偿付能力充足率的要求。

在大环境对偿付能力监管的要求下，保险负债业务的特点和较高的负债成本决定了保险业必须从传统的负债管理走向资产负债管理，而且保险负债的成本水平及资产管理能力在很大程度上决定了中小保险企业的盈利能力和核心竞争力。中小保险公司需要从负债管理和资产管理两个方面入手，通过两者良性互动、良性循环提升各自的盈利能力。

4. 西部大开发带来的机遇

2010年西部大开发经历了十年，西部大开发作为我国长远发展的重要规划，给西部带来了巨大的变化，西部经济得到了很大的发展，

① 数据来源于保监会网站

因此西部大开发战略在国家发展战略中占有非常重要的地位，必将长期坚持。这样的宏观背景给中小财险公司的发展带来了新的契机，事实上，我国西部保险市场的深度和密度并不低于东部，但西部保源较为集中，主要集中在中心城市（一般是省会城市），市场处于高度垄断状态。随着西部经济大开发的进一步扩展和深入，在越来越强大的经济基础上，产险市场将存在巨大潜力。中小财险公司可以采取间接进入与直接进入共同进行的方式，积极采取大项目异地共保、异地承保、统括保单的形式，或者在西部地区建立公司或分支机构等形式吸收保源；积极探索建立符合市场经济原则和西部保源分布特点的保单销售体系和管理体系；开发符合西部地区风险特征、行业特质和人文习俗的保险产品，借国家宏观政策的力量，在促进西部保险市场开发的同时为企业自身带来更多的利润。2010 年 5 月获批筹划在四川省成都市建立的锦泰保险就是第一个在西部省份四川建立的地方性财险公司，由成都投资控股集团有限公司、国家开发投资公司、四川公路桥梁建设集团有限公司、四川省投资集团有限责任公司、四川省煤炭产业集团有限责任公司、成都市现代农业发展投资有限公司、成都欣天颐投资有限责任公司、新湖中宝股份有限公司等 8 家公司共同发起。

总之，相对于众多的中小保险公司，盈利模式应是多种多样的。中小财险公司应该根据自身的实际情况，选择适合本公司的盈利模式。

3 风险管理研究

3.1 风险管理与公司治理

3.1.1 风险管理的定义

1. 风险的定义

从传统来看，风险是通过不确定性来界定的，通常将风险定义为在事物发展的过程中，损失发生的不确定性。不确定性是风险损失最大的特征。

风险也可以被定义为实际与预期的偏离。现实当中，行为的结果常常出乎我们的预料，可能向好的方向偏离，也可能向不好的方向偏离。例如，公司投资于某个项目，项目的回报率可能高于预算，为公司带来净收益；同时，项目的投资也可能是亏损的。对于公司来说，固然极力避免投资亏损的发生，然而，投资回报率高于预算的幅度过大也意味着企业资源的浪费，造成投资不足。无论是投资亏损还是资源浪费，其发生的可能性对于追求利益最大化的企业来说都应被视为企业的风险，需要积极加以管理。

2. 风险的分类

人类面临的风险多种多样，从不同的角度可以对风险进行不同的分类。到目前为止，对风险的分类一直没有统一的标准。例如，按风险的性质分类，可以将风险分为纯粹风险（只有损失机会而无获利可能而导致的风险）和投机风险（既有损失可能又有获利机会的风险）；从形态上看，风险可以分为静态风险（由于自然力的不规则作用和人们的错误判断导致的风险）和动态风险（以社会和经济结构变动为直接原因的风险）；另外，根据风险事故发生所导致损失的性质，风险还可以分为财产风险、人身风险和责任风险等。

3. 风险管理的定义

风险管理的定义相对来说比较统一。威廉姆斯（C. Williams）和汉斯（Richard M.Heins）在合著的《风险管理与保险》一书中提出："风险管理是通过对风险的识别、衡量和控制，以最低的成本使风险所致的各种损失降到最低限度的管理方法。"乔治·E. 瑞达（George E.Rejda）提出："风险管理是识别其面临的风险并选择最有效的方法来处理这些风险的过程。"①

1998 年，美国当代风险管理与保险学的权威之一斯凯柏（Skipper）教授，在其新著《国际风险与保险》中提出了一个简单而全面的定义，"风险管理是指各个经济单位通过对风险的识别、估测、评价和处理，以最小的成本获得最大安全保障的一种管理活动"。并指出："传统的风险管理主要涉及那些只有损失而没有获利可能性的情况，而这一观点正在随着企业管理者和政府官员的意识转变而转变，即他们意识到零散的风险管理和对一个组织可能面临的所有风险连贯统一的管理相比缺乏效率和效能，这种整体性的方法包括所有可能存在的结果，既有损失机会，又有获利可能。"②

3.1.2 风险管理的目标和过程

1. 风险管理的目标

美国学者威廉姆斯和汉斯在他们的著作《风险管理与保险》中写道，"风险管理的目标是：维持生存；安定局面；降低风险管理成本，从而提高利润；相当稳定的收入；避免经营中断；继续成长；企业社会责任感的满足和建立良好形象愿望的满足；履行外部强加的义务"。③

---

① [美]乔治 ·E. 瑞达著，申曙光译：《风险管理与保险原理》[M]，中国人民大学出版社，2006 年，第 50 页。

② 斯凯柏（Skipper）：《国际风险与保险：环境—管理分析》（International Risk and Insurance: An Environmental—Management Approach），机械工业出版社，1999 年。

③ 威廉姆斯（C.A. Williams）、汉斯（Richard M. Heins）：《风险管理与保险》（Risk Management and Insurance）第五版，中国商业出版社，1990 年。

任何事情及其结果都潜藏着获利（正面）或损失（负面）的机会，风险管理正是着重于分析、评价风险的正面和负面影响，进行相应的风险处置。风险管理是组织策略管理的核心部分，它是组织以条理化的方式来处理活动中风险的步骤，其目的是从每一项活动及全部活动的组合中获得持续的利益。好的风险管理专注于风险的界定及处置，目的是为组织和活动带来最大的持续价值。有效的风险管理可以分析和发现所有可能带给组织正面及负面的因素，从而增大达到组织整体目标的可能性。在一个组织中，风险管理应是一项持续发展的程序，体现在组织策略的制定及实施中，并制度化地处理组织活动在过去、现在尤其是未来所面临的风险。因此，风险管理应该通过组织最高管理层把有效的政策及计划整合并体现于企业文化中，把策略转换为战略性及营运性目标，将责任分配落实到干部与员工，并将其作为职责说明的一部分。风险管理贯穿于组织中的问责、业绩评估和奖惩，能促进组织各个层面的营运绩效。

2. 风险管理的过程

在传统的风险管理理论下，风险管理过程可以划分为风险识别、衡量和评价风险、风险管理决策与实施等几个阶段。

首先是风险识别，也称为识别风险，是指在风险事故发生之前，运用各种方法和工具找出研究对象所面临的各种潜在风险以及风险事故发生的原因。这个环节是风险管理的基础，也是最重要的步骤，通过发现潜在的风险及其存在的领域，以及对其产生原因的分析，可以为后面的风险衡量工作奠定基础。

然后是衡量和评价风险，这个环节包括了风险估计和风险评价两项内容，是整个过程中最为困难的环节。其中，衡量风险也被称为估计风险，是对辨识出来的风险进行测量，主要是对风险事故导致的财务损失的可能性及大小进行衡量。衡量某一风险发生的概率及可能的损失，可以根据经验或专家的评估得出，成为经验或主管评估，也可根据大量损失的数据，用统计推断的方法进行估计。在这个环节，主要的工作是利用各种数量刻画工具估计和预测风险发生的概率与损失程度。其中损失概率是指损失可能发生的次数，损失程度是指损失金额的大小。评价风险是在估计损失概率和程度后对风险进行的综合衡量与评价，即在衡量风险程度的基础上，根据国家规定的安全指标或社会能够共同接受的安全指标，来确定研究对象面临的风险是否需要处理和处理到什么程度的过程。

风险管理决策是决定对于已明确的风险，应该用何种技术或财务方法加以消除，或减少其发生的机会，或把损失降低到最低限度的过程。在选择好风险管理的具体策略以及方法后，需要贯彻执行风险管理决策，即将选择好的对付风险的办法形成建议并付诸实施的过程。最后还有检查评价，即对风险管理工作的检查、分析、修正和评估。由于风险因素和风险的性质多变，以及对风险认识的阶段性和风险管理技术的不断进步，因此，风险管理工作是一个需要及时发现决策错误并加以修正的循环往复的过程。

3.1.3 保险公司面临的风险的特殊性

保险公司既要在分散风险的同时实现效益的最大化，又要追求金融风险的最小化的经营目标的特殊性，负债性经营与资产性经营统一的资本结构的特殊性，核算模式的特殊性等特点决定了保险公司治理的特殊性，尤其是成立时间不长的中小财险公司，更具有以下特殊性：

1. 风险管理的重要性更加突出

风险管理的特殊性源于保险产品具有的特殊性，并且其经营具有特殊性。

首先，产品的独特性。保险公司所从事的经营活动，不是一般的物质生产和交换活动，而是为社会提供保险保障的特殊活动。现代保险公司的保险产品是通过三个层次来体现的：一是核心产品“保险保障”；二是与此相关的保险公司为业务处理提供的直接服务；三是为顾客的问题而提供的其他服务，可以称之为“功能保险”。与此相关，可以将保险公司的业务分为：风险性业务、储蓄性业务、服务性业务。[①]但其核心业务是风险性业务，即生产保险保障产品。

① [德] D.法尼：《保险企业管理学》[M]，经济科学出版社，2002年，第13页。

国际保险监管核心原则（2003）指出："保险与其他多数金融产品不同，其生产过程是逆反的。"保险费是在保险合同签订时收取的，只有特定事件发生时，才会产生赔付。消费者对于看不见、摸不着的面向未来的保险承诺，尤其是某些具有"中长期负债"性质的寿险承诺，只能凭信心做出选择。消费者信心的缺失，将对保险市场构成毁灭性打击。人寿保险合同的主要功能是通过集中资金来规避风险，但是由于合同的长期性以及实际死亡率、投资回报率和通货膨胀率与订立保单时的预期的差距而产生经营风险。财产险公司的情况也基本如此。不仅如此，保险产品是一种复杂的金融产品，保险公司的经营者与所有者、被保险人之间存在信息不对称问题，不仅被保险人甚至一些保险公司所有者都缺乏足够的专业知识了解保险公司经营状况。

其次，经营性质的特殊。保险业属于金融行业，其经营具有广泛的社会性，公司经营的好坏不仅关系股东利益，更关系广大被保险人的切身利益。随着社会不断发展，风险所造成的影响也越来越大。因而，有学者提出"风险社会化"，即某种风险的存在，其影响涉及整体的社会福利。因此，风险的社会化不仅要求保险公司必须有足够的承保能力以及处理自身风险的能力，改变或调整保险经营方式，而且应同时考虑整体社会的福利，增加保险公司的社会责任。

一般而言，金融体系的重要性主要表现在两个方面：作为资源配置重要机制的金融体系要确保资本这一最稀缺的资源配置到效率最高的领域；与此同时，金融体系的脆弱性又可能引发金融危机，并对经济造成严重的破坏，进而造成更严重的社会问题。这两个特征也充分说明了保险公司经营的特殊性——既要在分散风险的同时实现效益的最大化，又要追求金融风险的最小化。

因为经营和产品的特殊性，保险行业面临的风险也具有其特殊性。全美保险监督官协会（NAIC）的保险公司风险分类包括：资产风险，它又包括市场风险和信用风险；定价风险；资产负债匹配风险，指资产收益和公司负债不匹配的风险；经营风险，包括工作人员经营不善等。各种风险对我国中小财险公司影响力都很显著，加强风险管理的重要性更加突出。具体分析来说：

治理结构不完善导致财务舞弊和各种委托代理问题的风险。例如，由于关联交易管理制度不健全，缺乏有效的内部审查和批准程序，造成保险公司资源流失和经济损失。

保险风险，即由于对风险判断不正确导致产品定价错误或者准备金提取不足，再保险安排不当，非预期重大理赔等造成损失的可能性。我国中小财险公司缺乏丰富的风险识别和定价等方面的核心技术及经验，因此需要建立起一套业务风险管理体系。

资产管理风险，包括市场风险、流动性风险、信用风险、资产和负债管理风险以及部分操作风险等。保险公司盈利模式普遍为承保和投资双轮驱动，而事实证明，资产管理不慎所造成的损失，远远大于业务管理不慎所造成的损失。例如，1997 年亚洲金融风暴，日本有几家比较大的保险公司，由于资产管理不慎造成损失，最终导致公司以破产宣告结束。

保监会在第三届保险公司董事会秘书联席会议等多个场合强调，保险公司“要形成与业务发展相配套的风险管理体系”。这里我们引用 COSO 委员会的定义:“全面风险管理是一个过程。这个过程受董事会、管理层和其他人员的影响，从企业战略制定一直贯穿到企业的各项活动中，从而确保企业取得既定的目标。”

2. 政府严格监管更加重要

当前的金融危机也是由于银行资本不足，放贷过多、放贷条件过于宽松，且依赖于批发融资，保险公司及其他金融机构大量购入这种高风险衍生品而导致严重后果。而这次全球金融危机的发源地是在人们眼中曾经是世界上最安全、最完善的美国市场，足见金融业的脆弱性，发达国家现行的金融监管未能防止金融危机的爆发，强大的保险集团 AIG 跟其他陷入严重困境甚至倒闭的金融巨头一样，像多米诺骨牌一样不堪一击。

金融市场发展的历史表明，政府管制是一种普遍存在的现象，只不过在不同的国家（地区）和不同的时期（阶段）政府出于不同的目的而采取的管制政策或措施不同而已。一般而言，出于对金融体系脆弱性和法律体系不完备性的担忧，政府对金融业的管制比其他行业要严格得多。

保险经营的公共性和社会性、保险交易存在的信息不对称性和不完全性以及保险发展存在市场失灵和破坏性竞争等问题都需要政府对保险业实施严格的监管。广泛而严格的政府监管往往会在以下方面对保险公司治理产生深刻的影响：（1）对保险公司股东身份和持股比例的政策性限定会影响保险公司的股权结构；（2）政府对保险业市场的管制会影响保险公司的数量和市场集中度，并因此而限制保险业市场竞争，从而削弱产品市场的竞争威胁；（3）对并购市场的管制，这一管制使得对保险公司的并购更加昂贵，耗费的时间也会更多，在很多情况下，这些管制会使并购威胁不能有效地惩罚管理者。

同时，从保险企业的资产结构进行分析，作为主要债权人的被保险人极端分散，且不具备专业知识，难以对保险公司的经营形成有效的监督，一旦保险公司的财务状况超出被保险人的风险预期，债券价值就难以得到保障，这种事后的信息不对称激励着保险公司的经营者对高风险资产进行投资，从而使被保险人的债券承担了额外的风险。尽管保险公司可以承诺投资低风险、高收益的优质资产，但这种承诺不能确定，必须依靠第三方对保险公司的经营做出可信的保证。从1978年至1994年间，世界上有648家保险公司破产。尤其是在1996年至2001年，日本有7家保险公司连续破产，[①] 多是在经营中对风险估计不足造成的，日本保险业"不倒神话"的破灭给投保人带来极大的损失，详细情况见表3-1。因此，狭义的公司治理在保护债权人利益方面的作用通常是比较弱的，需要政府对保险的经营实施有效的监管。

① 单从保险公司经营风险引起破产这一现象看，根据美国《财产保险公司破产报告》列举的破产原因有：保险公司迅速扩张、对经营总代理的过分依赖、广泛和复杂的再保险安排、产品定价太低、承诺的投资回报无法兑现、分红过于慷慨、高回报率险种过多、资产负债结构不合理、责任准备金提取不足、欺诈行为等，就其本质来说是公司在经营过程中忽视或者故意追求高风险，没有充分考虑到债权人——投保人的利益。

表 3-1 日本破产保险公司情况一览

公司名称	公司成立时间	破产时间	债务总额（亿日元）	契约者保护基金援助金额（亿日元）	由其他公司接收后责任准备金下调幅度（%）	预定利率下调幅度（%）	投保人早期解约	
							提前解约期限（年）	支付的解约金比率（%）
日产生命	1909	1997.4.25	3000	2000	0	2.75	1～7	3～15
东邦生命	1898	1999.6.4	6500	3663	10	1.5	1～8	2～15
第百生命	1914	2000.5.31	3200	1450	10	1	1～10	2～20
大正生命	1913	2000.8.28	365	267	10	1	1～9	3～15
千代田生命	1904	2000.10.9	3119	0	10	1.5	1～10	2～20
协荣生命	1935	2000.10.20	6895	0	8	1.75	1～8	2～15
东京生命		2001.3.23	325	0	0	2.6	1～11	2～20
第一火灾		2000.4.30	1400	400	—	最高达 5.7	—	3～15

资料来源：根据[日]植村信保著，陈伊维等译《日本财产保险业的变化及对策》整理得到。

总之，保险公司经营的是风险，在本质上是一种风险汇聚安排机制。其投保人是风险汇聚安排的参与者，投保人所缴纳的纯保费部分就相当于风险汇聚安排中的风险分担金，而风险汇聚的大数法则保证了保险经营的稳定性，是保险公司得以运行的基础。保险公司之所以存在，从理论上讲，由于每个参与者之间相互签订合约从而直接达成风险汇聚安排的成本太大，而保险公司作为一种金融中介组织，每个参与者都分别与其议定合约，从而人人节约了交易成本。保险公司属于一种风险汇聚安排机制，其经营管理的过程也就是风险汇聚安排机制运行的过程。保险公司的这种本质特征是进行保险公司治理结构建设的出发点。

正是由于保险行业具有上述特殊性，加强金融监管对我国保险业发展至关重要。关于监管，曾经有过不少争议，有的观点认为我国相关机构对保险等金融业的监管过多、过严。但国内外经验证实，基于金融系统特点，严格监管是十分必要的，监管机构的严格管控是对中小财险公司发展的最大支持，对不合法合规的问题要及时严加惩处，对治理结构、偿付能力等不达标的公司坚决令其整改及控制其发展速度，即防微杜渐，要使中小财险公司在规范的保险业大环境下依据市场规律发展。

3. 应更多关注利益相关者的利益

保险公司的治理应更多地关注利益相关者的利益，而不能仅仅局限于股东本身。相对于其他行业，保险公司的人力资本所有者和债权人需要更多地承担公司的经营风险，这是因为：

首先，保险公司的资本结构中债务资本的比重很高，作为主要债权人的被保险人极其分散，且不具备专业知识，难以实施有效监督，一旦保险公司的财务状况超出被保险人的预期，债权价值就难以得到保障，使债权人承担了额外的风险。而在保险企业中，股东投入的资本金只占公司资产的小部分，投保人对公司资产的投入和贡献远远大于股东。保单持有人获取的是固定比例的投资回报，而股东的剩余索取权是无限的，股东为追求高额的风险回报往往偏向于激励保险公司管理者投资高风险的项目，这将侵害债权人的利益。

其次，保险经营者更多地表现为人力资本的价值创造活动，依赖于经理人、好员工进行专门知识的投资，在固定报酬的条件下，他们做这种专门投资使自身处于更高的风险水平上。

最后，保险业的高风险性和复杂性强化了信息的不对称，使股东不仅无法监督经营者的行为，而且难以控制经营者的行动，这会促使经营者把公司的经营推进到一个超出股东容许的风险水平。

因此，保险公司作为一系列要素契约的组合，签约人（既包括物质资本的所有者——股东和债权人，也包括人力资本的所有者——经理人和员工）共同构成了公司治理的主体。如果说股东至上主义和利益相关者理论的争议在一般公司治理领域还难分高低的话，那么在保险公司公司治理的问题上应该坚决支持利益相关者理论的观点。保险业作为具有广泛社会性的行业，保险公司的公司治理既要维护股东的利益，更要维护投保人的利益；既要追求公司的效益，更要有效防范和化解风险，维护社会稳定。

3.1.4 保险公司风险管理与公司治理

由于保险在经营过程中，所面临的风险以及经营的产品具有上文所述的特殊性，因而，在保险公司中，风险管理显得尤其重要。如何在分散社会风险的同时，自身能够有效的消化，而不至于被风险所累。根据风险管理的程序，需要建立一个完整的流程，而这些程序依托的是明确的分工和完善的组织架构。

其中，风险管理工作的有效组织包括：确定目标、明确职责、理顺结构，与会计、信息、法律和生产等其他部门进行协调、合作和控制。风险管理的过程应该贯穿于保险经营的整个过程即承包、核保、理赔以及资金运用。从我国保险市场经营的规律，以及金融危机的经验来分析，我国保险行业面临的系统性风险是比较小的，对公司的经营影响没有公司内部的影响显著。

一般的分析过程涵盖内部因素和外部因素的分析，鉴于我国总体宏观经济环境的特点，本书主要从内部因素的角度来考虑如何进行风险管理和预防。由于风险机制的设计和权责的划分，主要是通过组织结构的建立和完善来实现的，分工主要落脚点在于组织结构的设立，而如何维护公司的利益，比如说在上市公司中，如何上下一致地实行董事会的决议，这就涉及了公司治理。公司治理的意义首先在于解决公司治理过程中遇到的委托—代理问题，通过建立有效的约束和激励机制，使之权责分明，并通过充分发挥股东大会和监事会的作用，完善公司的组织架构，实现股东利益最大化，以及保障债权人等利益相关者的利益。

但是从以下角度来考量，公司治理质的规定性：第一，现代公司的有限责任制度、所有权和控制权的分离以及产权结构的多样化导致各种利益冲突的产生，而公司治理是为了解决利益冲突而产生的；第二，公司治理的目标在于协调公司股东、管理者、债权人、供应商、雇员、政府等的利益冲突，并达到公司价值的最大化；第三，公司治理的课题是公司内生性人为风险；第四，公司治理的主体是股东以及公司职工，不过在少数特殊情况下，比如公司资不抵债的条件下，债权人或者政府都可能成为公司治理的主体；第五，公司治理是针对内生性风险进行管控的制度设计和创新活动；第六，公司治理在防范和消除公司内生性风险的同时，也会间接起到消除和减少公司外生性风险的作用，从而最终降低公司的总体经营风险。

因而，公司治理在解决传统的委托—代理问题、降低交易成本、明确产权之外，还伴随了一个额外的功能，就是风险管理。这主要是从事物内部的发展角度来考虑的，通过自身结构的不断完善，来增强其抵御风险的能力，通过建立完整的风险预防管控机制，最大限度地减少风险带来的不利影响。

3.2　公司治理和组织结构理论概述

3.2.1　公司治理的产生及意义

一、公司治理的产生

公司治理的产生源于解决委托－代理问题。从利益机制的角度分析，公司治理首先要解决的问题是什么样的机制或制度安排最有利于出资者在公司中的资产得到应有的保护和获得合理的投资回报，而其权益不被经营者所损害，其核心是解决公司所有权与经营权分离条件下存在的代理成本、所有权安排、内部人控制等问题。

1. 代理成本

企业监督约束机制遇到的最大障碍是监督者和被监督者之间的信息不对称，以及由此产生的逆向选择问题。伯利和米恩斯在《现代公司与私有财产》中提出，股东进行监督管理的交易成本大于可能获得的利益，在所有权分散和集体行动成本很高的情况下尤其如此。鉴于股权分散的事实，个体股东无力花费成本对经理进行监督。监控经理所花费的成本就是代理成本。代理成本包括：出资人与代理人的签约成本；监督与控制代理人的成本；限定代理人执行最佳决策的成本，或执行次佳决策所需的额外成本；剩余利润的损失。因此，为了防范代理人的道德风险，降低代理成本，建立相应的监督约束机制是十分必要的。

2. 所有权安排

Grossman 和 Hart（1986）的不完全契约理论认为，企业的基本特点是存在不完全契约性，这意味着当不同类型的财产所有者作为参与者组成企业时，每个参与者在何种情况下做什么、得到什么并没有明确说明；在每一种可能发生的偶然情况下，企业契约不可能完全地约定有关剩余的分配的各个方面，即当初始契约未预料到的情况出现时，必须有人决定如何填补契约中的“漏洞”，这就出现了企业“剩余控制权”或“企业所有权”的归属问题。① 企业契约无法在事前规范的地方，必须由经理决定如何填补存在的“漏洞”，这就使“剩余控制权”实际上扩展为剩余分配权。因而，不完全契约使企业出资者的原始财产权在未丧失的情况下发生了重组和变形。这样，现代企业作为一种组织，其产权的分散使得决策必然涉及许多当事人，组织中的治理显得尤为重要。

3. 内部人控制

内部人控制是在研究现代公司治理的缺陷时经常使用的一个概念。对内部人控制的解释首先来自青木昌彦（1995），他认为，内部人控制是指国有企业的经理或工人在企业公司化过程中获得相当一部分控制权的现象，它是转轨过程中所固有的一种潜在的内生现象，是从计划经济制度的遗产中演化而来的。在转轨经济国家中，当企业私有化时，多数或相当大量的股权为内部人持有；当企业为国有时，在企业的重大决策中，内部人的利益得到有力的强调。② 正是由于企业资产的大部分为企业内部人所持有，使得内部人的利益得到强化，也使得他们有能力控制企业，甚至完全置国家利益于不顾。

内部人控制并非是转轨经济国家特有的经济现象，在各类国家中都不同程度地存在着，只不过形式不同而已。目前，公司绝对控股股

① 张维迎：《西方企业理论的演进和最新发现》，《经济研究》，1994（11）。

② [日]青木昌彦、[美]钱颖一著：《转轨经济中的公司治理结构：内部人控制和银行的作用》，中国经济出版社，1995 年。

东在经营中侵害中小股东的利益而使自身获得利益的行为也可以称为内部人控制。

面对上述问题，公司要建立完善的“委托—代理”制度，必须设计出一套对代理人行之有效的激励与约束机制，通过严格界定和规范出资者和代理人的权利及责任，约束代理人行为，使之为出资者利益努力工作，降低代理成本，提高代理效率，这些正是公司治理的研究内容。

二、公司治理的含义

公司治理是一个涉及公司的管理层、董事会、股东和其他利益相关者的一整套关系体系。公司治理也提供了一个框架，通过该框架来确定公司目标、决定实现目标的措施和绩效监控。[①]

从上述定义来看，公司治理是一个多角度、多层次的概念，可以从狭义和广义两方面来理解这一概念：

狭义的公司治理，是指所有者、主要是股东对经营者的一种监督与制衡机制。即通过一种制度安排，来合理地配置所有者与经营者之间的权利与责任关系。公司治理的目标是保证股东利益最大化，防止经营者对所有者利益的背离。其主要特点是通过股东会、董事会、监事会及管理层所构成的公司治理结构的内部治理。

广义的公司治理则不局限于股东对经营者的制衡，而是涉及广泛的利益相关者，包括股东、债权人、供应商、雇员、政府和社区等与公司有利害关系的集团。公司治理是通过一套包括正式及非正式的制度来协调公司与所有利益相关者之间的利益关系，以保证公司决策的科学化，从而最终维护公司各方面的利益。因为在广义上公司已不仅仅是股东的公司，而是一个利益共同体，公司的治理机制也不仅限于以治理结构为基础的内部治理，而是利益相关者通过一系列内部、外部机制来实施共同治理，治理的目标不仅是股东利益的最大化，而且要保证公司决策的科学性，从而保证公司各方面的利害相关者的利益最大

① 经济合作与发展组织：《OECD 公司治理原则（2004）》，中国财政经济出版社，2005 年，第 2 页。

化。

总之，公司治理没有放之四海而皆准的定义，各国因为国情、历史背景和经济发展阶段的不同都会对其有不同的理解，但其主要思想和内涵却是共同的：协调股东和其他利益相关者相互之间的关系，完善透明度、责权划分及制衡机制，确保公司发展战略与管理符合股东和利益相关者的利益。

3.2.2 公司治理的原则和机制

一、治理的原则

1. 股东至上主义原则

在公司治理领域，公司应为股东利益最大化服务还是应该更多地考虑利益相关者的利益的争论由来已久。主流的公司治理观点认为，股东是公司的所有者，公司控制权自然属于股东所有，这种理论逻辑往往被称为“股东至上主义”。在该观点下，实行的是以股东为主体的委托人模式。

2. 共同治理原则

新兴的利益相关者理论则认为“所有权”是共同的，公司应尽可能地照顾到利益相关者的利益，股东只是相关利益者中的一员。相关利益者理论的主要依据是:（1）与股东一样，债权人、职工、供应者、客户及社区都承担了公司的相应风险，故应分享公司的所有权；（2）股东,特别是分散和被动的股东在一个大型公司里通常处于劣势地位，但其他的相关利益者特别是职工，却可能会处于一个优势地位来行使与所有权相关的权利和职责。基于以上原因，该理论将企业理解为利益相关者的合约，并由此将公司目标理解为公司价值最大化。与利益相关者理论相联系的是“受托人模式”。该模式认为，大型公司是社会机构而不是私人合约的产物，公司董事会应视为公司有形和无形资产的受托人，其职责是在它的控制下，使公司资产的价值得到保护和不断增长，并使资产在不同的利益相关者之间得到均衡的分配，也即受托人不仅应考虑现有股东的利益，而且应平衡现在和将来利益相关者的利益。在利益相关者理论和受托人模式下，公司治理问题可以更广泛地理解为一种法律、文化和制度性安排的有机整合。这一整合决定上市公司可以做什么，谁来控制它们，这种控制是如何进行的，它们从事的活动所产生的风险与回报是如何分配的。

只有在货币与实物资本的稀缺性远大于其他资本，治理范式只能建立在资本雇佣劳动基础之上时，股东至上原则才占主导。随着货币与实物资本的地位下降，特别是在网络经济时代，各种资本相互依存，很难判断孰重孰轻。目前，在很多国家的法律体系内，企业目标并非股票市值最大化，而是包括利益相关者之利益的更宽泛的目标。股东与利益相关者本质利益是一致的，损害利益相关者利益的行为最终会损害股东利益。自 20 世纪 80 年代末起，美国有 29 个州修改公司法，要求经营者不仅为股东服务，还应为公司的利益相关者服务。[①]

二、公司治理的机制

公司治理的机制是指公司治理发挥作用的手段，包括内部治理和外部治理，其中，内部治理是一种正式的制度安排，构成公司治理机制的基础。

1. 内部治理

内部治理在一定情况下是公司治理的核心，[②] 公司内部治理在性质上有如下两个方面的特点：第一，自我实现性，内部治理的作用主要是通过董事会、监事会和股东自己来实现的。第二，内部治理在所有者和经营者的博弈中注重设计理性，从股东角度出发设计制度安排来激励约束经营者。

内部治理主要包括以下内容:（1）股东权利保护和股东大会作用的发挥；（2）董事会的形式、规模、结构及独立性；（3）董事的组成与资格；（4）监事会的设立与作用；（5）薪酬制度及激励计划；（6）内部审计制度等。这些内部治理方面制度安排的目的是为解决公司治理问题提供了三个有效的机制：激励机制、监督机制与决策机制。加

---

① 崔之元：《美国二十九个州公司法变革的理论背景》，《经济研究》，1996（4）。

② 例如考虑诸如金融等某些行业的特殊性而导致其外部治理机制功能的发挥较一般公司治理机制欠理想或者成本高昂，同时外部治理机制的健全程度和不同公司治理模式对于外部治理机制重视程度的差异，都可能使得内部治理机制成为公司治理的核心内容。

强内部治理，就是以更恰当的方式组织好董事会、监事会以及相关的审计委员会，争取有责任心的大股东对公司的关注，保证企业的报告系统和审计系统向股东会、董事会、监事会及外界提供和披露系统、及时和准确的信息，保证经营者很好地履行对股东的说明责任，尽到作为受托者的义务。

2. 外部治理

外部治理主要是指通过外在市场的倒逼机制，市场的竞争压迫公司要有适应市场压力的治理制度安排。股东或潜在股东、债权人与公司主要通过资本市场连接起来，经营者、雇员和顾客与公司主要通过劳动力市场和产品市场相联系。竞争市场的压力要求公司有自动的选择良好公司治理安排的激励。政府对市场的部分替代也构成公司的外部治理，它是公司治理的一个重要的外生变量。

从市场体系的角度看，公司外部治理机制主要包括：（1）产品市场。布莱尔（Blair，1995）认为市场压力（在产出品市场或投入品市场）是大部分自由市场经济防止商业公司滥用它们的权利和长期维持家族统治的基本机制。无论英美模式，还是德日模式都要依赖产品市场。规范和竞争的产品市场是评判公司经营成果和经理人员管理业绩的基本标准，优胜劣汰的市场机制能起到激励和鞭策经理人员的作用。（2）经理市场。功能完善的经理市场能根据经理人员的前期表现而对其人力资本估价，因而能激励经理人员努力工作。（3）资本市场。资本市场主要包括股权市场和债券市场，公司治理机制可以划分为股权市场的治理机制和债券市场的治理机制两部分。（4）并购市场。从公司治理的角度而言，活跃的控制权市场作为公司治理的外部机制有独特的作用，适度的接管压力也是合理的公司治理结构的重要组成部分。但并购机制的发挥需要支付较大的社会成本和法律成本，而且需要发达的具有高流动性的资本市场作为基础。（5）市场中的独立审计评价机制。这主要靠市场中立机构（如会计师、审计师、税务师、律师事务所）客观、公正的评判和信息发布。

内部治理机制和外部治理机制并不是互相孤立的，它们往往综合发挥作用，并受到彼此的影响。

3.2.3 公司治理的模式

公司治理问题复杂多样，从不同的视角可以发现不同的公司治理问题。股权结构是公司治理的基础。因为股权结构决定公司控制权的分配，决定所有者与经营者之间的委托－代理关系的性质，所以股权结构是决定公司治理机制有效性最重要的因素。

一、股权结构

股权结构是指某一公司中各种不同性质股权的构成情况。在实践中，一般从两方面来考察：一方面是它的质的规定性，考察持股主体（股东）的类型及其构成与持股比例；另一方面是它的量的规定性，考察公司股份的集中与分散状况。

股东类型的划分可以有很多种角度。

从国际上看，根据持股主体的性质一般有以下几种类型：个人投资者、机构投资者、一般法人投资者和公共部门（包括政府及其代理人）投资者，它们投向股份有限公司的股份分别被称为个人股、机构法人股、一般法人股、国家股。个人投资者是指社会个人以其个人财产向股份有限公司投资的持股个人主体。机构投资者也称为机构法人投资者，由于其与一般法人投资者相比存在很多不同的特点，故把它单独列为一类，它一般是指社会投资者的专业代理投资者。这类持股主体很多，美国学者布莱尔（Blair，1995）认为，机构投资者包括共同基金、养老基金、投资公司、私人信托机构和捐赠的基金组织、银行和储蓄机构、保险公司等。国内学者对机构投资者的概念界定基本相同，有的学者又把银行等金融机构单独列为一类。一般法人投资者是指向股份有限公司投资的工商企业法人，因为投资而成为其投资对象的关联方。公共部门投资者是指国家或其代理人出于国家安全或协调经济活动等目的，以国家财产向企业投资而成为投资主体。

以股权的集中度为依据，一般可将股权结构分为三大类：第一，股权高度集中，是指公司拥有一个绝对控股股东，其持股比例在 50% 以上，公司基本上为绝对控股股东所控制；第二，股权相对集中，是指公司拥有相对控股的第一大股东，其持股比例在 20%～50%之间；

第三，股权高度分散，是指第一大股东的持股比例小于20%，任何大股东都无法控制公司，公司的所有权和经营权完全分离。

二、两种典型公司治理模式

目前就发达国家来讲，普遍认为存在两种治理模式：一种是以英美为代表的分散型股权结构下的市场导向型治理模式；一种是以德日为代表的集中型的股权相对集中下的组织导向型治理模式。德国与日本的治理模式也略有不同。至于以东南亚和南美国家或者地区为代表的家族控制型，可以视为内部控制型的一种衍生模式。

1. 以外部治理为主的英美治理模式

（1）股权结构

英美作为最典型的自由市场经济国家，资本市场非常发达，受到其经济、文化、历史传统、法律规则等因素的影响，公司股权结构普遍具有分散型的特点。具体分析，其主要特点有：① 股份大部分为个人投资者和机构投资者所持有，个人股东持股比例较低，机构投资者由于奉行组合投资的策略，一家机构投资者在一个特定的公司常常只持有少量的股份（一般在 5%以下）。② 银行持股受到限制。与其他国家不同，英美银行的股权投资受到严格的限制。

（2）治理模式

在内部治理方面，从法律角度来讲，董事会对管理层拥有控制权，可以监督管理层。美国公司董事会以非执行董事[①]为主，比例约占董事会成员的 3/4，[②] 在一般情况下董事会的很大一部分权力掌握在外部董事会手中，美国股份公司不设立监事会，监督职能由董事会及其下设的审计委员会行使。在现实生活中，由于内部人控制，董事会常常被执行管理层所支配，仅充当“橡皮图章”而已，内部控制系统的失效已成为美国公司治理模式的主要问题（Jensen，1993）。这些因素导致了英美公司内部治理的弱化，董事会难以真正发挥作用，只有在

---

① 非执行董事是指不从事公司内部经营管理的董事，分为拥有股权的非执行董事和没有股权的独立非执行董事。

② 1985 年，Korn & Ferry 对全美 200 家最大公司的董事会规模进行了调查，结果是在 13 至 14 人之间。

公司的经营状况严重恶化时，董事会才会积极介入，英美模式的董事会结构见图 3-1，这种结构的董事会也被称为单层制董事会。

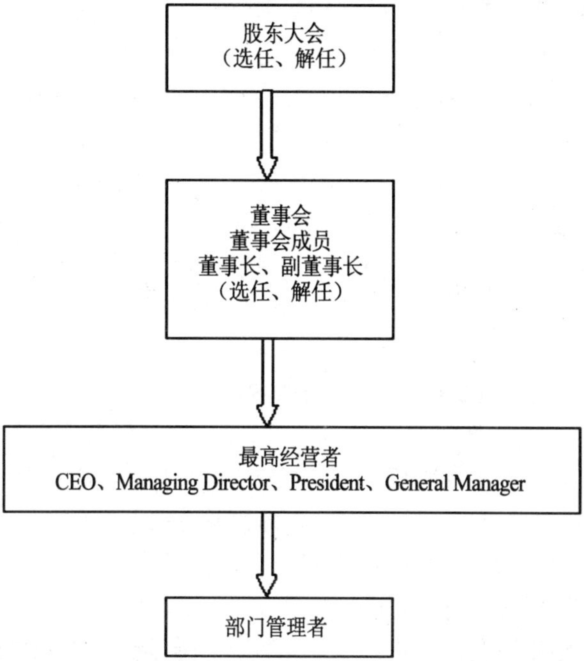

图 3-1　英美单层制董事会结构

公司以股票期权作为激励经理人员的主要手段。股票期权在美国公司经理人员的报酬安排中占有重要的地位①，这样能够将经理人员的利益和股东的利益结合起来，促使经理人员尽其努力为股东谋取利益。

相对于内部治理的弱化，英美公司以市场为基础的外部治理机制在公司治理中发挥着重要的作用。资本市场、商品市场、经理人市场等市场机制都能对企业经理人员施加影响，其中资本和并购市场对经理人员的约束作用最强，也最直接。约束作用主要体现在两个方面，

① 根据期权定价模型估计，1998 年美国最大的 100 家企业付给其高级经理的总报酬中，股票期权成分高达 53.3%，为前所未有，而 1994 年仅为 26%，80 年代中期更是少得可怜，只有 2%。

一是“用脚投票”机制对经理人员的约束，二是兼并接管机制，即通过撤换等方式对企业经理人进行约束。

当然，美英国家公司外部治理有效的前提是公司为上市公司，而且证券市场比较规范，这种治理结构是有效率的。但如果证券市场不规范，炒作成风，这种治理模式的效力就会受到严重损害，引起治理机制劣化。近些年来，美国开始重视公司内部治理机制的作用，并且在内部治理中开始重视监督和约束的作用，较普遍地建立了独立董事制度。从依赖外部治理到开始重视内部治理，从倚重激励到开始注意约束和监督，这或许是美国公司治理结构演进的一个重要动向。

综上所述，高度分散化的股权结构形成了英美内部治理机制较弱、以外部治理机制为主导的市场主导型治理模式。

2. 以内部治理为主的日德治理模式

（1）股权结构

与英美不同，日德两国公司的股权结构是股权相对集中。其主要特点为：①银行作为德日两国公司的主要股东占有相当大的控制权。日本的主银行和德国的全能银行不仅是公司贷款的提供者，而且常常由债权人发展成为公司的核心股东。在日本，虽然法律对银行持股的比例有所限制，但是，在通常情况下，主银行都会名列该企业股东的前五位。而在德国，法律对银行持股没有限制，一般情况下，德国银行持有一家公司的股份总额一般在10%以下，但是德国很多公司的股票是不记名非流通股，股东习惯于把股票交给银行托管，银行就拥有了相应的代理投票权，于是直接持有和间接持有的投票权加在一起，银行掌握的投票权是惊人的。② 法人持股，特别是法人之间相互持股是德日公司股权结构的另一特点。由于德日在法律上对法人持股没什么限制，因此法人持股非常普遍，而且，德日两国的法人股股东，他们持股的主要目的是为了建立相互之间长期的稳定交易关系，他们一般作为战略投资者而存在，不会轻易将股票出售。

（2）治理模式

在德日模式的公司治理下，投资者手中股票的流动性较差，股东往往通过一个可信赖的中介组织，通常是一家银行，来代替他们行使对公司的监控权。以银行为主的金融机构和相互持股的法人组织则通过拥有公司的大部分股权而实际实施对公司的监控，并以长期拥有其股权的方式来营造与公司之间长期而密切的关系。一般认为，这种所有者和经营者关系较密切的公司治理结构有利于公司保持长远的战略眼光，而不像英美公司治理结构中的经理人员那样迫于股东“用脚投票”的压力而只顾公司短期利益。与英美的制衡力量薄弱相比，这种情况在德日模式中并不常见。

第一，日本公司治理模式。

日本公司治理的特点是法人持股率高，法人股东主要采取相互持股形式，并且具有很强的稳定性，日本公司发展所需要的资金主要来自银行贷款而不是发行股票或债券。日本公司治理结构经常被形容为“相机性治理”，在这种治理结构中，只要公司运行良好，公司内部人就保留着对公司经营的有效控制，但是一旦公司的业绩恶化，这种控制就会被剥夺并服从于严厉的制裁，例如强制清算。在日本公司控制权市场极不活跃，敌意并购很少发生，有限的兼并也都是在协商一致的基础上进行的。

日本公司治理主要由董事会、股东会和主银行[①]来实施运作。在美国，董事会趋向于任命首席执行官和其他高级管理人员并监督其工作，而在日本，公司的董事会重点在于做出战略性决策。美国的董事会成员主要来自外部的独立董事，而日本公司的董事则主要从中层经理人员中选择。[②] 因此，日本公司的董事会通常由高层管理人员组成，而美国公司的董事会则通常是代表股东的外部人。日本公司董事会结构的优点在于：在终身雇员的情况下，晋升到董事会的潜在可能性为公司的雇员忠于公司并努力为公司工作创造了重要的激励机制。但其缺点也同样明显：因为晋升体系存在一个资历问题，因此，这种董事

① 所谓主银行，是指在企业的借贷总额中所占份额最大的银行。

② 2002 年 5 月，日本对商法进行了修订，其中一个重要的变化就是允许公司以章程的形式规定采用独立董事制度并设立相应的委员会。不过修改后的商法并没有强行要求公司必须建立独立董事制度，而是规定公司有权根据自身的需要选择采用传统的监事制度模式或者独立董事制度模式。

会结构会在董事会内部形成一个等级结构，从而削弱了董事会监督董事的工作，董事会在监督董事和指导公司经营方面的功能都比较表面化，日本模式的董事会结构见图 3-2，这种董事会结构也被称为日本模式或网络模式的董事会。

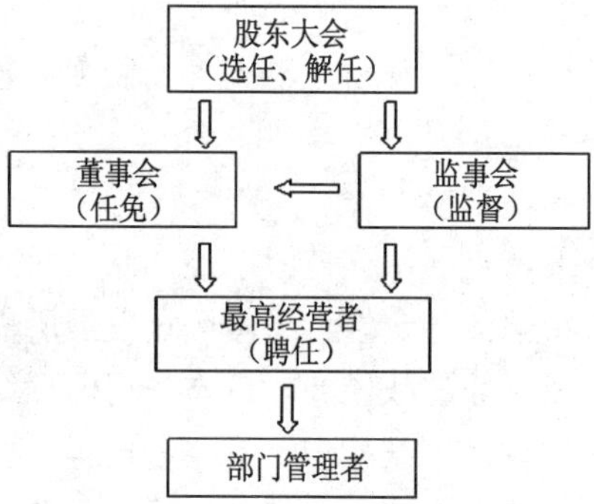

图 3–2 日本业务网络模式董事会结构

为了平衡董事的权力，日本公司通常还设有法定监事，法定监事由股东直接选举，负责监督董事工作。法定监事不能是公司雇员或者董事。日本公司的治理制度希望通过监事的外部监督来强化公司治理，然而，实际情况是日本公司的法人间相互持股的股权结构，使得现实中的监事多数来自重要的商业伙伴。日本公司治理的法律中虽然没有要求董事会考虑雇员的利益，但是，日本公司雇员在公司治理的实践中还是扮演了重要的角色。雇员在公司治理中最重要的作用就是从他们之中提出董事的候选人，并监督那些在职董事。在终身雇员的制度下，管理层不得不对维持与雇员的良好合作关系以及自下而上的决策过程给予充分重视。

第二，德国公司治理模式。

德国的股权结构同日本的股权结构大体相似，企业融资以股权融资和债务融资相结合，并以债务融资为主。资金的提供主要依靠银行，不依赖资本市场和外部投资者。一般来说，德国企业的最大股东是公司和全能银行。银行是公司治理的关键角色。德国银行控制公司的主要方式是通过控制企业股票投票权和向董事会派驻代表。根据德国垄断委员会所作的统计，在当今德国最大的 100 家股份公司中银行在 3/4 的公司派驻了代表，占股东总数的 22.5%。[①]

在治理结构上德国股份公司实行“双重董事会”制度，既有董事会又有监事会，而且监事会的地位高于理事会，监事会任免理事会成员。监事会成员不得兼任理事会成员。在监事会中，股东代表、职工代表各占一半名额。监事会主席的权力较大，这表现在当监事会表决时如果不同意见票数相等，监事会主席有两票投票权。监事会主席由股东代表担任，监事会副主席一般由职工代表担任。董事会是公司的法人代表，自主领导公司和经营业务，在公司经营管理方面，董事会不受股东指示的约束。德国公司治理的另一个特点是强调职工参与，在监事会中，根据企业规模和职工人数的多少，职工代表可占到 1/3 到 1/2 的席位。[②] 德国股份公司法规定，企业法人持股即使超过 25%，其投票权也限定在 25%以内。这就限制了非银行法人股东对公司的控制权，德国公司董事会结构见图 3-3，这种董事会结构被称为双层制董事会。

3. 两种典型治理模式的比较

将英美和德日为代表的两种典型的治理模式进行简要对比如表 3-1 所示。

① [德]普瑞格、瞿强：《德国的公司治理结构》，人大金融学生网，2004 年。

② 根据欧洲政策研究中心（European Policy Studies）的数据，在德国 100 家最大企业里，工会和职工代表在监事会中占据了近 50%的席位；在次重要的企业里，工会和职工代表也占据了近 20%的席位。

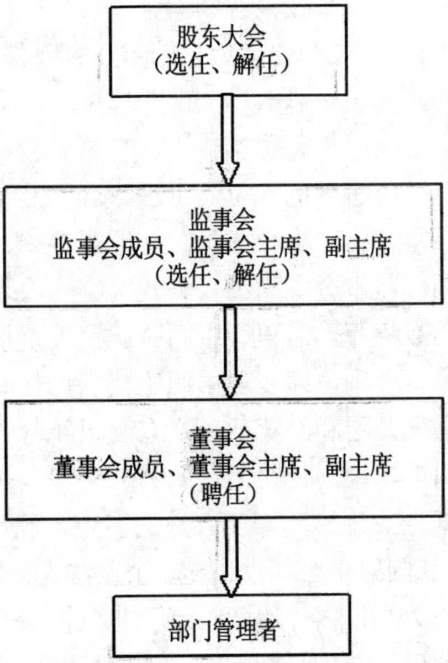

图 3–3　德国双层制董事会结构

表 3–1　美英与德日两种治理模式的比较

比较项目	美国、英国	日本	德国
股权结构（利益相关者地位）	私人、社会事业机构所占比重大	持股公司、银行所占比重大	银行、持股公司所占比重大
股权特点	高度分散型，由机构投资者代表私人占控制地位（用脚投票）	企业法人占主导地位，银行一般不介入经营	银行代表小股东占控制地位，可介入经营（用手投票）

续表

比较项目	美国、英国	日本	德国
治理机构设置	股东大会、董事会、管理层（不设监事会，其职能由下设的审计委员会负责），董事会3/4为外部董事	股东大会、董事会、监事会、管理层，董事会不设独立董事和外部董事	股东大会、监事会（地位高于董事会）、董事会
约束和监督者	中介机构、资本市场	相互持股公司、主银行	监事会（相当于美日的董事会，由公司股东及职工代表组成）
激励安排	对经理人员进行股票期权激励	对经理人员进行晋升、终身雇佣、荣誉等事业激励	对经理人员进行高薪、高退休金等手段激励
董事会	主要为外部董事	主要为内部董事	监事会内部监事以职工为主
透明度	高	低	低
主要治理模式	外部监控型	内部监控型	内部监控型

从上述的分析得知，源于不同股权结构的两类治理模式都存在各自的优势和不足。以资本市场为基础的英美治理模式有利于培育活跃的商业创新氛围，通过“创造性破坏”来加速生产要素的积聚和配置，并使管理层追求单一的盈利目标。但是，股权结构的过度分散也容易造成对管理层监督失控、管理层重视短期盈利以及通过资本市场并购解决代理问题的费用过于高昂等问题。德日模式虽然股东对管理层的控制比较容易，降低了因股票融资和贷款融资而产生的代理成本，但是由于不以“股东价值最大化”为经营目标，使管理层更容易在分散的目标下获取私利。

尽管这两种理论针锋相对，但是它们各有利弊，在公司治理实践中都产生出一些与现实的冲突，各自都对现实做出让步。在公司治理模式的趋同方面，两种主要的公司治理模式在全球化的影响下互相吸收对方的优点，企业自身应该根据其所处的商业环境及生命周期对治理模式做出恰当的选择。

3.2.4 组织结构概述

组织结构是指组织内部各级各类职务职位的设置及其权责范围、联系方式和分工协作关系的整体框架，是组织得以持续运转，分解、组合并完成经营管理任务的体制基础。[①]

组织结构是对组织复杂性、正规化和集权化程度的一种度量，涉及管理幅度和管理层次的确定、机构的设置、管理职能的划分、管理职责和权限的认定及组织成员之间的相互关系等。组织结构的本质是组织好员工的分工协作关系，其内涵是人们在职、责、权方面的结构体系。其设计制约着组织内部人员、资金、物资、信息的流程，影响着组织目标的实现。

1. 组织结构设计的影响因素

组织结构的设计受到内部和外部因素的共同影响。

（1）外部因素

外部因素主要是指宏观经济环境。组织作为一个存在于一定社会经济环境中的开放系统，只有保持同外界的联系，才能存活和发展。并且，组织无法改变自身所生存的环境，因而只能改变自身以适应环境。

一般来说，当外部环境比较稳定，变化较缓慢时，机械式的组织具有很强的运作效率，因为都是规章式的分工，等级关系严格，规章制度详细刻板，分工明确，属于流水线作业。而当组织所处的环境动荡不安，不确定性因素较多的时候，比较强调沟通的组织更能适应，这些组织的权责界限不如机械式组织那么明晰，相对比较模糊，因而显现出一定的弹性，具有更多灵活性，有利于快速对环境作出反应。并且，不同的经济体制和不同的经营环境也会影响到组织内部的机构设置和部门间的关系。比如在垄断程度比较高的行业，或者在产品供

① 定义参考谭力文、李燕萍主编：《管理学》第三版，武汉大学出版社，2009 年，177 页。

不应求的卖方市场环境中，企业主要关心的是如何生产尽可能多的产品，而相应的组织结构中，生产部门居于中心地位，销售工作难度不大，人员亦较少，销售部门处于附属地位。在同业竞争激烈、商品供过于求的买方市场环境中，营销成为企业经营管理中的关键环节，计划、采购、生产制造和新产品开发都要以营销为基础，因而企业中不仅营销部门的工作范畴更加复杂了，其他部门和营销部门之间的关系也越来越密切。

（2）内部因素：主要包括组织战略和组织规模

战略是关于组织的长远计划、目标和发展方向，是组织的总体指导思路。根据钱德勒等学者的研究，组织结构和战略想协调一致的可以分为四个阶段①：其一，初始扩张和资本的积累阶段，业务量不大，基本采用简单的结构；其二，资源合理利用阶段，企业产品和经营范围开始扩散，一般采用智能型组织结构或区域部门化的结构；其三，持续发展阶段，企业力求开发新的产品和拓展新市场，战略重点放在研究开发职能和内部协调职能上，倾向于采用产品事业部结构或矩阵式结构；其四，多元化经营阶段，由不同总部职能机构与事业部经营相结合的集团结构或者由若干战略经营单位组成的联合舰队式结构成为普遍采用的组织结构形式。总而言之，组织结构必须和组织的战略相一致，才能将组织的战略融入到组织的日常经营活动之中。

组织规模的大小是设计组织结构的最基本的因素之一，组织规模的大小不仅影响管理层次的多少,也对组织类型的选择有很大的影响。中小型企业会优先选择职能制结构，优先考虑权责比较集中的结构。而大型企业，员工一般在 1000 人以上，并且经营多种产品，就需要考虑设置相对独立的分支机构，并增加负责协调这些分支机构之间管理的职能部门。由于结构变得更加复杂，因而大型组织的分工一般比小型组织的分工更加明确，更加标准化，便于统一管理。

2. 组织结构的基本类型

组织结构的基本类型可以划分为三种：集权型组织结构、分权型

---

①定义参考谭力文、李燕萍主编：《管理学》第三版，武汉大学出版社，2009 年，第 181 页。

组织结构和现代组织结构。

（1）集权型组织结构

主要表现形式分为三种：直线型结构、职能型结构和直线职能组织结构。

直线型结构是最简单的组织结构形式，一般小型企业，尤其是发展初期的小企业适合采用该种模式，因而也被称为创业型组织结构。企业管理者可以直接对若干下属实行直接控制，企业的经营决策由部分中心人员完成。组织中的职位依据直线职权组成等级层次分明的垂直系统，不设专业化分工的职能部门。优点在于简单明确、权责清楚、统一指挥。缺点在于过分依赖中心人员，或者主管人员，当他们的效率和素质很高时，将会有较高的运作效率并且可以节省管理费用。

职能型结构作为组织结构的典型模式，按照组织中承担的职能来组织活动，将业务性质相似，所需要的业务技能相近，或与实现某个具体目标联系紧密的工作任务组合在同一个部门中。一般的划分为生产、营销、财务、人事等部门。职能型结构可以充分发挥专业分工的优势，同一个部门的人之间可以充分的交流。其优点还有：可以通过集中单一部门内所有某一类型的活动来实现规模经济，还可以通过将关键活动指定为职能部门而与战略相关联，从而提升深入的职能技能，此外，还可以提高工作效率，便于董事会监控。不过也有一系列的问题，首先可能存在各个职能部门之间的协调问题，难以确定各项产品产生的盈亏；其次各职能部门之间可能发生冲突、各自为政，并且，等级层次以及集权化的制定决策可能放慢了反应速度。

直线职能组织结构则是结合了上述两种模式的特点，设置了两套系统：一套是按照直线职权划分的垂直系统；一套是按照职能部门划分的职能系统。这种组织构型适应了管理职能分工的要求，职能部门分担了直线主管的管理工作，但又保证了命令统一。不过由于存在两套体系，带来了其间的协调问题，占用了上层主管的大量精力。

（2）分权型组织结构

主要包括事业部制结构和矩阵式结构。

当企业成长到有多个产品线之后，或者需要进行跨地区经营的时候，企业的协调就变得比较困难，这个时候事业部制组织结构就应运而生了。该组织结构最早由美国通用汽车公司的总裁斯隆在 20 世纪 20 年代创建，适合于大型企业。在总公司的领导下，设立各个事业部相对独立的自主经营，财务上独立核算。各事业部的总经理对其经营全面负责，拥有充分的经营决策权。企业可以根据不同的产品、服务、市场或地区定义出不同的事业部。事业部制的优点在于建立了一种绩效导向型的体制，总公司关注的是分公司的经营结果而非过程，这样使得总公司的管理者可以专注于总的长远决策。"集中决策、分散经营"使各事业部经理独当一面，在事业部的自主经营中，可以培养其全局观念，为其向高层发展奠定基础，因而说事业部制的组织结构有助于培养高级人才。而不足之处在于各个事业部自成体系，导致营销、财务等职能部门在各事业部的重复配置，增加了总的管理费用。并且，如果事业部的独立性过强，那么有可能出现摆脱总公司的倾向，也会削弱组织的整体实力，甚至"架空"总公司。因而，从这方面来考虑，企业应该甚至选择事业部制。

矩阵式结构式兼顾了发挥专业化优势的职能型和有助于提高主管责任感的事业部制的特点，扬长避短，比较适合于处理比较复杂的项目，公司高管同时对事业部制的营销、财务、研发等部门经理和各个项目的负责人进行管辖。横向上，企业设置职能部门来获得专业化分工的优势，而在纵向上依照工作任务的不同设置项目组。项目组的经理在经过和总部协商之后，有权从各职能部门中抽调所需要的有关人员共同工作。该结构的优点在于，使得项目经理和项目的关系更加紧密，他们能更加直接地参与到和产品相关的战略中，更有激励性；可以区分轻重缓急，能更加有效的优先考虑关键项目，加强对市场的关注；实现了各个部门之间的协作以及各项技能和专门技术的相互交融，双重权力也使得公司可以从不同的方面进行定位。不过其最大的缺点也是由于双重权力导致的权力划分不清晰，容易产生冲突，从而增加了沟通成本。

（3）现代组织结构

这是自 20 世纪 80 年代之后发展起来的新的组织结构模式，一般常见的有网络型结构和集团控股型结构。

网络型结构能够迅速的应对市场的变化，组织自身拥有的人员很少，通过契约关系建立起一个企业间的合作关系网络，依靠其他组织的力量开展研究开发、生产制造、营销代理等各项业务完成经营活动。组织自身主要致力于制定政策，并协调各合作公司之间的关系。这种结构类型类似于我们通常所说的外包，它打破了“大而全”、“小而全”的模式，通过对外部资源的整合来取得自身优势，人数少，弹性大，应变快，并且内部管理简单。但是也有其缺点，即各公司间是通过合同契约的关系连结，因而对信任度的要求很高。

集团控股型结构也称为H型结构。当企业的发展实施多元化战略时，业务领域涉及多个方面，甚至上升到全球化竞争层面上，这时企业一般会设立控股企业，与上述不同的是，下属企业具有独立的法人资格，互相之间没有上下级的行政隶属关系。母公司对各个业务经营单位不进行直接的管理和控制，而只是在资本参与的基础上实行产权管理。企业无需承担高额的中央管理费，因为母公司的员工数量可能非常少；而企业能够自负盈亏并从母公司取得较便宜的投资成本，并且还可能带来节税的收益，因为如果将这些企业视同为一个主体的话。

3.3 中小财险公司治理研究

3.3.1 中小财险公司治理的动因及其特殊性

当前，我国社会的转型正在加速，社会保障的需求不断增加；同时随着经济的快速发展、人民消费水平的升级和保险观念的不断深入，保险业发挥的作用越来越重要。面对保险收入和保险可运用资金的快速增长以及金融环境的日趋复杂，保险业的发展要更加健康和稳健，这客观上需要保险公司治理的不断完善。

然而保险公司在经营的过程中，却并非一帆风顺，而是时常出现差池。保险市场主体的增加导致保险市场的竞争日趋激烈，公司经营过程中不规范的情况时有发生。由于陷入了德隆系的资金黑洞，2004

年 8 月，东方人寿成为中国第一个被保监会勒令停业的保险公司。在被德隆控制之后，东方人寿的注册资本金中约 7 亿元“委托”给德隆系的证券公司“理财”，而德隆系资金链的崩溃最终导致这笔资金不知去向，这正是东方人寿遭遇暂停营业风波的直接原因。2004 年 6 月，中国人寿托管在闽发证券的 4.12 亿元国债无法转出，在 2004 年的年报中，中国人寿为这笔国债计提 3.2 亿元的减值准备。2004 年 9 月，人保财险发布公告，称其 3.565 亿元的国债以及 5685 万元的现金托管在汉唐证券无法收回。2005 年 7 月，受汉唐证券崩盘之累，刚刚成立不久的中国人寿再保险公司损失了 4 亿多元的资本金，中再人寿的管理让人更觉得不可思议，数亿元的投资不但没有通过股东大会表决，就连董事会都未讨论过。

上述这些事例都与保险公司治理问题直接相关。此外，保险公司为争夺市场而出现的车险市场的恶性竞争问题，偿付能力不足问题，缺乏诚信问题及内部控制缺位等问题都或多或少地给公司的发展带来了诸多影响，2005 年中国保监会吴定富主席谈到我国保险业当前存在的 13 个风险点，这些问题的解决从根本上来说都需要良好的公司治理的支持。

加强和改善公司治理是提升保险公司核心竞争力的重要手段。完善的公司治理结构是保险企业持续发展能力和市场竞争能力的制度基础。国际经验表明，良好的公司治理可以提高决策的科学性，增强内控的有效性，严密防范各种风险，确保公司发展质量；也可以增强投资者、债权人的信心，降低企业融资成本，推动企业快速发展；还可以增强被保险人信心，提高公司市场竞争优势，增强市场开拓能力。目前，我国保险业市场竞争更加激烈，改善公司治理已成为保险公司提升核心竞争力的有效手段，更是加强风险管控、提高管理效率的基础。

从第一节所述风险的角度，战略规划失误造成的风险，对我国中小财险公司来说，是一个严重的风险。基于金融体系自身特点，从来都不缺少对金融机构从事高风险事项的激励。我国金融业与发达国家相比，发展年限尚短，制度环境不完善。其中，银行体系是经历过了一段较长时期的混沌曲折才发展到今天相对成熟规范的局面。而保险业还处在探索发展阶段，除了“老三家”外，中小财险公司几乎都是近十年内集中成立的，没有成熟的战略导向和经营理念，高素质专业人才严重不足，多数公司没有根据自身条件制定合适的战略规划，而是一味地模仿几大保险公司，并不惜代价盲目做大。市场同质化严重，没有特色、不重视服务，低水平恶性竞争难以避免，对各中小公司本身、保险市场以及保险消费者都造成伤害。更有甚者不惜一切代价增加保费收入以大量投资高风险业务，最终导致亏损无法弥补只能等待被接管的命运。战略规划失误对我国中小财险公司是根本性错误，其造成的风险可能是致命的，必须给予足够的重视。

从利益相关者的角度，中小财险公司品牌影响力和市场声誉等方面与几大公司相比也处于劣势，治理结构及各项机制设计方面更应体现以客户为中心的主旨，针对目标客户群提供特殊的产品和优质的服务，应关注客户利益。

对金融服务业来说，人既是生产力，也是生产资料的创造者。对于保险经营，从战略定位、产品研发、销售、承保、理赔服务等，盈利链条的每一环都是依靠人的技能和责任心进行的。因此，关注员工这一利益相关者群体的利益尤为重要。

政府也是中小财险公司重要利益相关者。麦肯锡咨询公司的一项研究表明，亚洲政府对公司经营具有更大的影响力。公司经营需要符合地方政府和监管机构的要求与整体战略考虑。作为保险企业，报批新品和机构、产品定价等，甚至发展思路和大方向，都与监管机构密不可分。同时，尽管多数中小公司认为按照市场规律任其自由发展比较重要，但事实上很多时候也离不开政府的支持与帮助。

3.3.2 中国中小财险公司治理的现状及问题

近年来，我国保险市场迅速扩大，大量中小财险公司相继入市。与此相适应，我国保险业积极借鉴国际经验，不断加强公司治理建设。尤其 2005 年以来，保监会积极借鉴国际保险监督官协会的保险监管核心原则，开始把偿付能力监管、公司治理结构监管和市场行为监管列为中国现代保险监管体系的三大支柱。

2006 年，保监会发布《关于规范保险公司治理结构的指导意见》，标志着保监会正式启动保险公司治理监管工作，积极探索保险公司治理监管的目标、理念和经营模式。2007 年 3 月 20 日，保监会召开主席办公会，原则通过了《保险公司独立董事管理暂行办法》、《保险公司关联交易管理暂行办法》、《保险公司内部审计指引（试行）》、《保险公司风险管理指引（试行）》等 4 个完善公司治理结构的规范性、指导性文件，这 4 个文件的出台，进一步细化了 2006 年颁布的《关于规范保险公司治理结构的指导意见》的相关规定，增强了操作性和指导性，进一步完善了我国保险公司治理结构的制度体系。2009 年 8 月底，保监会再次召开主席办公会，专题听取发展改革部关于保险公司治理监管的工作汇报。吴定富主席在充分肯定了三年来公司治理监管工作取得成效的基础上，提出要进一步加强公司治理监管，提高监管的科学性、系统性和有效性。会议决定成立保险公司治理监管委员会，加强对公司治理监管的统筹领导和组织协调。保险公司治理监管委员会由相关领导牵头，办公室设在发展改革部。

监管政策的陆续出台，是法律法规不断完善的过程，是监管力度不断升级的过程，也是保险公司不断加强完善公司治理建设的过程。总结中小财险公司近几年来的治理结构建设工作，成绩显著，在公司治理建设方面打下了良好的基础，但同时暴露出的一些问题也不容忽视。

1. 中小财险公司治理取得的成绩

（1）形式科学的治理结构框架体系

由于《保险法》对保险公司的经营组织形式做了明确的要求，同时，因为有较高资本金要求，因此保险公司在治理结构方面都有一个比较好的起点。各保险公司都按照《公司法》和《保险法》的要求建立了股东大会、董事会、监事会和经理层的组织结构，初步形成了公司治理结构的基本框架。并且，按照《关于规范保险公司治理结构的指导意见》等监管规章制度的要求建立了独立董事制度，在董事会下设了如审计、薪酬等各专门委员会，为董事会公正决策和专业决策奠定了组织基础。一些公司还聘请了国际著名的管理咨询公司，设计了全新的治理结构和组织机构。公司治理的制度基本完备，目前，各保险公司都制定了较为完备的股东大会、董事会和监事会议事规则，对各机构的主要职能、议事和决策程序做了较为详细的规定。

保险业在向外资保险公司开放国内保险市场的同时，在金融业中率先引进境外战略投资者。同时，国家积极鼓励民营资本投资或参股保险公司，形成了国有股东、民营股东和外资股东优势互补、相互制衡的股权结构。比如，华泰财产保险就引入了美国安达保险集团（ACE Group）作为其战略合作伙伴。安达集团是世界著名的金融保险集团，是全球最大的财产险、责任险及再保险公司之一，它以专业的承保技术、卓越的理赔服务以及遍布全球的营业网络而著称。

这些外资股东通过派出顾问等形式，参与公司各方面的管理，给公司带来了成熟的经营理念和先进的经营管理经验，在加强内控和风险防范等方面积极发挥作用。外资股东的进入，使这些股份制保险公司的治理结构以及经营管理发生了显著变化，外资股东对保险公司章程、股东权利、董事会建设、激励约束机制、关键岗位监督等提出了具体要求，增强了保险公司完善公司治理结构的内在动力，使股份制保险公司治理水平迈上了一个新台阶。

目前我国中小财险公司成立的时间较晚，相对于大型财险公司集团的股权集中的特点，显示出股权相对比较分散。例如，2004 年开业的阳光财产保险公司注册资本金 11 亿元，其中中石化、南方航空、中国铝业、中外运以及粤电力各出资 2 亿元，五大国有企业股东掌控 90%以上股权，各占 18.18%，两家中型民营企业各出资 5000 万元，民营资金比例在 10%以下。这些公司的股东主要以国有大型企业为主，部分公司还引入了海外战略投资者。

（2）制度体系、内控机制日趋完备

在设立了科学的治理结构体系的基础上，各中小保险公司均按照《章程指引》、《董事会议事规则 》等法律法规及保监会的监管要求在公司章程的基础上制定了较为完备的议事规则。通过细化董事会的职能和运行规则，加强了董事会的执行力。独立董事制度、重大关联交易及信息披露等制度的建立，从内部自律和外部监督两方面完善了公司治理的制度框架。

随着行业监管的加强，各中小财险公司对公司治理的规范运行和有效实施日益重视，内部控制在合规经营中逐步发挥作用。尤其是贯彻落实70号文的过程就是各中小财险公司加强内控、加强合规管理的过程。保监会在部分财险公司座谈会上指出，不少公司在70号文执行过程中，进一步完善了业务、财务、内控等条线管控制度，初步建立了合规风险日常监测、预警和处理机制，积极探索完善合规经营长效机制，从制度上、源头上防范风险和违法违规行为，全面提升内部管理水平。

（3）监督机制逐步健全

2005年10月27日全国人民代表大会常务委员会通过了《中华人民共和国公司法》和《中华人民共和国证券法》修订案。修订后的《公司法》和《证券法》于2006年1月1日起正式施行。上述两部法律尤其是《公司法》的修订，激活了股东大会制度，完善了董事会制度，健全了监事会制度，强化了公司高管的诚信义务，使公司治理不再停留在一种理念上，而是确实做到了有法可依。

保监会在借鉴国际经验的基础上，根据我国保险公司治理结构的实际情况，在保险公司治理结构的监督方面进行了积极尝试。在借鉴经合组织《保险公司治理结构指引》和国际保险监督官协会《保险公司治理结构的核心原则》的基础上，于2006年发布了《关于规范保险公司治理结构的指导意见（试行）》。保监会还不断加强保险公司股权管理，引导保险公司不断优化股权结构，同时通过加强保险公司董事和高管人员任职资格管理，加大培训力度，切实提高保险公司董事和高管人员素质。通过加强保险资金运用监管，严格控制保险公司及其股东之间不规范的关联交易。

2. 中小财险公司治理存在的问题

目前，我国保险公司的治理结构基本都已经建立，制度也齐全，但在实践中往往形同虚设，没有发挥应有的作用。总体来说，在内部治理方面，我国保险公司治理存在一些问题：一是股权结构仍然不够合理。这是造成公司治理结构存在缺陷的直接原因。一些股份制公司股东不能有效发挥对公司的监督作用，国有保险公司股份制改革后股权结构有待进一步优化等。二是董事会制度不健全。部分保险公司董事长习惯于“首长制”和“一把手”决策，不能保证董事会内部的制衡；一些保险公司董事会议事规则和操作程序不规范；董事会的独立性不够，独立董事比重较低；部分保险公司的董事素质不高，诚信意识不强。三是关联交易管理制度不健全。大多数保险公司都没有制定关联交易的内部审查和批准程序等方面的管理制度。实践中也出现了股东通过关联交易侵害公司和被保险人利益的情况。四是信息披露制度不健全，由于保险经营技术的复杂性，如果管理层对股东的信息披露不充分，股东的知情权无法保障，股东对公司的监督就无从谈起，制度执行也无法保障。

虽然中小财险公司在公司治理建设中取得了一定的成绩，如组织结构科学完整、制度齐全、运行机制相对明确等，但是，在实际运行中往往形同虚设，没有发挥真正作用。新华人寿保险的“内部人控制”东窗事发，都邦保险的大股东“利益输送”的曝光都是目前中小财险公司存在治理问题的典型极端体现。在公司日常运行中主要表现在以下几个方面：

（1）股东大会功能未能有效发挥

对股份制保险公司来说，在治理结构方面，主要存在以下二个方面的问题：一是股东行为亟待引导和规范。部分国有股份盲目追求控制权，一些民营股东则急于获取投资回报甚至侵害公司利益，还有的股东忽视公司社会责任，风险意识淡薄。二是董事会和监事会制度不健全。董事会在公司经营管理的核心作用不明显，决策机制也不健全。许多股份制保险公司董事由股东单位派出，缺少保险经营管理的知识和从业经历，对其承担的责任、权利和行为规范的认识也比较模糊，对董事的责任追究机制也没有普遍建立起来。监事会的监督手段缺乏，对公司的监督作用不强。

从目前中小财险公司的股权结构来看，虽然从政策角度民营资本并不被禁止，但是中小财险公司的股东来源大多是国有企业，民营资本所占比例甚少。有些国有股东通过关联交易直接或间接持有的公司股份，远远超过20%的持股比例限制，使国有控股股东完全支配公司成为可能，容易发生大股东操作的情形。而小股东无力影响股东大会决议，使表决程序与议程流于形式，无法发挥对企业的制衡作用。同时国有股东也因为所持有的是国有股对行使股东权利也缺少一定的积极性。

部分公司的股东对保险经营特点认识不充分，投资具有一定盲目性，短期内急于追求投资回报，过多介入公司经营管理，影响公司决策的独立性、政策的连续性和发展的稳定性。个别公司已经出现了各方股东意见不一的情况，对公司的经营管理带来很大负面影响，甚至有的公司的股东利用不正当关联交易，侵害公司利益。

（2）董事会职能未能充分发挥

目前，许多保险公司董事由股东单位派出，缺少保险专业知识和从业经历，对其责任、权利和行为的认识模糊。同时，大部分董事是兼职，对保险业的政策法规和发展状况缺乏深入了解，决策能力和水平有待提高。董事的考核和评价制度还没有真正建立起来。在实践中，独立董事很少参与实质决策，也很少提出反对意见，未能有效发挥外部监督作用，未能成为中小股东利益代言人，未能减轻内部人控制问题，与独立董事制度的初衷相去甚远。

（3）监事会的设立流于形式

目前中小财险公司中监事会成员由两部分组成，职工代表与股东大会选出的监事，前者因行政管理等方面完全受到董事会和经理层制约，其身份和行政关系无法独立。同时从其经历与经验上又非法律、财务、经营方面专业人士，不能有效行使监事权。后者则一般由股东单位人员兼任，他们对保险公司的经营状况和一些重大决策并不十分了解，也难以对董事会经理层的经营行为进行监督。

（4）内控意识欠缺，内控制度执行不足

目前一些中小财险公司对内部控制的认识存在一些误区：一是一部分人为了降低管理成本，不设或者尽量少设内控机构，更谈不上建立长期有效的内控体系；二是虽然大家意识到改革的必要性，但是容易片面强调改革组织结构的必要性，忽视了控制方式的跟进和强化；三是虽然建立了一些内控制度，但“人文式”管理现象严重，致使内控制度变成一纸空文。除此以外，虽然目前中小财险公司都建立起了内控制度，但是仍然不够全面，没有覆盖到所有的部门和人员，没有覆盖到各业业务领域和管理流程中，而且制度的执行和落实过程大打折扣的现象依然存在。①

3. 问题的原因

综观上述问题，有公司治理普遍性问题，也有中小财险公司比较突出的问题。究其原因，既有外部环境的因素，也有公司自身的原因。

从外部环境来看，作为新兴市场，目前国内缺少如保护小股东的法律法规、真正分散的所有权结构和独立的董事会、活跃的外部接管市场以及高质量的信息披露等，使中小财险公司缺乏规范的外部约束。

从保险公司自身的角度来看，我国保险业本身还处于一个初级阶段，中小财险公司还不成熟，主观上没有对健全公司治理结构与机制的重要性有充分的认识。因此目前中小财险公司即使按照监管的要求建立起了完整的组织架构，制定了完善的内部控制制度，但由于执行的不到位，也直接导致了目前中小财险公司治理失灵的现状。

3.3.3 完善中小财险公司治理的建议

根据保监会 2009 年 8 月召开的主席办公会的精神，完善公司治理应该坚持以下三点：

第一，针对保险公司的突出风险，确定公司治理监管的工作目标。一是防范保险资金被非法挪用侵占，保护保险公司资产安全；二是协调解决公司治理层面的严重冲突，维护公司正常经营；三是推动监督保险公司建立健全内控体系，提升决策、执行和风险控制能力。

第二，结合保险公司治理结构的特点和基本要求，确立公司治理监管的理念。一是公众公司的监管标准，即按照公众公司的标准对所有保险公司实施监管。二是资产安全的监管目标，严格监控公司关联

① 摘自《中小财险公司内部控制制度研究》2009 年 11 月 20 日。

交易等各类非法利益输送问题。三是强制性和指导性相结合的监管方式。对公司治理的基本原则和合规要求，应当强制遵循，同时采取鼓励、指引、示范以及合理干预等方式，优化公司治理过程。

第三，抓住公司治理的关键环节，构建符合保险业实际的公司治理监管模式。一是以优化股权结构为基础，规范主要股东行为。二是以董事会为核心，加强董事会建设。三是推动保险公司完善内部控制体系，加强风险防范，提高保险公司执行力。

对于中小财险公司，可以通过以下方面来实现以上宗旨：

1. 引入战略投资者，优化股权结构

优化股权结构是基础。公司治理水平与公司股权结构的状况密切相关，合理的股权结构有利于增强股东之间利益的平等性、一致性和协调性，减少股东利益摩擦给公司带来的震动，为公司治理结构建设打下坚实的基础。另一方面，随着保险市场竞争的加剧，各中小财险公司在引进先进技术和提升管理方面也存在引进战略投资者的需求。因此条件适当时可考虑引入国外战略投资者，通过优化股权来为改善公司治理奠定基础。我国现在已经不乏成功的先例，平安保险、华泰保险等公司就是通过引入外国战略投资者来实现股权多元化，从而进一步改善公司治理结构。

2. 加强董事会建设

根据我国《公司法》第四十七条，董事会职权主要包括：（1）召开股东大会，并向股东大会报告工作；（2）执行股东大会的决议；（3）决定公司的经营计划和投资方案；（4）制定公司的年度财务预算方案、决算方案；（5）制定公司的利润分配方案和弥补亏损方案；（6）制定公司增加或者减少注册资本的方案以及发行公司债券的方案；（7）制定公司合并、分立、变更公司形式、解散的方案；（8）决定公司内部管理机构的设置；（9）决定聘任或者解聘公司经理及其报酬事项，并根据经理的提名决定聘任或者解聘公司副经理、财务负责人及其报酬事项；（10）制定公司的基本管理制度；（11）公司章程规定的其他职权。

董事会建设是打造公司治理结构的核心，是建立有效的公司治理规则的重要前提。加强董事会建设主要着力于以下五个方面的建设：一是明确董事会职权。保险公司董事会除了具有一般公司董事会具有的共性，还要特别注意保护被保险人及其他利益相关者的合法权益。好的董事会既要独立于管理层，又要独立于任何大股东。因此，保险公司董事会要切实负起内控建设、风险控制、合规管理等方面的最终责任，充分发挥董事会在公司重大决策和经营管理中的指导、监督作用。二是健全董事会组织体系，加强董事会下设专门委员会特别是审计委员会和提名薪酬委员会建设，从而有效地改进董事决策的专业性，提高决策的效率和水平。三是提高董事会的专业性。董事作为公司的决策人，其专业水平和职业操守对公司治理水平具有非常重要的影响，要强化对董事的培训，提升董事会的专业水平。四是强化董事会的规范性。完善的制度规则是董事会规范运行的基础。国际上治理水平较高的公司，既有完备的董事会制度规则，又非常注重规则的执行落实。我国一些中小财险公司或者存在董事会制度不健全的情况，或者存在有制度不执行的情况。因此，应健全董事会议事规则，强化制度执行。五是要加强董会考核。公司董事会的质量已经成为机构投资者的一个重要评价因素，考核董事会可以明确董事作为个人和集体的作用和责任，更好地了解董事会绩效能使董事会更有效率。

3. 加强监事会建设，切实发挥监督作用

我国的《公司法》规定监事会或者监事为股份公司的必设监督机构，全面执掌监督权，希望通过董事会与监事会机关的分立及决策权与监督权的分离所产生的制衡，达到公司内部自治监督的目的。关于监事会监督权的范围，我国上市公司对此有一个很大的误区，认为监事会的监督权主要限于检查公司财务会计，对公司董事会的决策及董事、经理的职务执行，只是在有明显的违法违规情形下才有监督权。其实，监督权主要是针对公司业务而言，财务会计监督仅仅只是作为业务监督的一种重要手段。

我国现行监事会的职能没有得到有效发挥，主要原因在于：其一，监事会的地位不高，名义上与董事会平级，实则为董事会和经理层的附属；其二，监事会人员的构成不合理，缺乏履行职责的必要的知识和能力，导致监事会无力监督；其三，监事会缺乏监督手段，《公司法》虽有监事会职权的规定，但是条文过粗，缺乏可操作性，故流于形式。监事会也就形同虚设，沦为管理层的“橡皮图章”。

中小财险公司应当强化监督机制，切实保障监事会的监督职权，应保证监事应享有：听取董事报告权，每个监事独立行使监督权、调查权，即监事可随时检查公司财务和营业报告，调查公司的业务及财产状况；监事会应独立享有信息披露的权利。监事会提议召开临时股东会，遭到拒绝后，规定监事会可在一定期限后自行召集会议。提高监事会人员的专业素质，加强对监事会成员的培训。监事会组成人员应实现专业化，监事会成员主要应由懂法律、会计、审计的专业人员担任，可以考虑增加外部监事的规定，规定外部监事的数量或在监事会中的比例。

4. 强化对高管队伍的监管

在发达国家，来自经理人市场的有效约束是完善公司治理的必要条件。高级管理人员是企业的核心和关键，要加强公司治理建设，强化对高管队伍的监督应首当其冲。我国监管机构也特别强调对高管队伍的监管，即将出台的新《保险公司董事、监事和高级管理人员任职资格管理规定》也是加强高管队伍管理的有利举措。在此基础上，我们认为还可以考虑从以下几个方面强化对高管队伍的监督：一是不断完善高管不良记录的档案库，并考虑扩大该信息系统的实际应用范围，从而提高对高管队伍监管的力度；二是可以考虑探索各级公司主要负责人高管资格任前公示制，这样可以更好地接受市场和群众监督，加强对高级管理人员的约束；三是探索高管离任审计制，切实保证各级高管的从业品德和必备管理素质；四是要建立和完善高管责任追究制度，保证高管依法合规履行职责。采取以上措施的目的是为了增强高管的自我约束力，防止不良高管在市场上的“左窜右跳”，影响市场规范。切实提高各级高管的整体素质，增强他们对行业、对事业的责任感，这与高管的正常流动是不冲突的。

5. 完善信息披露制度

信息披露的是否完备直接影响股东、投保人、投资者及社会公众等对公司的监督，是衡量保险公司是否具有完善的治理结构的重要标准之一。当前，我国保险公司的信息披露实践不尽如人意，各公司水平差异也比较大，对于保护投保人、被保险人等相关利益主体的权利非常不利，也不利于社会公众了解某一保险公司的真实情况。因此，我们在完善保险公司治理结构的过程中，应该更加重视信息披露的作用，通过公司有效的信息披露，促进外部公众、媒体等监督发挥作用。在进行信息披露时，应当遵循实质性、重要性、及时性、一致性等原则。所谓“实质性”，一般的理解是一个理性的投资者在进行投资决策时认为某一事实是重要的，则该事实就是“实质性”的。换言之，如果披露被遗漏的事实会显著改变投资者决策，则不符合实质性要求。重要性是指公司必须公布对其资产、负债、财务状况或一般业务造成的影响并可能导致股价发生重大波动并且不为公众所知的一切主要的新变化。及时性是近年来各国对保险公司信息披露的更高要求，即所有的披露不仅应当是实质的、重要的，而且要在应披露时间对发生的“真实时间”进行披露。一致性主要是要求公司的信息披露具有时间上的连续性和内容上的一致性，不能互相矛盾或冲突。

6. 加强内控，合规经营

吴定富主席在 2008 年度全国保险工作会议上强调，要增强公司治理和内控监管的操作性和有效性。加大制度落实力度，完善问责制度，切实防范公司治理风险。一是加强监督检查。重点从公司章程和董事会运作入手，规范决策程序和决策方式，防范内部人控制、非法转移公司资产，强化保险公司重大决策监督和资产安全性监管。结合分类监管制度和保险公司治理结构报告制度，开展公司治理自查，完善公司治理评价机制。二是完善制度。加强保险公司股权管理，出台《保险公司股权管理办法》，明确保险公司股东的资信状况、资本实力等标准，确保保险公司主要股东具有较强的持续出资能力，规范保险公司的股权转让和变更行为。制定保险公司董事和高管人员经济责任审计制度，加强对董事和高管人员的检查和评价，强化监督约束机制和问责机制。研究制定保险公司信息披露制度，按照公众公司的标准对保险公司进行规范，提高保险公司经营透明度，加强社会监督。三是加强培训。举办董事长和总经理培训班，加强对保险公司高管人员培训，完善培训及考核制度，逐步把培训情况与任职资格管理结合起来。加强保险公司独立董事培训，明确独立董事责任，提高独立董事履职能力，促进独立董事诚信、规范、勤勉、独立履行职责，使独立董事制度切实发挥作用。四是加强保险集团监管。建立保险集团公司监管的有关制度，制定保险集团公司管理规定和保险集团并表监管制度。①

基于监管的日趋严格和金融危机的教训，特别是财险市场整体发展由外延式向内涵式的逐渐转变，中小财险公司必将不断加强内控制度的健全，走到合规经营的道路上来。首先各中小财险公司的经营管理者正确认识内部控制对经营效率的影响，更新观念，强化管理责任，依靠现代化的方法经营公司。要根据内控要求，合理设计内控机构，形成一套以制度管人、管事、管机构的有效运作机制和运作流程，建立长期有效的内控体系，减少人为因素对公司经营稳定性的影响。建立科学的内控指标，不断完善覆盖所有人员及流程的严密的内部控制制度体系，尤其加强保费收入的真实性、理赔质量的管控、有价单证的管理，严控经营风险。建立科学的内部稽核和审计制度，并强化外部审计监督机制。另外，要发挥信息系统控制的作用，提高效率与管理水平，通过依法合规经营走健康发展之路。

7. 支持中小财险公司上市，强化公司治理的外部机制

如果中小财险公司上市，就会按照证券市场的法规要求进行运作，就会改变严格按照监管要求建立真正意义上的股东大会、董事会和监事会，形成规范的委托代理机制，建立相对完善的公司治理的基础；股东大会、董事会、经理层和监事会之间职责界定也会逐步清晰，并受公众监督，这些都会推动中小财险公司法人治理结构的完善。因此，支持中小财险公司在条件成熟的前提下上市，也是完善公司治理结构、促进公司发展的有力举措。

① 摘自吴定富主席在2008年度全国保险工作会议上的讲话。

3.4 中小财险公司组织结构研究

3.4.1 影响中小财险公司组织结构的因素分析

企业组织结构是一个历史的、发展的概念，也就是说任何企业的组织结构都不是一成不变的，而是随着管理环境的变化、管理目标的变迁而不断发展变化的。保险行业作为一个发展比较晚、相对不太成熟的行业，保险公司的发展也是在探索中前进，公司的组织架构更需要随着一系列因素的改变而不断调整，以适应发展的需要。目前，决定保险组织结构的因素主要有公司战略与企业生命周期、信息技术、外部环境这三个随机因素，正确的组织结构就是“适配”随机因素的结构。

1. 公司战略与企业生命周期的影响

组织结构是实现公司发展战略的一个重要组织保证。不同的发展战略要求与不同的组织结构相匹配，组织结构必须适应发展战略的需要，并在发展战略发生调整和改变时作相应的改革，以确保新制定战略的顺利实现。公司组织结构设计和变革应该是由公司实现其特定发展战略需要决定的，“结构追随战略”，反过来说也就是“战略决定结构”。

保险公司在成长过程中会经历具有不同特点和危机的若干发展阶段，这要求公司实施不断的变革与之相适应，其中包括公司的组织结构。保险企业组织结构与公司特定成长阶段的适应性强弱，关系到整个企业的应变能力和管理效率，直接影响着企业经营效果的好坏和目标的实现与否。这一点对保险公司来讲尤为重要，保险行业是一个处于快速发展阶段的行业，保险公司的发展也在不断变化中，公司规模不断扩大，企业处于上升发展阶段，那么选择合适的组织结构将会对公司的经营有重要的作用。只有适应公司特定成长阶段的组织结构，才能促进企业健康持续地成长与发展。

2. 信息技术的影响

信息技术的发展对保险公司的经营管理产生了深远的影响，为保险公司进行组织结构变革创造了重要的条件和手段。保险信息技术被广泛运用于保险核心运营系统、数据集中和客户服务系统、办公自动化系统和管理信息系统等领域，为保险公司实现集中化、标准化、自动化管理提供了外部技术手段。信息技术的运用提高了中台部门和销售渠道的整合能力，有效降低了中台部门和销售渠道之间的沟通协调成本，使保险公司能低成本地利用更多的销售渠道实现销售，如银行保险渠道。同时，利用信息技术开发直接销售的方式，如电话营销和互联网营销因具有明显的成本优势而变得日益流行。

这一点影响同样体现在国内中小公司的部门设置上：大地公司在管理模式方面最突出的特点就是扁平化管理、垂直化管理、集中管理。大地的管理层对扁平化管理的方式非常认同，在将总部机构扁平化设置的同时，将权力集中到总部，实现总部对分支机构的垂直化管理、集中管理。在集中管理的思路下，大地公司建设了大集中的IT平台，为实现有效的垂直化管理提供了必要的系统支持。在大地公司目前的管理模式和IT平台下，总经理可以随时查看任何一个五级机构的保单信息，以及任何一个赔案进行到了哪个环节。由此可以看出，大地公司实行这种垂直管理主要依靠IT技术，没有强大的信息技术作支撑，这种垂直式的管理技术是根本无法实现的。

3. 外部环境的影响

企业的外部环境包括存在于企业边界之外的并对企业有影响的所有因素。任何公司都是在一个特定的外部环境中运营的，它必然受到外部环境的影响和约束。为了使组织更有效率，组织结构和外部环境及内部资源必须处于“最佳适应状态”。中小财险公司面临的经营环境就是如何在中国这个广大而又有限的保险市场中开拓新的市场，因为现有的市场，如车险市场竞争非常激烈，中小财险公司再扎根于此是没有优势的；而许多公司涉及比较少的企财险、家财险等市场还有广大的发展空间，值得中小公司去开拓发展。因此，经营环境将直接影响到公司的经营方向，经营的侧重点不同，公司的组织结构设计也将不同。

3.4.2 发达国家财险公司业务组织结构简介

目前，国际上主要的财险公司经过长期的演化和完善，基本上形成了承保、理赔集中管理的模式。在承保管理上，这些公司已经完成了由综合险种核保向分险种核保、综合客户核保向分客户核保，分级、分散核保向集中承保管理的过渡，从而建立了面向不同客户、整合资源优势、满足风险需求的专业化、高效率承保管理制度。与之配套的组织模式主要有五种类型：完全集中模式（以区域性公司为主）、分险种集中模式（以跨国和大型公司为主）、分区域集中模式（一些大型公司）、分客户集中模式、混合集中模式。在理赔业务的机构设置上，一般以客户为中心，设立专门部门负责为客户提供从报案—查勘定损—处理赔案—赔款支付的一条龙服务。一些大型公司通过充分运用现代网络技术，建立起多功能理赔网络平台，使理赔各操作环节的工作显得更加规范和透明。比如，美国第四大车险公司 Progressive 公司采用 GPS 定位系统确定和调度查勘人员位置；美国 Kemper 公司采用无线远程定损系统，由查勘人员将车损照片传送至公司 Web 服务器上，操作人员直接在网上定损核价。

自 20 世纪 90 年代以来，国际保险业重组的一个明显趋势就是大型保险企业均有意无意地将企业分解成若干个战略经营单位，采用扁平化的企业组织结构，提升企业的专业化经营能力，拓宽企业的经营领域，在保持自己核心竞争力的同时，压缩部门设置和行政职位，精简企业管理人员。“组织弹性化，结构扁平化”是对西方保险公司组织结构改革方向的精辟总结。其中比较具有代表性的如美国的 GE 公司，全球范围内从决策层到最终执行者之间的管理部门只有 4 个级别，市场需求的信息在短时间内就可以输送到企业的最高决策层，及时地形成公司决策，同时进行及时的落实，从而使管理效率得到很大的提高。在保险界内，也有如美国的 AIG 等，在其各大洲区域内甚至采用了更为简单的二级管理模式。组织结构再造进一步缩短公司的业务流程，从而能极大提高公司的运作效率。这对于我国保险公司来说，组织结构再造是公司经营必须也是必然的选择。

总结发达国家的成功经验可以看出，随着经济的发展，社会对保险的需求日益增加，市场竞争也势必会越来越激烈，保险公司要在这种情况下不断发展，就必须为客户提供让其满意的服务。就一般情况而言，在面对客户的各个环节保持高效率的、手续简便的服务是最能让客户满意的。而要达到这点，就需要在公司内部有强大的后台信息提供和处理的运作机制支撑。这一运作机制就是整个业务组织系统能协调运行，而要达到协调运行，在组织的设置上就要适时与市场发展和公司战略相适应。

3.4.3 中国中小财险公司组织结构的现状及优劣势分析

1. 中小财险公司组织结构的现状

由于当前中国财险市场的中小财险公司在经营方式、组织结构、产品设计等方面都很类似，大多数中小财险公司的组织结构都带有典型的职能式的组织结构。然而保险公司并非采用简单的职能制的组织结构，而是类似职能制的直线职能制组织结构。如前面所讲，这种直线职能制组织结构形式结合了直线制和职能制，部门主要起协调沟通作用，主体上仍然是一种直线形式。这种直线职能制的组织结构在公司设立初期对公司的发展是有促进作用的。

但是，我们的调查也发现，还是有少数中小财险公司在组织结构和管理创新上进行了有益尝试，其中比较典型的有华泰的矩阵式组织、太平的准事业部及天平保险“两头在外”的组织结构。

华泰财险采取矩阵式组织架构。华泰分公司的各部门接受分公司管理的同时，也接受总公司对口部门的管理，这种纵向管理为条线管理。在公司运营过程中，更突出条线管理。在处理条线管理与分公司管理的关系时，对业务和技术性问题的管理都是条线管理，而行政的管理是由分公司进行管理的。在对分支机构的部门进行考核时，参考分公司的考核意见，但是以条线管理的考核为主。公司在管理权限上实行适度的分类授权，业务、财务、人力控制权都依据一定的标准在各级机构之间进行分配，既能够有效控制风险，又能提高公司整体运营效率。从华泰的尝试中我们看出，华泰的矩阵式组织结构有效地提高了管理效率，而且华泰设置的配套的运行机制，如奖惩制度等，能够及时地保证组织结构的有效运行。从近几年华泰的经营成果我们也可以看出，华泰连续多年实现盈利，这与公司组织管理效率的提高是分不开的。

太平财险采取的是准事业部制垂直控制的组织结构。首先对分支机构进行权限上收，分公司相关渠道部门直接接受总公司渠道部门领导，组织结构基本上为垂直管控，分公司负责人主要发挥协调职能。太平财险公司重视细分市场，按销售渠道分类作为部门设置的主要依据是太平财险在管理精细化方面的有益尝试。这样做有利于优化成本支出，培养销售队伍，而且保险销售环节是控制成本和提升优质业务产能的关键，这都依靠销售管理和销售人员的技能。所以太平依据销售渠道，将前台部门分为直销、代理、寿销产、重点客户四个渠道部门，实现销售分类。在集团层面，则建立共享中心，进行包括标准件保单录入、理赔、承保、信息技术支持以及客户服务等。建立统一的客服中心的优势在于资源整合及合理利用。未来不再以保单为单位，而将以客户为单位，实现从客户打进电话开始，在集团内包括产寿险的所有信息一目了然。因为拓展新客户成本太高，所以着重在后台服务方面下功夫。依靠服务可提升客户留存率，而续保客户是最有价值的客户。中国消费者对金融服务的要求越来越高，简单的降价越来越不能满足客户需求，必须提高保险经营的专业化水平和服务质量。因而，太平财险建立了以客户为中心的业务分析系统，提供增值服务以提高客户留存率。从太平财险的这一组织管理战略我们可以看出，开发新客户的成本偏高，提高客户留存率是保险公司获得稳定收益的前提。因此以客户为中心的运营模式越来越受到重视。

天平财险最显著的特点就是“两头在外”，也就是展业和理赔的功能都通过外部市场实现。与其他公司不同，天平公司没有销售团队，而是采用了代理的模式发展业务。因为即使公司组建了销售团队，销售团队也仍然去找代理。而且，一旦市场情况不好，销售团队的保费收入下降，但是成本不会下降，也会造成费用负担。在理赔方面，天平公司主要与公估公司合作，这种模式可以减少初期的成本。

综上所述我们不难发现，除去少数公司在新的组织方式上的尝试外，目前大多数中小财险公司采取的这种职能式的组织结构与周围的环境是分不开的。中国的保险业是从计划经济发展来的，一直以来把“规模至上”作为经营的理念，人保、太平洋、平安中国财险业的三巨头的发展路径对中小公司的经营理念产生了非常深的影响。而且，在中小公司发展的初期，尤其是在人才队伍建设方面，由于初期的员工基本来自老三家，因此在经营理念上有明显的主流模式的痕迹，组织结构的设计也不例外，多数财险公司选用了主流的职能式组织结构。

2. 中小财险公司组织结构的优劣势分析

目前中小财险公司采取的这种直线职能制组织结构有其明显的优劣势。

就优势而言，首先，权力高度集中，强化了高层主管人员对组织的控制能力，控制机制简单，责任分工明确，高层主管人员对公司全局进行有效控制较为容易，可以充分利用公司资源，集中资源进行优化配置，从而发挥整体优势。其次，按功能划分部门，避免了人力和物力资源的重复配置，同时也鼓励部门内产生规模经济，符合专业化分工的原则，有利于专业化技能的不断提高和有效利用，从而促进深层次的技能提高。

然而，随着公司规模的不断发展、机构的增多、业务量的增大，也暴露了直线职能制本身的一些缺点。首先，集权式的管理增加了高层领导人的协调工作量，高层管理者负荷过重，引起高层次决策堆积、层级超负荷等问题。由于高层领导者的精力有限，不能进行有效控制，也不能很好地发挥中层管理者的积极性，因而产生推诿、扯皮等消极现象。其次，功能部门的权限有限，限制了其发挥主观能动性，而且职能部门间的协作困难，导致部门间缺少横向协调，影响公司的效益和整体实力。最后，适应外界环境变化的能力差，难以处理业务多样化，导致缺乏创新。

而且，在过去的发展阶段，受“规模至上”发展战略的影响，各保险公司强调人、财、物等有形资产的占有，并由它们构成了生产的核心要素。保险公司为追求规模经济，组织结构呈扩张趋势，机构层次众多，而且每一层机构大到总公司，小至县区支公司，都强调专业化分工，部门设置包括，展业、理赔、内勤、计划、财务、后勤等门类齐备，而相应的人财物也一应俱全。各级公司之间以及公司内部庞大的组织机构和多级的管理层次都逐渐体现出它的弊端，尤其是在分公司的内部管理上，分公司经理的操纵范围太大，为了追求保费规模，分公司存在的一些问题也选择隐藏不报，导致总公司对分公司的实际情况掌握并不确切，直到出现重大问题时矛盾才浮出水面。组织结构的不尽合理带来的直接后果就是管理成本的上升。

3.4.4 中小财险公司组织结构改革的建议

通过前面的分析我们可以得出这样一个结论：各种类型的组织结构各有利弊，公司组织结构的优劣不在于公司组织结构本身，而关键是看是否适合并很好地服务于公司，只要能够实现低成本、高效率，并能够控制风险的目标的组织机构模式都可以灵活采用。因为未来公司内外部环境的发展变化是无法准确预计的，公司的战略发展目标也是在不断调整的，但是无论采用什么样的公司组织结构都能持续有效地促进公司业务发展、效益提升，这必然需要适时地随着内外部相关环境的变化，根据科学的管理观调整或改革，以随时保证结构模式的综合配套与环境的适配性，只有坚持调整或改革才是唯一不变的方向。

而当前中小财险公司都处于调整业务结构、发展战略的关键时期，组织结构的调整也在不断进行，不同的公司其组织结构是不一样的，在前面分析影响保险公司组织结构的因素如外部环境、战略、信息技术的广泛应用等，这是中小财险公司在组织结构设计及改革的过程中必须要考虑的首要问题，我们在此就不再陈述。但是在进行组织结构设置和调整的过程中，还有一些原则和做法也是需要中小公司特别注意的：

1. 对承保、理赔等职能领域实施集中管理

随着信息技术的运用，在承保、理赔等领域实施集中式管理具有明显的优势：第一，承保、理赔技能和专长能在公司内部低成本地实现共享；第二，业务风险能得到有效的控制。在前面分析国际保险业

的组织结构设计中也已经提到，在实践中，西方各家保险公司都在承保、理赔等领域实现了不同程度的集中式管理。运营管理的集中化已成为国际保险行业的通行做法。苏格兰皇家银行保险公司在英国国内采用了完全集中模式，设置了独立的保险服务部，统一负责下属各保险品牌的业务承保。美亚保险公司则采用了分险种集中模式，按照不同险种设立了若干个承保中心。友邦保险公司对分客户集中模式进行了探索，设置了专门面向小型商业客户的承保中心。在理赔管理方面，大多数西方保险公司也设置了专门的理赔部门对全公司的理赔进行统一管理。例如，美亚保险公司专门设立了理赔事业部对其全球2000 多名理赔人员进行了统一的管理。另外，许多西方保险公司，例如苏格兰皇家银行保险公司充分借助于信息技术系统，实现理赔流程的标准化和自动化，能对简单赔案进行快速定损、理算和赔款，大幅提高了理赔环节的管理效率。

国内保险公司要成功推行承保和理赔等运营领域的集中管理，必须充分考虑公司现有的经营管理能力、经营管理环境、自身业务规模、发展阶段、人才队伍状况、核保技术以及信息系统建设情况、险种差异性和地域差异性。选择合适的集中管理模式，还需要为集中式管理模式配备相应的工作流程、管理制度和专业技能强的人员，并需要克服许多执行方面的困难。在这一方面，除了前面案例分析中华泰将两核集中进行控制外，天平财险也进行了有益的尝试，实现了理赔集中。从调度、理赔到电话客服，天平公司都是从总公司直接管控到各地，各地都统一到总部。这些工作统一到总部有两个好处：一是提高效率、降低成本。以调度为例，如果把调度分散到各地，那么各个分公司都需要几名调度员，有的地方比较忙，有的地方比较闲，就造成了人力成本的一种浪费。二是规避道德风险。如果将调度员安排到各分公司，那么修理厂更容易与调度员联系从而进行恶意的违规。同时，天平财险的调度员直接联系各地查勘员，不会影响理赔勘损的速度。

2. 组织结构要与公司的盈利模式和战略相适应

如上文所述，影响公司组织形式的因素很多，而对于中小财险公司来讲，公司的盈利模式和战略对公司的组织形式和组织结构的选择具有决定性作用，而组织结构对企业战略的顺利实施也有着重大的影响，只有将二者有效地结合才能促进企业的发展。

所以，公司在组织机构的设计和调整时，要寻求和选择与公司盈利模式、经营战略目标相匹配的结构模式。无论是采用职能式或者是矩阵式的组织结构，还是按照区域设置分公司或者按照用户设置分部，一切都是为企业的盈利模式和发展战略服务的。比如上文提到的华泰保险和太平财险，虽然组织结构形式不同，但都从企业的目标出发，华泰通过矩阵式组织架构实现高度集权，有效控制了成本和风险；太平按销售渠道分类建立组织结构，通过管理精细化方有效降低成本支出。殊途同归，两家公司的组织结构都与各自公司的盈利模式与发展战略相适应，只有这样才能有效地提高组织的管理效率，顺利推进公司战略的实现，为公司的良性发展服务。

3. 加强组织的弹性，减少组织结构的管理层次

“组织弹性化，结构扁平化”是当今保险企业组织结构变革的主要方向，当今金融企业发展的两个趋势：一是全球金融行业有影响力的大企业纷纷合并，组成超级大型金融集团，扩大经营范围，降低经营成本，增强了抵御风险的能力。二是大金融企业均有意无意的将企业分解成若干战略经营单位形成扁平化组织结构，提升专业经营的能力，拓宽经营的领域。两种方式存在共同之处：一是压缩部门设置和行政职位，精简人员；二是根据不同的专业和经营单位划分不同的利润中心，确保企业每个环节良性运转。中小财险公司定位不同发展战略不同，但是无论是想发展成大型金融集团公司还是作为专业公司来经营，面对产品周期更新的不断加快和市场环境的激烈竞争，强化组织结构的弹性，减少管理层次都是未来的发展趋势。我国中小财险公司规模小，减少管理层次更是控制成本的有效手段，从前些年保险业的发展也能得出，过多的管理层次导致信息流失，总公司无法实现对分公司的有效控制，以至于在分公司出现无法弥补的问题时才被发现，而弱化分公司的权限、强化分公司相关部门对下级机构的垂直管理则能有效地减少这类问题的发生。

4. 因地因时制宜，加强变革管理

企业对效率和竞争优势的持续追求，是现代组织结构演进的主要推动力。因此，组织结构设计是一项集科学性和艺术性于一体的工作。保险公司的组织结构设计必须立足于现状，着眼于未来。每家保险公司都拥有独特的公司战略、人力资源状况、股东结构、处于独特的公司发展阶段，因此在组织结构设计时不能盲目采纳业内主流组织结构形式，而应有选择地进行借鉴，设计出符合自身发展战略和现状的组织结构。任何组织结构形式都不是一成不变的，公司发展战略、发展阶段和经营管理环境的显著变化都可能需要公司对组织结构进行变革。

组织结构设计是一个系统工程，而非单纯地设计一个组织结构图以及相关部门、岗位职责说明。成功的组织结构设计必须包括变革管理的内容。保险公司在推行新的组织结构之前应对实施阻力进行充分的评估，设计相应的措施来克服这些阻力。其中最重要的工作是改变公司内部人员因长期在原有组织结构下工作而形成的“思维惯性”，促使全体员工充分了解和理解新的组织结构，并积极参与组织变革的进程。

5. 建立完善的运行机制、完善员工培训体系

从组织结构的基本内涵我们知道，一个良好的组织结构还必须包括一套良好的运行机制，如控制程序、信息系统、奖惩制度以及各种规范化的规章制度等。运行机制的建立和强化有助于更清楚地向职工表明企业对他们的要求和期望，激励职工同心协力，为实现企业的目标而努力。反过来讲，再好的组织结构，没有适配的人员，组织结构的优势是发挥不出来的，仍然会阻碍业务的发展。因此，对保险企业来讲，人才就显得至关重要。而人员流动频率大、人才损失率高是目前存在于中小财险公司的主要问题，如何留住人才、如何有效地配置人才以发挥组织结构的优势是中小财险公司要思考的问题。西方发达国家，一般保险公司都有一套成体系的培训机制，我们的中小财险公司或许可以借鉴一下。

4 产品、营销及客户服务研究

4.1 中小财险公司产品经营研究

4.1.1 保险产品的内涵

保险产品是要素投入、转换和产品输出的一个过程，与其他产品一样需要在“有形产品”的生产理论指导下进行生产。本章所定义的保险产品应是：为满足消费者保险保障和增值要求，进行各种要素投入和要素组合而生产的经济物品；它具有契约性、保障性、投资性、承诺性、知识传递性、易模仿性及顾客高参与性等性质。

保险产品是经营风险的特殊产品，是用来满足人们经济保障需求的劳务产品，是一种无形的服务产品。保险产品的整体概念包括核心产品、有形服务和延伸产品。核心产品是产品整体概念中最基本、最主要的层次。在设计保险产品时首先要考虑的就是核心产品给顾客带来的最重要和最直接的利益。例如，财产保险最核心的效用就是在人们财产受到损失时，能够给予补偿。有形服务是把无形的服务转化为看得见的服务产品。例如，一些保险公司向顾客分发购买指南、保单摘要、现金价值累计等书面说明，还有些保险公司将产品宣传与有形物质联系在一起，帮助顾客进一步了解保险产品。延伸产品是顾客在购买保险时所获得的各种附加利益的总和。它包括售后服务、保户福利等。例如，营销人员上门回访，解决保户的问题、收取保费等，为保户提供免费的健康检查、为老人小孩提供看护服务等。保险产品的整体概念体现了一切以顾客为中心的营销理念。保险产品的价值是由消费者决定的，因此保险公司应该更多地关注消费者的需要，努力为顾客创造价值。

4.1.2 保险产品创新理论综述

一、创新理论综述

（一）马克思的创新理论[①]

在经济学巨著《资本论》一书中，马克思从生产力和生产关系相互作用的角度，深刻地揭示了资本主义产生极快发展的原因。马克思指出，在外部不同企业之间的竞争压力和内部利润的动机驱使下，单个资本主义企业通过企业内部分工和社会分工的不断发展，加速采用新的生产组织形式、新的机器设备和新的技术，不断降低生产费用和提高生产率，从而不断提高剩余价值和资本积累规模。在自身竞争机制的作用下，只有打破陈规、不断创新、不断积累，才能生存和发展。这是马克思关于创新基本理论的精辟论述。

（二）熊彼特的创新理论[②]

熊彼特的创新理论：创新理论是由 J. A. 熊彼特（1883—1950）首先提出来的。他在 1912 年出版的《经济发展理论》中第一次提出了创新理论，并因此闻名于整个经济学界。在熊彼特看来，资本主义经济处在不断运动变化发展之中，其本质特征就是运动及发展，所以经济发展是经济生活中本身所发生的非连续性变化与运动，是某种破坏均衡而又恢复均衡的力量发生作用的结果，这种推动经济发展的内在力量就是“创新”。所谓创新就是要“建立一种新的生产函数”，即“生产要素的重新组合”，就是要把一种从来没有的关于生产要素和生产条件的“新组合”引进生产体系中去，以实现对生产要素或生产条件的“新组合”；作为资本主义“灵魂”的“企业家”的职能就是实现“创新”，引进“新组合”；所谓“经济发展”就是指整个资本主义社会不断地实现这种“新组合”，或者说资本主义的经济发展就是这种不断创新的结果；而这种“新组合”的目的是获得潜在的利润，即最大限度地获取超额利润。周期性的经济波动正是起因于创新过程的非连续性

---

① 马克思：《资本论》（第一卷），人民出版社，1972 年，第 533～534 页。

② Joseph A. Schumpeter. The Theory of Economic Development. Harvard University Press. 1934，74-78.

和非均衡性，不同的创新对经济发展产生不同的影响，由此形成时间各异的经济周期；资本主义只是经济变动的一种形式或方法，它不可能是静止的，也不可能永远存在下去。熊彼特的创新理论主要有以下几个基本观点：

第一，创新是生产过程中内生的。熊彼特认为："我们所指的'发展'只是经济生活中并非从外部强加于它的，而是从内部自行发生的变化。"尽管投入的资本和劳动力数量的变化，能够导致经济生活的变化，但这并不是唯一的经济变化；还有另一种经济变化，它是不能用外部数据的影响来说明的，它是从体系内部发生的。这种变化是多种重要经济现象的原因，所以，为它建立一种理论似乎是值得的。这种另一种经济变化就是"创新"。

第二，创新是一种"革命性"变化。熊彼特曾作过这样一个形象的比喻：你不管把多大数量的驿路马车或邮车连续相加，也决不能得到一条铁路。"而恰恰就是这种'革命性'变化的发生，才是我们要涉及的问题，也就是在一种非常狭窄和正式的意义上的经济发展的问题"。这就充分强调创新的突发性和间断性的特点，主张对经济发展进行"动态"性分析研究。

第三，创新必须能够创造出新的价值。熊彼特认为，先有发明，后有创新；发明是新工具或新方法的发现，而创新是新工具或新方法的应用。"只要发明还没有得到实际上的应用，那么在经济上就是不起作用的"。因为新工具或新方法的使用在经济发展中起到作用，最重要的含义就是能够创造出新的价值。把发明与创新割裂开来，有其理论自身的缺陷；但强调创新是新工具或新方法的应用，必须产生出新的经济价值，这对于创新理论的研究具有重要的意义。所以，这个思想为此后诸多研究创新理论的学者所继承。

第四，创新同时意味着毁灭。一般说来，"新组合并不一定要由控制创新过程所代替的生产或商业过程的同一批人去执行"。所以，在竞争性的经济生活中，新组合意味着对旧组织通过竞争而加以消灭，尽管消灭的方式不同。如在完全竞争状态下的创新和毁灭往往发生在两个不同的经济实体之间；而随着经济的发展，经济实体的扩大，创新更多地转化为一种经济实体内部的自我更新。

第五，创新是经济发展的本质规定。熊彼特力图引入创新概念以便从机制上解释经济发展。他认为，可以把经济区分为“增长”与“发展”两种情况。所谓经济增长，如果是由人口和资本的增长所导致的，并不能称作发展。“因为它没有产生在质上是新的现象，而只有同一种适应过程，像在自然数据中的变化一样”。“我们所意指的发展是一种特殊的现象，同我们在循环流转中或走向均衡的趋势中可能观察到的完全不同。它是流转渠道中的自发的和间断的变化，是对均衡的干扰，它永远在改变和代替以前存在的均衡状态。我们的发展理论，只不过是对这种现象和伴随它的过程的论述”。所以，“我们所说的发展，可以定义为执行新的组合”。这就是说，发展是经济循环流转过程的中断，也就是实现了创新，创新是发展的本质规定。

但是，熊彼特提出的创新理论，直到 20 世纪 50 年代才真正引起人们的重视。创新理论首先应用于工业领域，技术创新很快成为一个流行的概念，技术创新经济学也成为一门新兴的经济学分支学科。第二次世界大战以后，尤其是 20 世纪 70 年代以来，金融领域发生了革命性变化，人们将金融领域的这些变化称为“金融创新”，金融创新产生了一系列的积极成果。首先，金融创新促使各国政府及监管当局简化对本国金融市场的管制。金融管制的简化可以方便国际市场信息及科技流入本国市场，这是因为资本寻找高回报率以及分散风险的跨境交易活动更加频繁。其次，金融创新使资金管理机构化。这使得一些机构投资者，如共同基金、退休基金、保险公司及各类投资公司等实力不断增强，并成为全球金融市场中重要的参与者。最后，金融创新推动了金融并购的发展。一般来说，通过并购实现的经济效益是十分明显的：可以提高市场竞争力，赢得客户的信任，提高市场占有率；扩大规模、降低成本，实现规模效益；优势互补，实现协同效应。同样，我国保险业核心竞争力的提升与保险业的创新是密切相关的，保险业的创新也是提升中国保险业核心竞争力的重要推动力之一。二十多年来，我国保险公司根据市场发展的需要，在创新理论的指导下，大胆引进和借鉴国际保险的先进经验，利用“后发优势”，实现跨跃式发展。保险业务创新，突出表现在保险产品创新、保险业务经营方式和保险制度创新上。正是这些创新为我国保险业竞争力的提升提供了不竭的动力。创新成果具有阶段性，但是创新的过程却是永远的。可以说，在未来谁的创新成果多，且能转化为生产力，谁的竞争力就强，就能在竞争中立于不败之地。

二、保险创新理论综述

保险创新是做大做强中国保险业的必然选择。目前，我国保险业尽管保持了较快的发展速度，但同经济社会发展对保险的需求相比，同保险业应当承担的责任相比，差距还很大。一是保险规模小，在国民经济中所占比重还比较低，与经济社会的发展不适应。二是保险的功能和作用发挥得还不够，与经济社会发展和人民生活水平提高对保险的需求还不相适应。我国保险赔款占灾害损失的比例仅为 1%，而欧洲占到 20%左右，保险还没有渗透到经济的各个行业、社会的各个领域、生活的各个方面。三是保险业在金融中的比重还很低，与保险业作为金融三大支柱之一的地位还不相符。截止到 2009 年 7 月我国保险总资产为 3.7 万亿元，仅占金融资产的 5.0%，保险业要彻底改变现状，在全面建设小康社会和完善社会主义市场经济体制的伟大事业中承担起“促进改革、保障经济、稳定社会、造福人民”的重任，就必须以更快的速度实现跨越式发展，缩小差距，迎头赶上。要尽快做大做强保险业，就要用创新的发展模式，走创新的发展道路，在发展中求创新，以创新促发展。同时，在保险产品开发创新过程中，应该遵循一定的原则：

1. 市场导向原则

在激烈的市场竞争中，保险公司必须牢牢把握市场导向的重要原则，以顾客需求为核心开发和推广新产品，才能赢得市场。

2. 合规经营原则

在产品的开发过程中，精算、合同的设计都必须符合国家法律、法规、政策的规定，符合社会伦理道德规范，最大限度地防范道德风险。

3. 标准化原则

产品设计必须符合标准化原则，在经济全球化的背景下，各种保险运营环节只有在实行标准化的前提下，中国的保险业才能与国际接轨，才能进一步获得国际保险业和投资者的广泛认可。

4. 稳定性原则

由于保险产品的精算基础、合同规范比较统一，在时限上也具有相对稳定性。因此，新产品的开发也要考虑到产品的稳定性，能经得起时间检验的产品。

5. 差异性原则

由于保险产品具有高度的同质性，很容易模仿，因此各个保险公司必须在有形服务和延伸产品方面突出差异性，才能吸引顾客。

4.1.3 保险产品创新的意义

保险创新是各种保险要素的新的结合。它有广义与狭义之分，广义的保险创新是指，保险体系和保险市场上出现的一系列新事物，包括保险理论、保险制度创新、保险技术创新等。狭义的保险创新是指，保险技术创新，包括保险产品创新、保险经营方式创新、保险服务创新等内容。保险创新对保险业发展的重要意义主要体现在以下两点：

一、创新是保险业适应市场变化的必要选择

从对外开放来看，我国保险业在金融业中开放时间最早、开放力度最大。外资保险机构的快速发展，带来了全新的经营理念和技术，在给保险业发展不断注入新的活力的同时，也对国内公司形成了巨大的竞争压力。而随着对外开放的不断扩大，各类外资企业也将不断增多。作为保险业的潜在客户，这些企业既有旺盛的保险需求，同时也有着苛刻的购买眼光。因此，保险业所面对的是一场真正意义上的全方位的国际化考验。在这场考验中，创新既是待解题目，也是解题思路。

从金融领域来看，加大自主创新力度，走自主创新发展道路，依靠创新实现生产力的跨越式发展，已经成为越来越多行业、特别是金融业的战略选择。当前，金融业创新发展的步伐不断加快，保险业要继续保持在金融体系中的重要地位，就必须及时跟进创新潮流。应当看到，我国金融综合经营趋势已日益明显，银行、证券、保险的合作与竞争正在向深层次发展。随着各种新的金融技术和产品的出现，行业边界将越来越模糊，产品服务的替代性将越来越大，保险业必须通过不断创新才能保持专业和技术优势，不断扩大市场发展的空间。

从行业内部来看，随着保险经营主体的不断增加，保险市场竞争日益激烈，要保证保险企业的生存和可持续发展，就必须具有与众不同的企业竞争优势。在此条件下，创新在保险企业经营管理中的作用日益突出，业务的增长和效益的提高越来越有赖于自主创新能力及其成果转化速度。因此可以说，创新既是一种资源，也是一种手段，谁在创新方面占据优势，谁就能在发展上掌握主动。

二、创新是保险业自身加快发展的根本要求

发展需要通过创新获取动力。创新是一个民族进步的灵魂，是一个国家兴旺发达的不竭动力，也是一个行业持续发展的动力之源。保险业是一个朝阳行业，本身就是在改革创新中发展起来的，更加需要通过创新进行不断的完善和提高。特别是在社会主义市场经济条件下，关于如何发展保险业，既没有成熟的发展经验可以借鉴，也没有现成的发展模式可以套用，要走出一条前人没有走过的道路，需要我们不断地进行探索和实践。而大量实践表明，我们之所以能够取得今天的发展局面，一个重要原因就是保险业依附于经济社会的发展而发展的规律，要求其必须具有创新精神和创新品格，从而获取了强大的发展动力，推动保险业进行自我更新和自我完善，不断校正发展的方向。

发展需要通过创新拓展道路。目前，我国保险业的规模比较小，在国民经济中的比重还比较低，保险的作用发挥得还不够，与经济社会发展和人民生活水平提高对保险的需求还不相适应。保险业要改变现状，在构建社会主义和谐社会和完善社会主义市场经济体制的伟大事业中承担起“促进改革、保障经济、稳定社会、造福人民”的重任，就必须以更快的速度实现跨越式发展，从更广的范围融入经济社会各个领域。要完成这样一个艰巨的任务，走传统的发展模式肯定是行不通的。唯有不断创新，拓展符合我国国情的保险业发展道路。

发展需要通过创新来解决问题。保险业的发展取得了举世瞩目的成就，但同时也积累了一些问题和矛盾。这些问题和矛盾是在计划经济体制和传统的思维模式下产生和积累的，沿用老的办法无法解决，必须通过创新工作思路和工作方法才能找到破解之策。同时，在保险业未来发展的道路上，可以预见和难以预见的困难和风险不断增多，外部环境的不确定因素不断增加，只有通过创新，才能有效应对，适时化解，实现健康快速发展。

保险产品是保险业的基本元素。对客户而言，保险产品是购买保险的直接媒介和目的的体现；对保险公司而言，保险产品是公司经营的起点，贯穿于公司经营的核心链条，因此如何通过不断创新来开发和满足客户的需要，对保险公司实现盈利和可持续发展具有重要意义。未来的保险业，服务上、产品上的差异化竞争将成为中小财险公司建立自己核心竞争力的关键一步。

保险产品创新是保险创新非常重要的一个方面，是保险创新最外在、最直接的终端体现。保险产品创新主要是指保险险种的创新，这包括险种的改造、新险种的开发、对重点客户保单的特殊设计以及对保险产品的包装等。

4.1.4 中国中小财险公司产品经营的现状及问题

一、产品经营取得的成绩

随着改革开放的不断深入，全社会的保险意识不断增强，保险产品也随之不断丰富。2009 年是我国保险业高速发展的一年，截至 2009 年底，全国共有保险机构 111 家，其中保险集团和控股公司 8 家，财产险公司 42 家，2009 年全国财产险保费总收入 2875.8 亿元，同比增长 23.1%。

产品创新是保险企业实现自我发展、赢得未来竞争的需要。特别是《国务院关于保险业改革发展的若干意见》出台后，各保险公司努力加强自主创新的力度，提升精算水平，在产品创新、精算制度创新、服务领域创新等方面积极探索，开发出一系列保险产品，如：非典保险、禽流感疾病保险、艾滋病病毒感染疾病保险、户外贵重物品抢夺抢劫附加险、保险餐饮责任险等。中小财险公司在紧跟市场发展的同时，积极挖掘客户的潜在需求，在保险创新方面做出了有益尝试，为保险市场注入了新的活力。

案例一：在绿色保险制度方面，2007年末，华泰保险公司的两款保险产品“场所污染责任保险”及“场所污染责任保险（突发及意外保障）”通过保监会的备案批准正式推向市场，华泰保险也成为内资保险公司中首家开展环境污染责任保险的企业。此产品对被保险人因污染事故所致第三者损害而需承担的经济赔偿责任、污染事故清理补救费用及相关法律抗辩费用提供保险保障。此外，也可扩展承保因污染事故导致企业营业中断所致的损失。

在环境保护部和保监会联合推出绿色保险制度之前，华泰保险就率先推出此类环境污染责任保险，并获得保监会批复，这不能不说是对市场发展的一个促进。这不但有利于企业增强污染风险意识，也为我国运用保险手段提高环境污染的风险管理水平积累了经验。

案例二：太平洋财产保险公司苏州分公司近年成功地自主创新了一批具有苏州地方特色的产品，创新的保险产品主要如下：

团体补充工伤保险。太保产险苏州分公司根据苏州地区拥有大量的制造加工业就业人口，在全辖参加社会工伤保险的300万人中，80%为外资企业职工，急需增加风险管理的市场需求情况，积极开展创新，自主设计了团体补充工伤保险，用以转移企业承担的对5至10级工伤致残人员的一次性工伤医疗补助金和伤残就业补助金。此产品一经推出，就受到当地企业的普遍欢迎。

另外，分公司又自主创新了政策性水稻保险产品。水稻保险是苏州地区开展政策性农业保险的第一个险种，主要针对因自然灾害和病虫害造成水稻减少或绝收。保费支出为政府补贴、农户自负两部分组成，市级财政20%，县级财政40%，农户自负40%，保费以行政村为单位收取，每个行政村确定一名协保员。该产品创新为公司的业务发展提供了新的平台。

针对市场需求，苏州分公司还自主创新开发了一批其他具有特色的保险产品，如犬主责任险、经营承包人责任险、建筑工程质量保险、消费信贷保险等。由分公司自主设计了犬主责任险的条款和费率，填补了公司系统内该类产品的空白，目前该产品已经总公司整合成为全国性条款。公司还根据当前市场上所有中资保险公司的工程一切险都未将业主视为第三者，所以由承包商导致的业主损失无法获得保险保障，而保险意识较强的台资、日资和部分中资工程商都曾询问是否有类似险种的状况，分公司发现该险种市场具有广阔前景，于是根据此种创意自行设计了经营承包人责任险。

案例三：美亚保险公司针对深圳的软件行业在全国处于领先地位的情况，专门为软件资讯行业量身定做了全新的保险产品，在国内首家推出了电脑职业责任险，切实有效地转移了软件企业所面临的特有责任风险。在2004年，美亚保险深圳分公司新推出的险种就达16种之多，每款产品分别针对具有不同保障需求的客户群体，其中董事及高级职员责任险就是针对上市公司的董事职业风险，一经推出，就吸引了一些在海内外上市的企业和国内未上市外资机构的投保或关注。

二、产品经营存在的问题

（一）产品互相抄袭，研发能力不足

中小财险公司采用“拿来主义”引入业内成熟产品现象极为普遍，产品研发能力不足，创新更是无从谈起。我国各保险公司在险种方面相似率达90%以上，与西方发达国家相比，产品研发能力明显落后于市场需求的变化。

在产品研发方面，各公司产品同质性强，中小财险公司更是采用照搬、照抄现有产品，进行简单文字更新后，即完成产品的上报。各种小财险公司受限于经验数据无从得到、开业初期产品报批报备时间压力等原因，无暇自主研发新产品。而开业后的相当一段时间内，中小财险公司不具备任何市场影响力，无品牌优势，短时间内多选择销售行业成熟产品获得市场认可。可以说，目前行业中绝大多数中小财险公司不具备真正的产品研发能力，产品研发真正发挥的作用多局限于充实产品库、补充其他公司已有产品上。

此外，创新人才的缺乏也是造成保险产品相似率高的一个重要原因。各种专业人才的培养是一个渐进、积累的过程。我国停办内地保险业务长达20年之久，所带来的一个严重后果是，对保险业需要的展

业、精算、承保、投资、理赔等特殊人才的培养出现了一个断层。在保险业恢复经营的很长时间内，保险业最好的“人才”被认为是能在最短时间内把保单销出去、把保费收进来的人员。因此，许多专业人才如精算、核保、核赔、法律、管理等方面的人才，在储备和培养上也没有得到应有的重视。这些因素都是造成我国保险业人才缺乏的重要原因。目前，我国保险业处在快速发展时期，国内中、外资的保险公司急欲扩充业务，保险人才需求旺盛，但市场上专业人才缺乏，这不但不符合保险业创新的需要，也给中国保险业创新带来很大的风险。

造成产品同质问题的根源还在于各公司对保险产品认识上存在偏差，不能准确理解保险产品本质。在经营风险过程中不能有效识别风险，不能认识到成熟公司能做的产品中小公司不一定适用，简单以是否好卖为依据而不考虑风险管控的做法，直接导致产品抄袭现象普遍。此外，中小财险公司数据量少，不具备大数法则数理基础，如再不根据自身特点仔细推敲产品特点，对产品的盈亏不管不计，不主动寻找差异化产品策略进行创新，很可能带来一定风险隐患，丧失市场竞争力，从而影响公司的长远发展。

（二）产品定价不足风险造成承保亏损

保险产品的价格体现为保险公司为承担一定的保险责任向投保人收取的保险费。保险定价风险指的是保险费率（纯费率）没能与客观上存在的保险标的风险匹配，从而使实际损失高于预期损失，造成保险人保费收入不足以补偿其赔付需要的可能性。从理论上讲，保险人与投保人之间应当存在一种“赔偿给付与交纳对等原则”，也即Scot指出的“公平保费（fair premium）”问题。保险定价是保险业务的开端，也是保险业务中最重要的一环，随着全球经济一体化的发展，我国保险市场竞争越来越激烈，保险产品的运作过程也越来越复杂，风险因素也越来越多，任何一项因素的预估失误，都会造成一定的定价风险。

各财险公司作为经营风险管理的企业，对风险的认知和管理能力不足，承保风险与定价不能有效匹配的现状既制约了产品创新的可能性，又暴露出行业初级阶段各主体粗放经营产生的各种实际问题。

中小财险公司对产品的核心风险评估能力不足。一方面，保费定价水平与承保风险不能匹配，国内财产险产品风险保费较国际市场存在一定的差距，风险保费较国际市场偏低。另一方面，为求生存，各中小公司违规打折，在不成熟的市场上通过随意打折、违规批退等多种手段销售产品。产品实际收取的保费不足以覆盖赔款支付及费用支出，造成全行业承保亏损。因此，中小财险公司既是市场竞争环境的破坏者又是受害者，在不规范的市场环境下，率先降价有利于扩大市场份额，但同时也意味着更高的成本支出。当大中型公司加入价格战中时，除了造成市场秩序的进一步恶化外，无疑也加大了中小公司的生存压力。

受各种客观条件制约，中小财险公司不具备打价格战的实力和资本。只有在规范的市场环境中，依靠产品差异化策略才是中小公司产品经营的科学发展之路。

（三）结构失衡致使承保无利润

在财险市场上，车险业务近几年来全行业亏损已成为不争的事实，中小财险公司盲目的用车险业务拉动公司业务量，导致车险份额居高不下，车险业务近90%的结构占比注定了其承保业务品质较成熟公司存在差距，存在险种单一、结构失衡的问题，承保盈利存在一定难度。中小财险公司产品结构失衡问题突出，详见表 4-1。从车险业务占比超过85%，较成熟公司70%左右的结构占比来看，险种结构失衡问题更为突出，而企财险、货运险、责任险、意外险及其他业务比例过低，效益险种使用率不高，整体赔付情况堪忧。为追求市场份额，在规模导向下各中小公司普遍对高赔付率的车险业务匹配了高于市场平均水平的费用比例，大打价格战，造成经营成本的增加；同时优质业务占比较低，无法起到平衡和改善综合成本率的效果。中小财险公司车险独大的局面，加上高费用水平是造成中小财险公司承保亏损的根本原因，严重制约了中小财险公司的健康成长。

表 4–1 各公司产品结构一览表

	企业财产保险	机动车辆保险	货运险	责任险	信用保险	农业保险	健康险	意外险	其他
三大家	10.5%	70.3%	3.4%	3.6%	0.3%	2.0%	1.1%	2.8%	6.1%
华泰	9.3%	48.6%	7.7%	5.4%	0.1%	0.0%	0.0%	2.4%	26.5%
太平	8.2%	78.7%	3.4%	2.3%	0.4%	0.0%	0.1%	4.1%	3.5%
都邦	3.5%	87.1%	1.3%	1.2%	0.0%	0.0%	1.1%	4.7%	1.1%
渤海	4.7%	86.5%	0.6%	1.3%	0.0%	0.0%	0.0%	2.9%	4.0%
安邦	2.0%	93.2%	0.8%	0.8%	0.5%	0.0%	0.0%	1.7%	1.0%

数据来源：根据《中国保险年鉴》2008 年各主体经营数据整理。

当然，行业产品结构失衡问题在中小公司中存在特例——华泰。在全行业追求规模快速上涨的同时，华泰保险一支独秀，坚持主营业务出利润的经营策略，车险业务不足50%的结构占比充分证实了其产品经营获得承保利润的途径和手段。在 ACE 的指导帮助下，华泰公司不断开发和引进区别于国内其他财险公司的产品，如监事责任险、出口产品责任险等。这些差异化的产品成为保费收入和利润的重要来源。新业务增加后，车险业务比例降低，业务结构得到了改善。

值得一提的是，自 2008 年下半年，保监会 70 号文件以后，各公司开始实施战略转型，提出优化产品结构、收紧车险费用政策；再加上监管部门规范市场行为、加大监管力度、对不规范市场整治、部分地区车险业务信息平台的建立等手段，内外部环境的变化对中小财险公司调整产品结构、提高承保效益起到了积极的改善作用。

（四）产品经营粗放，风险管理水平不足

在经营方面，各中资中小财险公司普遍存在着技术能力不足、风险管理意识淡薄，在业务压力下，采取放松核保管控、放弃业务筛选权等短视行为。内资中小财险公司对市场、产品和客户细分不足，专业技术和基础数据积累不够，核心技能水平低，很难体现专业特色。外资中小财险公司虽有国际经验，承保、理赔技术手段较先进，但真正用在中国市场上，数据模型的适用性、服务手段的有效性等问题都需要重新审视。

目前，国内各中小财险公司组织架构设计都是以产品线为依据。各主体基本建立了以产品为核心的管理体系,但对各产品的管控能力、经营效益情况却不容乐观。根据保监会财险部李劲夫主任的报告《保监会 70 号文件下发后全国财产保险市场情况通报及下一步的主要监管措施》，2009 年上半年财险业账面净利润为-5.41 亿元，行业长期亏损。无论是从经营主体、盈利险种还是到各地区，盈利的都只是少数，绝大多数产品、地区以及经营主体都面临着亏损问题，产品效益亟待加强。

此外，我国中小财险公司在自身风险管理方面还存在着以下问题：

第一，风险意识较差，风险管理地位不高。保险公司风险管理的理论发展较晚、应用相对滞后，同时常存侥幸心理，应付风险管理。保险业白热化的激烈角逐助长了各公司高管"睁眼谈业绩闭眼谈品质"的不良风气。一味追求速度的增长而忽视了对风险进行及时有效的控制，长此以往，必然不利于我国保险业长期健康稳定发展。同时，我国保险集团普遍认为风险控制只是执行层面的具体工作，不重视制定系统全面的风险管理政策，各部门难以统一和协调，风险管理政策难以贯彻实施。

第二，风险管理机制落后，不适应业务发展需要。传统的风险管理模式只注重单个、关键的风险，然而平时看似不太重要的风险也会在一定条件下引发棘手的危机。这种片面的风险管理模式忽视了对风险整体的把握以及各个风险之间的关联性，无疑会产生很多有时甚至致命的风险管理漏洞。

第三，重速度轻质量的短期行为风气盛行，承保理赔风险表现尤为突出。目前各保险公司重业务轻规模的现象依然严重。为了追求公司业绩、违反授权规定而擅自签单承保等一些违规操作的事件时有发生，过度承保的风险仍长期存在。

第四，存在较大投资及资金管理的风险。有些保险公司对投资风险预计偏低，投资收益率并不理想，造成公司资产无谓流失。违规的资金运用、长期大量呆账的积累都会导致保险公司的偿付能力不足，致使资金管理存在较大风险。

（五）产销脱节现象普遍存在

日益加剧的市场竞争要求产品开发工作必须具有高度的连贯性和时效性，谁抢先推出条款、取得主管部门配合和争取社会舆论效应，谁就占领了某一新兴市场。在这种瞬息万变的市场环境下，开发工作必须反应迅速、信息准确。而且险种开发和推广要求必须是同步进行的，实务中产销分离的开发管理模式成为提高产品创新效率的重要制约因素。

成功的产品研发，需配合合适的营销策略才能实现预期效益。而产品的推广力度不足一方面体现在传统产品经营挖潜不够。目前保险公司业务主要是在机动车、企财、货运等老险种领域，也就是目前市场反映较好、市场需求较大的产品。这足以说明传统产品经营管理挖潜不够是问题所在。另一方面体现在新产品推广不力。目前，各中小财险公司还普遍存在一种现象，基层经营单位对于新产品推广、认识、落实和支持不力。业务人员一方面埋怨没有新产品拓展业务，另一方面是对于已开发的新产品知之甚少。而一些新险种在相同地区的不同经营单位推广业绩上存在的明显差异，这也从一个侧面说明了新产品的推广管理不力问题。

（六）产品创新成效不显著

1. 产品供需矛盾突出，产品创新能力不足

一方面，保险公司推出的许多保险产品在市场上没有销路，保险人想卖的产品卖不出去，业务很难形成适当的规模。另一方面，消费者买不到想要的保险产品，广大人民群众日益增长的保险需求难以满足，保险市场上巨大的潜力不能转化为现实需要。造成这种现象的重要原因是缺乏适销对路的保险产品，同时也暴露出产品开发中的不少问题。中小财险公司在试图改变供需矛盾，尝试进行新产品研发时，又会因对风险识别能力不足、控制能力不强等，致使产品研发较保守、承保风险不受大众认可，产品同质性以及产品与市场需求脱节导致的产品供给和需求之间的矛盾是中小财险公司产品研发面临的一个难题。

2．创新成效不突出

保险产品创新是推动、活跃和繁荣保险市场的一种动力，产品创新工作跟不上，保险业服务社会功能和形象势必受到一定程度的影响。中小财险公司较成熟公司而言无品牌优势，通过产品创新寻找蓝海市场，是其快速抢占潜力市场、建立比较优势、培养企业销售组织能力的重要途径。

市场实际情况却证实各中小财险公司在产品研发上创新产品不足，产品研发多停留在改良、效仿阶段，偶有新产品投入市场，也多是产能低下，对各中小公司业务规模和盈利贡献并不显著。分析其原因有以下三个方面：一是思想观念跟不上市场发展步伐。许多公司不愿花精力去创新，推出的“创新产品”大多只是国外保险产品的拷贝或者复制，因而这些所谓的“创新产品”在中国市场上往往水土不服，成为了一种“无效创新”。二是缺乏创新所需的人才和技术。受利益机制的驱使，目前在产险公司整体的资源配置上，创新还没有被放在突出的位置上，人力、物力的配备都显得很薄弱。产品开发部门与销售部门、投资部门的协同效应并没有充分发挥，因而难以充分把握资本市场变化给产品创新带来的机遇。三是尚未建立创新保护机制，忽视了对创新产品的知识产权保护，存在着严重的“搭便车”现象，这在很大程度上抑制了保险公司的创新热情。

近几年来财险行业动作较大的创新是非寿险理财型产品，中小财险公司在理财险经营上步伐较快，但随着外部环境的变动，理财产品也暂时告一段落。其他传统险种的创新并未收到预期的效果，甚至存在个别新产品零产能的情况。此类产能不足的产品创新因无法带来效益贡献，徒劳浪费人力、物力，创新成效并不显著。

4.1.5 中小财险公司产品经营的发展

一、监管部门应着力加强保险监管

降低政策风险、共同防范市场风险是鼓励中小财险公司进行产品创新的必要手段。政策风险主要是指改变对产品的限制、管控等手段的单一性；防范市场风险要求行业建立统一的保险业务数据库，积累定价信息等。通过政策风险、市场风险的共同化解，鼓励中小财险公司积极尝试产品创新，拾遗补缺，找准产品定位。

（一）规范市场秩序、提高保费充足性

产品结构失衡、价格战屡禁不止、创新能力不足等问题根源还是与行业初级阶段发展关系较密切。市场不规范、行业发展不健全，各公司没有足够的创新动力。只有规范了市场秩序，杜绝了违规打折，才能从根本上提高现有产品经营的利润，改善承保亏损的现状。中小财险公司在市场上话语权相对不足，真正对中小财险起到保护作用的监管手段就是严格监管市场环境。在相对公平的市场竞争环境中，中小财险公司的产品经营自然会由低层次的价格战逐步向服务过渡，向规范化经营要效益。

（二）建立行业共享数据信息平台

随着保险业信息化建设逐步深入和保险业务逐步向精细化方向发展，保险业务和信息技术的融合程度越来越高，信息化手段将更广泛和深入地渗透到各个业务环节中，在发挥传统支撑作用的同时，逐步成为保险公司创新驱动的重要组成部分。信息化建设也将渐渐地从后台走向前台，其在保险公司经营管理中的作用和地位显著增加。对行业而言，风险经营管理能力的高低直接决定了保险技术的应用广度和深度，适当的信息公开、透明化有利于增强各中小财险公司的信息获取能力。

在调研过程中，多家公司强调，行业应建立共享的数据信息平台。据了解，发达国家有专业的行业数据公司。据悉，香港平安保险公司在转型时，就是把其历史数据中劣质客户剔除掉而起死回生的。可见，数据对保险主体和保险行业发展是非常重要的。国内的大多数中小财险公司发展时间短，无法根据自身历史数据进行有效分析，因此十分需要行业内有规范全面的数据信息来源。各主体可以有偿使用，同时提供自身的真实数据，这对各公司数据应用和积累都会有所裨益。

保险监管部门可以考虑完善信息披露制度，建立风险与保险信息研究中心，对各险种风险进行客观的分析、研究，寻找各险种盈亏平衡点，为险种交易双方提供权威的价格参考依据。同时，建立和完善保险价格指数体系，定期向社会披露保险公司的承保能力和偿付能力等消费信息，以及市场供求、竞争状况等信息，便于投保人理性选择保险公司。

（三）建立必要的产品创新保护机制，鼓励产品创新

目前，我国保险产品专利申请与授权数量极少。迄今为止，涉及保险产品的专利申请只有62项，获得授权的仅有3项，而且均为国外保险公司申请。在知识产权领域，公司申请的比重一般被视为衡量创新能力和水平的一种尺度。建议政策层面研究制定相关政策法规，引导保险企业强化对保险产品知识产权的认识，鼓励保险企业对保险产品进行创新和专利申请，加强对保险新产品的知识产权保护。产品创新对中小财险公司的差异化经营意义重大，故在产品创新时，希望能够获得经营优先权。因此，加强对保险知识产权的政策保护是解决产品创新不足的重要途径，在产品创新时监管部门对创新公司予以一定的经营优先权和保护期，从而有效鼓励产品创新。

二、中小财险公司应不断改革创新

（一）树立产品创新理念，通过创新抢占市场空白点

财产保险业的发展实践证明，每一次大的创新，都会带来发展的一次飞跃。因此，我国的财产保险业要想在未来的市场竞争中立于不败之地，必须用创新理论武装自己，充分利用金融创新理论，借鉴国际产险业的先进经验，更新经营管理理念，改进资源配置方式，不断提升保险业的整体竞争力和社会影响力，促进产险业的健康、持续发展。

1. 树立创新意识，实施一体化开发

中小财险公司要时刻保持创新意识，密切关注市场需求变化，这样才能率先发现市场机会。通过创新寻找商机。市场需求是拉动产品创新的主要因素。早在 1974 年美国学者厄特巴克就得出一项结论：60%~80%的创新是需求拉动的。因此，无论人身险还是财产险险种开发与创新都应该注重改变目前保险产品雷同、市场细分不明显的状况，在做好市场需求调查分析的基础上，按照市场有需求、经营有效益的原则，加大产品创新力度和投入，针对不同的保险对象、不同的销售

渠道设计不同的险种，满足人们多方位、多层次的保险需求。对财产保险市场来说，一是大力开发各类责任保险产品，随着我国法律体系的不断完善和商品经济的不断发展，无论是企业还是个人都会面临各种责任风险，因此，这类险种将有很大的发展空间。二是积极探讨、研究开发航天航空、生物医药等高科技保险险种，以适应我国高科技发展需要。三是对原有险种进行过滤、筛选和改造，优化业务结构。四是加强巨灾风险管理，尽快建立适合我国国情的巨灾保险制度及相关险种。

同时，要注意建立良好的开发机制，促进前期调研、后续开发、配套系统、信息反馈等各项工作环节的协调和统一，实施一体化开发。同时，要想在产品创新上取得成功，必须对从产品设计到创新产品价值的市场实现的全过程进行有效的战略监控。要时刻保持对市场高度的敏感性，针对市场需求的变化、可能的竞争者反应、公司战略实施过程中可能出现的问题，及时准备应急方案。

2. 创新同时需关注风险管控

中小财险公司在时刻关注产品创新带来正面效应的同时，也可能产生有别于传统保险产品的新经营风险，给中小财险公司的经营管理带来挑战。新产品的管理和风险控制较传统保险产品更为复杂。因此，中小财险公司加强对创新保险产品的风险控制也是尤为重要的。

3. 以客户为中心提供组合产品和增值服务

以客户为中心提供组合产品和增值服务是未来产品创新的主要方向。在产品细分和险种管理手段日益趋同的情况下，以产品为主要对象的经营管理模式正在逐步衰落，而以客户为中心的经营管理模式受到越来越多的重视，按照从人的因素分析客户，为客户提供一体化保险解决方案和以附加险形式提供增值服务正在成为一种发展趋势。

早在2005年人保财险就推出了网上专用第三代e系列保险产品，该产品也是当时国内唯一组合了家庭财产、人身意外及医疗和责任保险的网上自助式组合保险产品。第三代e系列自助式组合保险产品包括“e-人居两旺”、“e-出租无忧”、“e-租房无忧”三个产品，主要为普通家庭、出（承）租房屋人士提供家庭财产、人身意外及医疗和责任保险等保障内容的全方位保险服务。客户可根据自身的需求对保障内容、保险期限、保障额度进行选择和自由组合。同时，客户购买该系列产品达到一定金额时便可获赠保险金额为 1000 元的搬家损失保险。人保财险本着“以市场为导向，以客户为中心”的经营理念，利用自身的产品优势、网络优势为客户设计和推出了新一代网上保险产品。该产品具有自由选择、自主组合、保障全面的特点，受到了广大消费者的青睐。

（二）创新必须根植于公司的相对竞争优势

真正的蓝海业务是依靠产品创新开拓出来的，好的产品和业务创新，比如华泰保险的出口产品责任保险，这类业务蕴含着很大的风险，一般公司根本不敢染指，而华泰公司敢于去做，主要依靠的是 ACE 在海外的比较完善的服务网络和 ACE 提供的产品责任风险识别技术，别的公司很难模仿，因而形成相对竞争优势，开辟了一片属于自己的蓝海业务。再比如，国寿财险的交叉销售模式是基于中国人寿庞大的营销队伍和网络以及集团公司的大力支持，从而形成自身比较有特色的营销渠道，这在其他公司则很难模仿和复制。

因此，要保证中小财险公司具备持续创新的动力和能力，需时刻关注人才培养及经验积累，通过不断探索、积累和尝试，逐步打造公司相对竞争优势。

（三）建立与发展战略、发展阶段相匹配的产品盈利策略

各中小财险公司产品经营策略应与公司的战略发展规划、公司及行业所处的发展阶段相匹配，最大化利用不同阶段的资源和优势，使不同阶段的产品经营均可产生承保利润。在公司发展的不同阶段，采取梯次的产品策略：由最初的模仿、拿来主义，到后来的经验积累，能力提升，再到相对成熟后有了市场深入研究能力，在对风险有准确的判断和管理能力的基础上，中小财险公司产品策略重点将考虑推陈出新，实现产品盈利。

1．创立初期的产品经营策略

创立初期，对中小财险公司而言，风险分散型产品更适宜这一阶段的产品发展策略，如家财险、意外险、车险等。而卫星、石油、巨灾等高风险的经营对资本要求较高，且出险后对中小财险公司影响可能是致命的，此时过早的涉足这类产品，对中小财险公司的发展而言，无疑相当于带有侥幸心理去经营公司，不符合科学发展思路。

除个别拥有股东资源的中小财险公司外，建议创立初期的中小财险公司直接使用由行业协会或保监会统一公布行业成熟产品体系。中小财险公司在成立初期，无数据支持，技术能力相对薄弱。此阶段要求中小财险公司产品创新，存在一定难度和条件制约，引进行业成熟产品是中小财险公司产品经营的优先选择。行业内各家中小财险公司都在成立初期选择了这样一条路。

引入成熟产品有利于帮助中小公司获得市场认可，便于初期开拓市场、站稳脚跟。当然，这里所说的创立初期产品经营策略，需要的不仅仅是监管部门或行业协会提供开业经营产品条款及费率手册，而是要配套的提供部分行业经营数据，产品经营风险管控要点等数据技术支持，避免中小财险公司在经营初期出现盲目做业务，风险点无从抓起的不良局面。

2. 经营初级阶段的产品经营策略

在稳步开业后，行业内成熟产品体系出现的不足，或者中小财险公司发掘出市场空白点后，此时可以考虑通过地方性产品的先行先试，鼓励中小财险公司进行产品创新，并给予适当的支持。为中小财险公司逐步走向更成熟的产品经营阶段打好基础。

这一阶段的产品策略应与公司发展战略结合，使产品的经营效益与规模相匹配，而发展规模要以能否提升企业效益为前提，做好二者的匹配是这一阶段产品发展策略的重点。初级阶段的产品策略需与公司销售、服务能力相匹配有选择、有重点的选取重点经营产品，尝试找准利润业务条线，并进一步强化，在追求利润最大化的同时，也沉淀出一部分较有商业价值的产品思路。这一阶段，如继续采取“拿来主义”的产品策略，则无疑限制了中小财险公司的长期发展。目前行业内很多中小财险公司已经逐步走到了这一阶段。

此时，各中小财险公司经营过程中要强化风险管控能力的培养和建设，为产品创新、走专业化路线打好基础。各中小财险公司产品策略可以重点考虑选择核心优势产品发展，夯实风险管控基础，在确保承保盈利的前提下，实现规模与效益的统一。

3．走上轨道后的产品经营策略

当中小财险公司的经营逐步走上轨道时，中小财险公司已取得了一定的数据积累和技术积累。这一阶段，中小财险公司应大胆尝试、积极推进产品创新，寻找和探索不寻常路线，如走投资理财产品、专业经营电话销售产品等专业化经营路线等。公司管理层在经历了新公司创业阶段的磨练后，对公司、对市场、对行业都有了更深刻的认识和理解，各中小公司也基本形成了自己特色的资源优势、技术优势和人才优势。此时，中小财险公司的产品经营策略可挖掘公司的优势生产边界，并大胆在其拥有专长的领域进行深挖掘，在拥有足够的技术实力和风险管控能力的基础上进行产品创新，从而形成百花齐放、各自发挥效益的良性市场竞争局面。

4.2 中小财险公司营销研究

营销制引入产险市场后，起到了一定的积极作用，但在一个不成熟的市场环境中被曲解和滥用，其负面作用日渐显现，目前已成为影响产险市场健康发展的重要因素。中小财险公司作为市场新进入者，一方面是造成营销混乱、破坏市场秩序的参与者，另一方面又对高手续费、恶性营销环境头疼不已。如何整合现有营销资源、积极创新是摆在中小财险公司面前的一大难题。从维护产险市场秩序、促进产险市场持续健康发展的角度出发，需要对营销体制进行必要的革新。

4.2.1 保险营销的理论综述

一、市场营销理论综述

现代市场营销本着满足顾客需要的前提获取自己的利益，它要求组织中的每一个成员都为顾客着想，并竭尽所能为客户创造价值。现代营销认为，产品有三大形态，一是有形的产品，二是无形的劳务服务，三是一种非常特殊的形态——社会行为（观念、思想等）。为完成企业营销的目标，从根本上讲应以提高消费者的觉悟为目的，运用市场营销理念与营销组合策略达到营销的目的。现代市场营销管理必须具有社会市场营销的观念，即认为企业的营销任务是确定各个目标市场的需求欲望、利益以及思想观念，也就是说一方面市场营销要以满足消费者的需求和欲望为目的，另一方面符合消费者的利益和社会大众的长期利益。在制定市场营销政策时，必须兼顾三方面利益：一是企业利润，消费者需求的满足和社会利益。二是在研究和选择目标市场上，要求市场营销人员认真收集资料，做好市场细化和目标市场的选择，准确地测算市场规模和未来企业的销售水平和利润水平。三是在部署市场营销策略时，要求市场营销人员要很好地协调市场营销组合中的产品、价格、渠道和促销的服务等要素。总之，现代市场营销要以消费者为中心，兼顾社会利益，在进行产品和服务营销的同时注意思想观念的营销，以求在激烈的市场竞争中立于不败之地。

（一）以满足市场需求为目标的 4P 理论

20 世纪 50 年代，美国营销学家尼尔·鲍顿最早提出营销组合的概念，他认为企业的营销组合策略涉及对产品、定价、品牌、渠道、人员销售、广告、营业推广、包装、销售展示、售后服务、物流、调研分析等十二个不同的因素。在鲍顿之后，曾经有不少的市场营销学者对这一理论进行归纳总结。1960 年，美国市场营销学专家杰罗姆·麦卡锡和普利沃特在他们合著的《基础市场营销》中第一次将企业营销要素归结为四个基本策略组合，即著名的“4Ps”理论，成为现代营销学的基础理论。1967 年，菲利普·科特勒在其畅销书《营销管理：分析、规划与控制》中进一步确认了以 4Ps 为核心的营销组合方法，即：产品（Product），注重开发的功能，要求产品有独特的卖点，把产品的功能诉求放在第一位；价格 （Price），根据不同的市场定位，制定不同的价格策略，产品的定价依据是企业的品牌战略，要注重品牌的含金量；渠道（Place），企业并不直接面对消费者，而是注重经销商的培育和销售网络的建立，企业与消费者的联系是通过分销商来进行的；促销（Promotion），企业注重销售行为的改变来刺激消费者，以短期的行为（如让利，买一送一，营销现场气氛等）促成消费的增长，吸引其他品牌的消费者或导致提前消费来促进销售的增长。“4Ps”中所包含的因素对于企业来说都是可以主观控制的，它们具有相对的独立性，同时又具有很强的灵活性，企业可以在以上因素中自由组合，形成不同的营销组合策略。

这一理论提出的背景是世界经济已经从二战的创伤中恢复过来，资本主义国家经济进入了高速发展的战后“黄金阶段”，经济全球化处于起步阶段。消费者需求单一且比较旺盛。以数量满足为核心的包含数量、质量与结构的三重性短缺，基本上是一种典型的卖方市场。随着时间的推移，这一理论暴露出自身的局限性。首先，这一理论是以大工业经济时代为背景，成为工业企业开展营销的强大工具，这就在应用范围上受到局限；其次，这一理论从企业的角度出发进行营销组合，忽视了顾客，对市场变化反应迟钝，容易导致“营销近视症”；最后，这一理论较多的关注企业自身，忽视了竞争对手因素，因而容易受到追随模仿，最终造成无差异化营销的局面。

（二）以追求顾客满意、建立顾客忠诚度为目标的 4C 理论和 4R 理论

西方发达国家在经历了经济发展的“黄金阶段”之后，在 20 世纪 70 年代进入了“滞胀阶段”，经济发展停滞不前。发达国家的消费者对价格变得敏感。需求呈现出多样性，更为注重产品或服务的质量，也因内部市场容量有限，国内企业之间的竞争也变得异常激烈。随着市场竞争日趋激烈和媒介传播速度越来越快，以“4Ps”理论来指导企业营销实践越来越受到挑战。到 80 年代末，美国营销专家罗伯特·劳特朋针对“4Ps”存在的问题提出了“4Cs”营销组合理论，突出强调了顾客需要与欲望（Customer needs and wants）、对顾客的成本（Cost to the customer）、便利（Convenience）和沟通（Communication）。该理论认为企业不要把注意力只放在自己的产品上，而是主要去研究客户的需要和欲求；不要一味地给自己的产品定价，要更多了解客户愿意并且能够为产品的使用价值支付什么样的价格，而不是追求什么价格可以使自己获利；不要总是使用各种各样的促销手段，向顾客推销他们并不一定需要的东西，而是考虑如何与客户进行有效双向沟通。

美国学者唐·舒尔茨在“4Cs”营销理论的基础上提出新的“4Rs”营销理论。“4Rs”分别指代关联（Relevance）、反应（Reaction）、关系（Relationship）和回报（Reward）。艾略特·爱登伯格在2001年提出了另外一种“4Rs”营销组合理论，即关系（Relationship）、节省（Retrenchment）、关联（Relevance）和报酬（Reward）。“4Rs”组合理论强调企业要通过各种有效方式与客户建立紧密联系，提高客户忠诚度；要求企业要建立健全快速反应机制，提高对不断变化的需求的反应速度和适应能力；要求企业注重营销活动的回报，满足客户多样化与个性化的需求；要求企业利用好关系营销，满足客户、员工、供应商、销售商等各方面的利益，协调好与各方的关系。

就企业而言，这些新的组合理论的发展与市场营销观念的发展是相对应的，即使在社会营销观念的阶段，企业要实现其经营目标，是要在认同该阶段营销观念的基础上，通过自己可控的因素来实现顾客需求的满足、顾客价值增加以及顾客满意度的提高。“4Ps”组合主要是考虑企业如何满足客户需要，“4Cs”组合是告诉企业如何提高客户满意度，“4Rs”组合则是强调企业如何培养客户的忠诚度。营销组合理论的新发展并不是对“4Ps”理论的否定，而是对其的完善与补充。

（三）STP营销理论

市场细分（Market Segmentation）的概念是美国营销学家温德尔·史密斯（Wended Smith）在1956年最早提出的，此后，美国营销学家菲利浦·科特勒进一步发展和完善了温德尔·史密斯的理论并最终形成了成熟的STP理论，包括市场细分（Segmentation）、目标市场选择（Targeting）和市场定位（Positioning），它是战略营销的核心内容。

STP理论的根本要义在于选择确定目标消费者或客户，或称市场定位理论。根据STP理论，市场是一个综合体，是多层次、多元化的消费需求集合体，任何企业都无法满足所有的需求，企业应该根据不同需求、购买力等因素把市场分为由相似需求构成的消费群，即若干子市场。这就是市场细分。企业可以根据自身战略和产品情况从子市场中选取有一定规模和发展前景，并且符合公司的目标和能力的细分市场作为公司的目标市场。随后，企业需要将产品定位在目标消费者所偏好的位置上，并通过一系列营销活动向目标消费者传达这一定位信息，让他们注意到品牌，并感知到这就是他们所需要的。

二、保险营销理论综述

保险营销是与保险市场有关的活动，即保险人为了充分开发和满足保险市场上存在的风险保障需求和欲望而展开的活动。具体地说，它应包括保险市场需要研究、保险市场营销环境分析、投保人的行为研究、新险种的开发、费率的合理拟定、保险营销渠道的选择、保险产品的推销以及客户回访等一系列活动。保险营销除了包括推销之外，还包括了保险市场预测，另外，保险市场营销必须注意树立保险公司的形象，保险市场营销活动的重点在于满足投保人的需要，围绕满足投保人的需要而展开的活动。而且，保险市场营销必须是整体营销、全体营销，它虽然也是以盈利为目的，但它是通过售后服务使投保人满意而获利。与一般的营销不同，保险营销的特征体现在以下几个方面：

（一）主动性

保险营销的主动性是指主要采用人员推销的方法销售保险。这是因为保险产品本身不像有形商品那样直观，比如顾客在购买服装时，可以通过眼观、手摸、试穿等方法来判断是否合适、愿意购买。但顾客在购买保险时，得到的只是一纸保单，上面记载着一些“承诺”，而“承诺”是属于未来的、不确定的，只有当保险事故发生之后，客户才能切身体验或感受到它的使用价值。因此顾客很难了解保险产品，在购买保险时，往往会因为保险的无形性、不确定性而观望、犹豫。作为保险营销人员就应该努力使顾客认识到保险产品的使用价值，解答顾客的疑惑，把潜在的需求化成实际需求。

（二）同步性

保险商品的生产与消费是紧密联系在一起的，保险营销人员必须和顾客共同参与才能产生保险产品。保险商品的生产过程、营销过程，也是顾客的消费过程。保险工作人员的工作贯穿了整个生产和消费过程，他们的工作质量好坏直接影响到保险商品质量的好坏。因此保险营销人员应该努力提升自己的业务水平和服务质量，以赢得顾客的满意。

（三）差异性

前文提到保险商品的生产消费过程离不开保险销售人员的工作服务，因此不同的销售人员所提供的服务不同，其生产出来的保险商品就不一样。员工的职业道德水平直接影响着他们对顾客服务时的态度和效果。所以提高保险营销人员的素质对保险公司至关重要。

（四）固定性

固定性是指大多数保险商品的价格具有相对固定性，在销售时不允许讨价还价。这是因为保险商品的价格是依据各种因素，经过科学精算出来的，一经确定，其变化的可能性很小。

（五）人本性

每一位保险顾客由于从事的职业不同、所处的环境不同、受教育程度不同，导致他们所面临的风险也不同，所需要的保障也不相同。这就要求保险营销必须以人为本，不断开发新的产品和服务来满足顾客不断变化的需求，同时还要满足营销人员和保险企业的利益要求，实现三赢的局面。

（六）诚信性

保险作为一种服务商品提供的是对未来不确定风险的一种保障，其有形载体仅仅是一份保险合同。保险人与被保险人之间都应该向对方充分准确地告知有关保险的所有重要事实，不得隐瞒、欺骗，缺乏诚信容易产生道德风险。

4.2.2 国内保险营销的理论研究

由于我国保险业复业时间不长，市场规模相对其他金融业较小，国内关于保险营销的理论研究起步较晚，但随着我国保险业的快速发展，理论界对保险营销的探讨也逐步深入，已经形成了较为丰富的研究成果，归纳起来，基本可分为下两类：

一、保险企业导向的保险营销理论

保险企业导向的保险营销理论研究主要是以营销学的视角来审视

保险，套用 STP 和 4P 理论解释保险营销。

STP 理论可以用来解释保险营销：保险企业在市场细分的基础上，从中选择出适合自己为之服务的目标消费者群，作为企业营销的目标市场，在每个目标市场下，又细分出众多的小市场，企业也可以从中选择几个细分的小市场作为自己的目标市场。例如，中国人保集团选择了寿险和财险市场作为自己的目标市场，其财险目标市场又可以细分为财产损失保险市场、责任险市场、汽车险市场等小市场。市场定位是保险企业在目标市场选择的基础上，为自己的保险商品确定一定的竞争地位。这种地位的确定要与消费者头脑中的所思所想相吻合，既是与竞争者所不同的，又是消费者真正需要的。

保险公司将 4P 理论运用于保险营销时，应根据目标市场的不同、定位的差异来调整营销组合的内容，以便能够将适当的产品以适当的价格、渠道、沟通手段传递给消费者，具体来说，其营销组合主要包括险种策略、费率策略、中介策略、促销策略。险种策略是在市场调查与选定目标市场的基础上，对险种的开发、设计、险种组合、推出时机、附加险、服务等做出决策。费率策略是保险企业根据不同险种而制定保费的策略，它涉及保险成本、风险损失估计、竞争者费率、银行利率、投保人需求与心理等。中介策略是保险企业在利用自己展业人员的同时，如何选择和激励合格的代理人、经纪人、公证人、再保险人等。促销策略是保险企业、保险代理人、经纪人等将有关保险商品的信息通过各种沟通形式，如人员推销、广告、公共关系、展业推广等传递给投保人，以便让投保人了解、发生兴趣、产生投保欲望、最终做出投保决策等。

二、顾客导向的保险营销理论

顾客导向的保险营销理论研究主要分成几个方面：

一是通过分析有价值顾客的忠诚度对企业利润的影响，提出将潜力基础营销引入保险营销，潜力基础营销的理论基础是对企业而言，一些顾客比其他顾客更有价值，企业的业务利润真正来源于这些有价值顾客的长期忠诚，吸引和取悦每一位潜在顾客的努力可能极大地损坏企业绩效。保险公司引入潜力基础营销，需要重新设计营销组织、流程、激励政策和投资方向。了解为忠诚顾客提供服务的差别性，承担疏远其他顾客的风险，并针对忠诚和赢利型顾客，进行顾客满意的创新。明确各种产品或服务营销的价值组合，建立吸引新顾客和保留老顾客之间的平衡而重新设计激励政策。

二是将 CRM 系统作为营销新手段引入保险营销。在保险产品销售活动中，客户占主导地位，保险营销必须体现以人为本，对客户的全面关怀，确定市场导向的战略计划，以客户需要为中心，结合保险产品的特殊性和客户的衡量标准，努力提高服务质量，更好满足客户需求。保险市场的竞争主要表现在服务竞争，谁服务周到，使客户满意，谁就能在竞争中取胜。

三是提出市场营销是保险企业价值链中重要的一环，它是面向客户，连接保险企业与外部市场的桥梁。价值链再造以客户为导向，注重外部资源与内部资源的整合，通过对保险企业外部价值创造活动进行再造实施保险营销的创新，如调整保险营销组织结构、构建保险营销战略联盟、实施顾客关系管理、推行服务营销观念。

4.2.3 保险营销的意义

随着我国社会主义市场经济体制的日益深化，与大多数商品一样，保险服务这种特殊的“商品”也已经告别了短缺时代，开始了激烈的市场竞争。以往专注于“生产”和“提供”产品的营销思想，已经不能适应变化的经营环境，市场营销作为经营管理的一种全新的理论和方法，逐渐受到保险界的重视，并被引入到这一新领域。

第一，保险营销使潜在保险需求变为实际保险需求。保险的潜在需求是指存在但没有被消费者明确意识到的保险需要，消费者潜在需求的集合构成了保险企业目标市场的潜力。随着经济社会的不断发展，我国保险市场潜在容量日益增大，正是因为潜在保险需求具有主观性、并存性和可转化性的特点，保险营销机制就显得尤为重要。保险营销采用各种营销手段，通过保险渠道的选择和对营销队伍等全方位的保险营销管理，能够扩大消费者对保险产品和保险公司的认知空间，提高消费者的风险意识，帮助消费者发现自己的保险需求，在既定的社会文化结构、法律法规、习惯与传统下，引导其保险保障方面的消费观念，更好地满足消费者多层次需要，促进保险需求由潜在保险需求变为实际保险需求，提高保险密度和保险深度，实现保险市场的进一步开拓和扩张。

第二，保险营销有益于保险供给的实现。保险供给是指在某一特定时期内，在一定的保险价格或保险费率条件下，保险市场上各保险公司愿意并能够提供的保险商品的数量。保险供给受保险营销机制制约，主要体现在：一方面，保险营销机制影响保险供给的增长潜力，无论寿险还是财险，保险市场份额及增长速度都与营销机制高度关联；另一方面，保险营销机制的发展和完善还促使保险产品定价更加公平、合理，服务水平不断提高，保险供给数量和质量得以不断提高。保险营销机制促进保险资源的优化配置，保险企业的进步更加促进保险供给能力的增强，有利于拓展保险市场，促进保险供给，从整体上促进保险业务的发展。

第三，保险营销有利于控制保险成本，增加保险收益。从影响保险成本的各因素考虑，不同的保险业务其手续费、佣金支出、管理费用等成本占净保费的比例不同，因此不同时期不同保险的业务构成会带来不同的成本结构和成本支出。从保险公司的劳动力结构来看，非全日制工作者和非正式职工所占比例越高，保险公司的工资福利支出越低，保险营销机制通过营销队伍管理和薪酬制度能够控制保险成本，通过成本结构变动减少成本支出；从保险公司的营销方式和渠道来看，广告费用的高低、分支公司的数目、代理人和经纪人的多少都将影响成本支出，保险营销机制通过营销渠道的分配和管理，提高保险公司的经营管理水平和经济效益，控制保险成本，增加保险收益，同时也促进了社会效益的提高。

第四，保险营销有利于促进保险市场机制的完善。保险市场机制的完善程度制约保险业发展水平，营销机制的发展促进国民保险意识的增强、监管体系的成熟，在客观上为保险市场机制的完善并有效发挥起到很大的促进作用。营销机制的发展客观上推动监管技术和手段的改革与调整，使监管能有针对性地规范市场行为，促进市场机制的发育和成熟。保险营销机制有利于培育和完善保险市场，加快与国际保险市场接轨。随着保险市场国际化和竞争的加剧，各市场主体都面临着巨大的压力和严峻的挑战，只有进一步加强保险营销机制，才能增强市场主体的市场竞争力，从而促进保险市场机制的完善。

4.2.4 中国中小财险公司营销现状及问题

一、保险营销取得的成绩

（一）市场秩序得到改善

针对行业初级阶段发展过程中出现的各种问题，监管部门于 2008 年下发了《关于印发保监会关于进一步规范财险市场秩序工作方案的通知》（保监发[2008]70 号）文件。此后，整顿财险市场秩序的系列监管举措出台，先后下发了《关于印发〈保险业打击“三假”工作方案〉的通知》（保监发[2008]80 号）、《保险公司中介业务违法行为处罚办法》（保监发[2009]4 号）等多项规定及处罚办法。系列监管举措充分证实了监管部门对扭转市场竞争格局，加大整肃市场秩序的决心。与之对应的，各财险主体也纷纷采取行动，主动调整结构，加强管理，实施战略转型。财险市场秩序的好转是可以预见的。有序的市场秩序对中小财险公司营销创新创造了良好的外部环境。

（二）中介市场环境有所好转

外部环境的改善、规范的市场秩序是中小财险公司发展营销的基础保证。自新保险法实施以来，监管部门下发了系列管理办法规范中介市场秩序，例如组织专项检查，出台《保险公司中介业务违法行为处罚办法》等。同时，加大了对中介违规操作行为的检查和处罚力度。中国保监会主席助理陈文辉在 2010 年保险中介监管工作会议上指出：2009 年以来“保险中介监管紧紧围绕会党委中心工作，紧密联系保险中介工作的内在特点和要求，坚持依法监管、科学监管，积极关注市场、注重防范风险，开展了许多富有成效的工作。”各保险主体也纷纷加大了对数据不真实的内部审查和处理，包括对应收保费、单证的清理彻查等。双重作用必将带来中介市场的规范和好转。规范的中介市场秩序对中小公司营销创新提供了有利外部条件。

（三）中小财险公司加强营销创新

在销售模式创新方面，中小保险公司一直在不断尝试改革现有保险营销制度，加强营销渠道的整合和管理，通过降低销售成本提高服务水平。

在专业化经营方面，我国的一些中小保险公司也迈出了非常可喜的一步，如推行非核心业务外包的低成本车险公司——天平汽车保险公司，将产品设计、定价、核保核赔等核心业务保留，将销售、查勘等非核心业务进行外包，销售由分销渠道去做，而查勘由公估公司来完成。这样就大大降低了成本，形成了自己的核心竞争力。

2007 年，平安产险拿到保监会车险电销业务资质，成为第一个经营车险电销业务的公司，根据平安披露的经营数据：2009 年平安全年完成保费 42.5 亿元，占全国电销车险市场近 90%份额。早在 2004 年，平安就开始投入电话车险系统建设，每年耗资数千万元。经过几年建设，目前平安电话车险系统能够支持超过 10000 人同时在线。在经营机制上，平安采用“集中销售+本地服务”的远程交易解决方案。全国共有 967 个机构，超过 1000 多人，支撑起电销的本地化服务体系。高效的运营机制带来了很好的服务与客户满意度。在投诉处理的时效方面，平安 24 小时解决率 88.31%，72 小时解决率达到 98.07%；在理赔方面，2009 年度平安产险万元以下理赔案件平均结案时间仅为 0.48 天。继平安产险之后，渤海保险等产险公司也在 2008 年初率先获得保监会许可经营商业车险电话销售产品，大力推动公司产品创新和服务升级。

面对财险营销的诸多问题，各中小公司大显身手，各自出招。华泰保险为了改变对渠道的过分依赖大胆尝试改变营销员模式，逐步培育自己的直销团队。团队业务的优点是稳定性高，不会因为某个业务员的离开而造成业务流失。销售团队不做零散性业务或个人业务，只做由公司资源而产生的业务。通过这种模式立足长远发展，培育了稳定的公司业务资源。安邦保险最早推出的“见费出单”制度雏形杜绝了虚挂应收保费等不良现象，带动了整个产险行业见费出单管理制度的实施。安邦保险还于 2009 年 5 月全面实行保险个人代理人周薪制，首开国内财险保险代理人周薪制先河。

上述模式成功与否有待市场检验，但其探索营销渠道创新的做法还是值得同业思考和借鉴的。中小财险公司在营销上的创新之举有利于更合理地开发和保护保险市场资源，实现保险业的可持续发展。

二、保险营销存在的问题

目前，财险市场上各公司在营销管理、营销渠道、销售队伍组建上均存在一定问题与不足。尤为突出的是，各中小财险公司或多或少地存在分配机制不清晰、二次分配、直接业务挂代理、违规支付销售费用、劳务用工不合理、营销队伍流动过快等不良现象。这些不规范的营销现状，直接导致各中小财险公司保单取得成本高、产能低、销售队伍流失率高等经营问题。

（一）低层次价格战抬高中小财险公司承保成本

如果说车险业的亏损是由于财险公司恶性竞争的缘故，那么恶性竞争的根源是由于车险中介掌握了大量的营销渠道，保险公司丧失市场话语权，所以才导致车险业经营数据不真实，很多应收保费成为泡沫保费，出现承保亏损、偿付能力不足等问题。对中小财险公司占比超过80%的车险业务而言，在各家车险费率基本无差异的前提下，渠道成为竞争的核心点，“渠道为王”在车险市场成为财险公司的共识。市场上分散型的车险业务多为各种代理渠道所掌握，客户资源的不断积聚使代理渠道在与保险公司的博弈中处于明显的主动地位，保险公司支付给中介代理机构的车险手续费不断飙升。

事实证明，率先掀起手续费价格战的往往是中小型财险公司或者是新进入市场的财险公司。大型财险公司在坚持了一段时间后，面对客户流失的无奈只有跟进。而一旦大型财险公司加入了“手续费违规”行列，中小公司抬升手续费的频率就会加快。如此一来，整个市场的“价格战”就形成了一个恶性循环。车险手续费一旦升上去，就很难降下来。市场销售在相对混乱的市场状况下就会变得非常简单：新车销售商等中介向保险公司要价20%至30%甚至更高的手续费，保险公司支付了高手续费则业务会很快上升，反之，业务就会被开价更高的同业公司撬走。

在这样的困境中，为了完成计划任务，大多数保险公司的基层公司都会选择违规支付或变相支付高额的代理费用及佣金，也因此承担了巨大的责任风险。各公司如果支付了高手续费，就面临费用从哪里来的问题，最后只得做假退费、假赔案、业务不进账和挂假应收保费，从而陷入违规泥潭。这种低层次价格战、违规经营造成的营销状况混乱状况已成为行业共同面临的一大难题。

（二）直销团队产能低、稳定性差，未形成有效公司业务

各产险直销队伍产能低、稳定性差，营销员更多从事的是“买单”工作，即从汽修厂、车商、其他财险公司营销员及社会闲散人员手中购买保单，再将保单交到保险公司，营销员从保险公司领取手续费后将手续费以现金方式返还给提供业务的人员。

营销员的利益所得通常是手续费的差额或达到一定保费规模后所在保险公司给予的奖励。在当前的产险营销体制下，松散的管理、较高的流动性导致保险公司、营销员、“黑代理”之间联系的唯一纽带就是手续费。为了揽取更多的保险业务，保险公司通常以提高手续费方式来留住及吸引更多的营销员以及社会上的“黑中介”为其服务。而营销员及“黑中介”则依靠手中掌握的保费资源，以手续费为标的询价，价高者送之。这部分人数量众多，游离于公司与监管之外，不受任何监督和约束，对市场秩序混乱、产险手续费居高不下等问题，客观上起到了推波助澜的作用。

营销员掌握的客户资源有限，故营销员的生存将更多的精力集中在渠道维护和套取费用上，即使真的有自己的客户，营销员也出于自身利益考虑往往将客户资源紧攥手中，不能形成有效的公司业务。而各主体间差异性费用政策的存在导致营销员的“寻租”行为，业务流向高手续费的公司，造成了市场秩序混乱，问题层出不穷。中小财险公司在破坏市场秩序的同时，随之而来的就是不得不面临直销团队低产能、高流动性、缺乏有效公司业务的尴尬局面。

（三）电销、网销新渠道刚刚起步、产能较低

各财险主体过分依赖机构代理渠道的现状使得各公司不断探索，开始尝试发展电话营销，从某种意义上讲也是迫于无奈。传统渠道强大但存在诸多缺陷，直销团队产能不足，各公司只能将目光转向电销、网销等新渠道。

图4-1为澳大利亚NRMA保险公司近几年客户渠道使用偏好变化图，由澳洲市场情况可以看到客户对电话、网络渠道的接受程度在逐年上升。

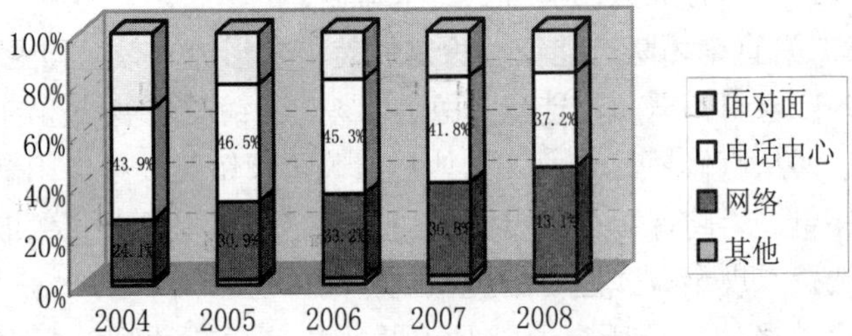

图4-1 NRMA客户渠道使用偏好变化对比图

资料来源：根据对NRMA保险公司访谈的相关资料整理得到。

车险电销作为产险的新型销售渠道，二十年来备受全球关注。2003年开始在中国试水，经过近六年的实践，在中国保监会的积极推动下，于2007年正式走上产险渠道的舞台。至2009年9月，平安、大地电销业务经营初现成效。

已取得电话营销经营资质的中小财险公司也跃跃欲试，积极探索。但实践证明，电话营销在设备、人员、广告宣传等方面投入不菲。对较成熟公司而言，中小财险公司在成本投入方面存在一定的局限。现阶段，电话销售在各中小财险公司实际应用效果尚不突出，较成熟公司而言，产能严重不足。

（四）营销管理能力不强，未形成有效营销机制

财险公司在营销方面不成熟，不重视培训，不重视营销建设，短期利益驱动下的营销激励机制没有起到真正的管理作用。中小财险公司存在内部营销管理制度不合理、不完善或者执行不到位的问题。具体表现在：

一是营销员缺乏归属感、队伍稳定性差，大多数财险公司对销售人员的考核更加注重业务规模，使得销售人员急功近利追求短期利益，忽视服务质量，缺乏企业的归属感和凝聚力，同时受产品短期化特征影响，费用政策成为引导营销员流动的风向标，一旦新公司进入后出台更优惠的政策，营销员与业务流失在所难免，从而导致销售人员流动性居高不下。

二是对营销员的管理松散，培训不到位，专业技能不足。财险公司普遍未建立专职讲师队伍，培训主要通过以老带新、个人自学的方式进行。同时，缺乏科学统一的制式化课程及培训教材，培训的制度化没有形成，培训时间短，缺乏持续性；偶尔进行的培训也多以具体产品的学习为主，对法律法规、保险原理及职业道德教育培训的内容涉及较少。据调查，“产险营销队伍不稳定，在培训上投入太多无异于为他人做嫁衣”、“产险营销险种以车险为主，对客户和营销员来说理解起来并不难，培训要求可以放低”以及“急功近利、不愿投入”的思想在公司管理层较普遍，是造成营销培训薄弱的思想根源。

三是客户资源随着营销员的流动而流失导致中小财险公司业务来源不确定性较大。

四是管理制度不完善，对产险营销员的管理粗放，人均产能较低，未形成真正的产险营销。

4.2.5　造成保险营销问题的基本原因

一、中小财险公司营销能力建设落后于发展速度

近十年来，保险供给增加得非常快，中小财险公司为快速上业务，加之我国汽车保有量突飞猛进，抢抓车险市场对新公司来说属于来的容易、上的快，能解决“穿衣吃饭”，能够立竿见影。中小财险公司车险业务超过80%的结构占比也便顺理成章。而中小财险公司营销的主要问题还是出在怎么抓业务上：在没有自己的销售力量和渠道前提下，就不得不依赖外部渠道，即在高折扣和高手续费的胁迫下，定价权形同虚设，保费充足率无从谈起，入不敷出，亏损就是必然结局。

归根到底，中小财险公司还是营销管理的能力建设滞后于公司发展速度，求全求大的同时没有真正做强，未真正形成与发展速度相匹配的管理能力。

二、中小财险公司营销不成熟与行业初级阶段关系密切

在一个尚不成熟的产业，追求快速发展必然会带来一些发展中的问题。对中小财险公司营销而言，营销员的身份定位及续期利益导致其与公司关系松散，只认手续费不认公司，而保险公司对其缺乏有效约束力。同时保险公司对该渠道无原则的开发和滥用，在市场竞争中，保险公司为完成保费任务，最先想到的往往是这些手握保费的“侯鸟式”营销员，于是利用手续费“登高一呼，应者云集”，大量的保费也随之而来。此外，营销员数量众多、难以监管的特点也使得各主体更易于利用该渠道非法套取费用。此外，社会公众购买保险还不够理性。产品价格往往成为消费者购买保险的首选因素，推动了产险营销员到处询价炒作。

产险市场不规范的根本原因主要是由于中介和保险公司之间交易的混乱。中介控制了客户资源，保险公司不得不依赖于各类中介，不得不从市场上“买保费”，少数中介机构的漫天要价，导致了销售渠道成本的节节攀升。造成该问题的根源与财险市场秩序不规范，行业发展处于初级阶段关系密切。

4.2.6 我国中小财险公司营销制度建设的改建

整合并规范现有保险销售渠道、建立高产能的直销团队、加大电话网络等新渠道的建设，将三方面有机结合，梯次性的实现中小财险公司产能和效益的统一是中小财险公司解决营销种种问题的可行策略。

一、整合渠道，构建高效营销渠道体系

为争夺业务的控制权，摆脱单纯依靠中介市场的窘境，各财险公司普遍加大了渠道创新的力度，产寿交叉销售和电销渠道方兴未艾，渠道多元化成为一种新潮流。

（一）建立中介、直销、电销三结合的渠道模式

中小财险公司在成立初期迅速建立营销队伍，而铺设销售网络的成本是难以承担的，且中小财险公司无品牌差异、客户资源匮乏，因此中小财险公司在发展初期必然依赖中介渠道，采用以中介渠道为主、直销渠道为辅的发展策略。

随着机构铺设范围的扩大、营销队伍的培育以及客户资源的积累，中小财险公司可尝试在发展中逐步培育和建立公司的直销队伍。在团队建设、管理、培训等方面加大力度，通过建立有效的激励机制，增强销售团队归属感。培育直销团队应能够满足降低直销队伍流动性、提高效益险种产能，加大公司业务占比的基本要求。

对于已经完成机构布局的中小财险公司应该利用机构网络优势，稳步发展直销渠道，加快直销渠道制度改革，不断提高客户服务质量，从而提高公司的客户忠诚度和品牌知名度，为发掘潜在的客户资源奠定基础。

电话、网络等新直销渠道的产生也是中小财险公司可积极探索和尝试的方向，将中介、直销、电销三种渠道有机结合，控制好发展速度与投入产出关系的平衡，建立高效的营销体系。

（二）细分市场，采取差异化营销策略

细分保险市场即为细分渠道市场，对现有客户进行分类，帮助保险公司找出不同层次的消费者适应的渠道，利用两个或两个以上的渠道达到一个或多个细分市场。渠道的两头是客户和产品，所以渠道细分应先将客户和产品细分，客户细分按照收入水平和不同需求的标准来分类，产品细分则可按照利润、附加价值和成本的标准来分类。渠道细分根据客户和产品细分来制定，其标准就是结合客户和产品的标准：保证在较低的渠道成本下取得较高的市场覆盖率及满足客户多样化需求。

由此可见，保险市场的细分是保险销售渠道整合的后续，两者合并视为保险销售渠道的优化，整合与细分并不矛盾，而是相得益彰，一整一分，能使市场运作更加自如。

阳光保险自 2005 年 7 月成立以来，始终坚持“一点点不同”的理念，创新成为其速度与效益同步快速增长的重要动力，也成为其重要的文化符号之一：寿险业务首创“六线并进”营销模式、产险推出

“红黄蓝”管理模式、研发出全球保险业第一张“车险生命表”、首家推出“车险三地通赔”服务、率先实施新人理赔制度、成立行业内首家理赔监察局等，营销创新层出不穷。成立仅5年，阳光保险就从创业之初的9人核心团队发展到2010年的6.9万人；从北京饭店狭小拥挤的筹备办公室到遍布全国的1300家分支机构；从开业首年的5700万元保费收入到2010年上半年的130亿元。截至2010年上半年，阳光保险产、寿险分列行业第六位与第八位，成为我国七大保险集团之一。

二、加大新渠道开拓力度

（一）适度加大电话营销的开展力度

电话直销模式不依赖代理渠道，直接与客户沟通，这样容易形成大量忠诚度很高的客户。相关数据表明，传统模式的忠诚度只有大约20%，而直销模式的忠诚度在60%~70%之间。可见，电话直销模式是一个“既有保单又有客户”的稳定运营平台。电销同时也是典型的“先种树后结果”的渠道，这与中介渠道有着本质的区别。保险公司以现实的中介成本控制着各自的业务规模。而电销渠道的成长需要一个相对较长的时间，在这段成长期内，需要庞大的促销费用。这笔费用投入对中小财险公司而言，难度是不言而喻的。从中长期发展考虑，电销的费用投入将在中长期逐步转化为利润。

长期开展电销的低成本优势与前期资金投入的矛盾是不可避免的。中小财险公司开展电销业务需与发展战略相结合。贪大求全的电销发展模式不适用于中小财险公司的健康成长，在无足够资金投入的条件下中小财险公司可考虑在局部区域先行展开电话营销，树立个别地区的区位优势，待时机成熟时，再全面铺开。

（二）善用银行渠道，扩建服务网络

银行机构网点众多，规范经营意识较强。中小财险公司借助银行渠道销售，有利于借助银行品牌抬升自身价值，加强客户公信度，最大程度地规避无品牌优势的不足。同时，中小财险公司与银行通过相关制度及信息技术进行约束，以规范的合作模式开展业务，有利于产险市场秩序的规范及中小财险公司的长足发展。

三、逐步建立高效直销团队

中小财险公司应完善营销管理体系，通过有效管理提高直销队伍产能和效益。要明确各级机构的销售管理部门的核心职能，制定营销管理的一整套涉及渠道管理、营销组织、业绩考核、薪酬激励、技能培训等各个环节规范的工作流程，高效指导、管理、组织市场销售工作的展开。

一是可以借鉴华泰的成功经验，发展直销团队，加强直销团队整体的销售能力，克服对个别销售人员的依赖。建立有效合理的直销团队激励制度，提高销售人员的归属感，强调销售团队作战能力。团队业务的优点是稳定性高，不会因为某个业务员的离开而造成业务流失。

二是要加强分支机构设立和运营的成本约束，以投入产出平衡作为开设分支机构的前提条件，并努力提高分支机构的平均产能。我们在调研过程中了解到，永诚自成立以来报表上没有亏损，这与该公司开设分支机构的要求有关。其开设分支机构的前提条件之一就是投入产出可以实现平衡。

三是强化利润约束，改革直销渠道考核制度，注重业务质量考核，激励销售人员主动甄别遴选客户。以阳光为例，阳光财险通过实现车险生命表，规定低质业务没有费用，激励销售人员主动放弃低质业务。同时，其正在试行的激励费用后置，设定激励奖池的做法也是逐步向效益转型所作的探索。

中小财险公司可以考虑建立以效益、服务质量和有效接触为基础的营销激励机制。从单纯以业务规模为基础的激励机制向以业务质量、效益和服务质量为基础的激励机制转变。在公司内部管理技术和水平成熟的条件下，考虑以销售人员承保业务的利润贡献为依据的激励机制。激励保险营销人员应该注重公司长期发展，注重公司的诚信和保险服务质量，建立以服务质量为基础的营销激励机制。保险销售人员与消费者接触过程中即使没有促成保险产品的买卖，也可以增加消费者对保险知识的了解，使其成为潜在保险消费者，而保险销售人员同时可以得到有价值的客户信息。将“有效接触”和“有效信息反馈”等因素纳入保险销售人员的绩效评价体系可以提高销售人员的工作积极性和公司的品牌知名度。

四、改进管理，提升营销能力

创新是与能力直接相关的，各中小财险公司在渠道创新上所作的突破和尝试是有目共睹的。但同时中小财险公司还需要苦练内功，强化基础能力建设，做好营销创新能力支持。

规范经营不仅仅是一种意识，也是一种能力，在规范经营的转型时期，中小财险公司更是要囤积力量，提升基础管理能力。在积极向大公司学习管理经验、运作方式的同时，中小财险公司必须要坚持精细化管理，苦修内功，从每个环节抓起，降低保险成本，提高效率，通过低成本、高效率的运转模式实现承保利润。

具体可以通过制定营销发展战略，做好营销的中长期规划，通过确定科学的发展目标、模式、领域及策略，加强销售考核效益，引导基层公司积极有序地发展营销。建立企业营销文化，强化自身企业文化建设，以文化建设服务营销管理。建立针对营销渠道的考核体系与奖惩机制，完善管理制度与管理信息系统。进一步完善营销管理制度，积极研发营销员招募与甄选、教育培训、销售管理、人员管理系统等电子化管理系统，提升管理水平。

4.3 中小财险公司服务能力研究

保险业本质上属于金融服务行业，只有优质的服务才能赢得稳定的客户群。特别是对于中小财险公司而言，客户资源主要来源于中介渠道，稳定性较差，只有依靠优质服务才能真正抓紧客户，强化和巩固市场。目前，客户资源作为一种关键的战略性资源已成为各家财险公司争夺的焦点。可以说，财险公司的长期利润直接取决于客户忠诚度。提高客户服务水平，改善客户服务管理，培育客户忠诚是中小财险公司适应外部市场环境变化的客观要求，也是公司自身发展的内在需要。中小财险公司欲生存和发展，必须能够进行客户的精确定位和细分，了解客户需求，提供高标准的服务和支持，培育忠诚保户。

4.3.1 保险客户服务理论综述

一、客户服务理论综述

简单说服务就是过程、行动和表现。服务是可以购买和销售的，但不具有实物形态的事物。20 世纪 90 年代格罗鲁斯认为服务是由一系列或多或少具有无形特性的活动所构成的一种过程，这种过程是在顾客与员工、有形资源的互动关系中进行的，这些有形的资源（有形资源或有形系统）是作为顾客问题的解决方案而提供给顾客的。菲利普·科特勒认为服务是“一方能够向另一方提供的任何一项活动或利益，它本质上是无形的，并且不产生对任何东西的所有权问题，它的产生可能与实际产品有关，也可能无关”，服务“包括所有产出为非有形产品或构建品的全部经济活动，通常在生产是被消费，并以便捷、愉悦、省时、舒适或健康的形式提供附加价值，这正是其第一购买者必要的关注所在”。美国市场营销学会（AMA）把服务定义为“服务是用于出售或是同产品一起进行出售的活动、利益或满足感”。虽然没有一个都认可的服务定义，但一般情况下服务都是在互动的过程中进行的。总的来说，服务是一种涉及某些无形因素的活动、过程和结果，它包括与顾客或他们拥有的财产间的互动过程和结果，并且不会造成所有权的转移。服务不仅是一种活动，而且是一个过程，还是某种结果。服务营销管理者日益认识到对服务概念的无休止的争论并没有什么意义，重要的是如何认识服务的特性和服务消费的特性。服务的特性是由服务的生产过程、消费过程、传递过程同时发生及互动过程反馈等息息相关，主要表现为如下几个方面：

（一）服务的无形性

服务的无形性是针对商品的有形性而言的，服务是不可以储存并且不容易进行展示和沟通的，是个瞬间的和顾客的互动；服务也不能被授予专利，只能作为商业秘密，但很容易被拷贝；服务的定价也没有准确的依据。

（二）服务的异质性

服务是很难重复展示的，因为基本上是同步生产同步消费，所以顾客感知的服务质量因环境、心情、人员的不同而有不同的满意度，提供的服务与外部营销计划宣传所传递给顾客的感知是否一致。

（三）服务的易逝性

服务的需求和供应以满足需求是同步进行的，不能退货或转售。

（四）生产和消费的不可分性

在服务提供和服务消费中，顾客是参与其中的交易并且顾客间也会相互的影响彼此对服务质量满意度的感知，员工的形象和态度影响服务结果，服务往往都是定制化的，所以也是一次性的一种消费，不可能像有形产品那样，服务和商品分离，故只能是订单式生产不能批量生产，而且服务是一个需要及时决策，要求管理层给予服务员工服务顾客所必需的决策权力，进行分权式管理。

二、保险客户服务理论综述

从广义上来看，保险服务是指保险公司为社会提供的一切有价值的活动。保险服务从属于服务的范畴。传统的观念认为，保险公司的服务集中体现为经济补偿与给付，把对客户履行保险补偿风险等的基本职能，视为保险服务的全部。而现代的服务观念则认为，服务远非局限于此，保险服务的内容包括了保险人对保险的服务对象所提供服务的各个方面，贯穿于保险生产和消费的全过程。

售前服务是指在销售保险商品之前为客户提供的关于保险方面的服务工作。售前服务的主要目的是使消费者加深对保险公司的认识，激发客户的消费意识。主要内容包括保险咨询服务、风险管理服务及财务规划服务。这是在精心研究人们保险需求心理基础上，在他们还没有接触保险产品之前，用一系列方法来激发顾客购买欲望而提供的各项服务工作。售中服务是指消费者在购买保险商品的过程中，保险公司为消费者提供的各种服务的统称。根据保险销售流程，可将售中服务分为接洽、展业和承保服务，它是销售实现的关键环节。主要内容有：迎宾服务、投保服务、承保服务、建立客户档案等。保险售后服务是在保险商品销售后，保险公司为客户所提供的系列服务。主要有以下几方面内容：协助客户降低风险的服务、保险理赔服务、契约保全、回访工作和处理投诉问题。

服务作为一种整体形象，反映了一个企业的整体素质和管理水平，影响着保户的心理状态，在这些服务内容中，理赔是最关键的，这是由补偿是保险的基本职能这一内在因素决定的。保险的根本职能是补偿，补偿的表现形式就是理赔，理赔的准确与否、及时与否、对保户的方便与否是保户最关心的，是实实在在的内容。应该说，理赔是优质服务的出发点和归宿，也是保户满意与否的根本标准。因此，改善服务，必须从这一根本点出发抓住事物的主要矛盾来解决。

4.3.2 保险客户服务工作的意义

客户服务是衡量保险公司核心竞争力的一个重要指标，保险属于特殊服务行业，较一般商品服务属性更强。保险人与被保险人之间的主要关系就是服务与被服务的关系，服务贯穿于整个保险活动的全过程，是保险的生命，服务质量、服务水平的高低优劣，直接影响和决定了公司的生存和发展。有调查显示，投保客户从一个公司转向另一个公司的原因，70%是服务质量问题，据统计，怠慢一位顾客，会影响 40 位潜在客户，而一个满意客户则会带来 8 笔潜在生意，其中至少会有一笔成交。谁能提供独具特色的、优质的、全面的服务，谁就会最大限度地赢得客户，称雄市场。在新的形势下，保险服务以及保险服务方面的创新已成为各保险公司在市场竞争中取胜的法宝和提高公司核心竞争力的重要手段。

一、优化服务是实现差异化战略的根本途径

中小财险公司实施专业化、差异化战略关键需解决以下两方面问题：一是如何运用自己的产品服务为客户创造价值，只有能够持续为客户创造价值的公司才能够在市场上长期生存。当然为客户创造的价值可以分为核心价值、衍生价值等多个层面。二是如何通过改进管理等方式降低成本。企业的最终使命是高效地把资本、劳动、技术等各种资源组合起来，市场的作用就是使那些低成本的企业（组合资源的效率更高）通过市场不断发展壮大。因此，用服务体现中小财险公司商业价值，用服务留住客户是企业提高竞争力的根本途径。

二、新保险法对客户服务工作提出新的要求

随着 10 月 1 日新《保险法》的正式实施，提高理赔和客户服务质量成为保险业内外都关注的焦点。新《保险法》的实施，对保险服务工作的时效、信息披露等相关工作都有更加明确的要求，这对各中小财险公司而言，既带来了机遇，也提出了新的挑战。例如，新《保险法》第二十三条规定："保险事故发生后，投保人、被保险人或受益人提出索赔时，保险公司如果认为需补交有关证明和资料，应当及时一次性通知对方；材料齐全后，保险公司应当及时作出核定，情形复杂的，应当在 30 天内作出核定。"这意味着保险公司不能再以准备材料、正在审查为由无限推迟理赔时间，无疑这给保险公司提出了更高的风险内控要求。

虽然保险公司车险服务竞争意识日渐强烈，但对消费者而言，普遍感觉保险理赔环节越来越多，理赔周期越来越长。此种情况的出现，归根结底，还是保险公司业务发展与服务投入、风险管理与服务水平不匹配，保险主体短时间内大量增加导致理赔人员跟不上要求所致。要切实提高车险理赔服务水平，行业外部诚信环境的改善和行业内部经营思路的转变，都是至关重要的因素。

各项服务举措的宣传与客户实质所享受到的服务存在差距，中小财险公司客户服务的工作任重而道远。

三、监管部门对财险公司客户服务改善的要求

假赔案的存在严重侵犯了被保险人和道路交通事故受害人的合法权益，形成了较大的经营风险隐患。监管部门对此问题可谓重拳出击，于 2009 年 7 月下发了《关于印发<保险业打击"三假"工作方案>的通知》（保监发[2009]80 号），随后又于 2009 年 9 月下发了《关于防范车险理赔环节风险的通知》（保监发[2009]80 号），要求各财产保险公司高度重视车险理赔环节的欺诈风险和资金支付风险，完善车险理赔各项管理制度，加大车险接报案、查勘、核损、支付等各环节风险管控力度，加强理赔队伍建设，严格控制车险理赔的"跑、冒、滴、漏"。

随着 70 号文件的下发，近一年多来财产保险业内部管理和外部

环境都发生了很大变化。行业经营成本进一步降低，经营效益有显著提升的态势。

据了解，在理赔服务管理方面，监管部门接下来将围绕以下三方面进行：一是通过推进财险业务公开透明操作，加大社会监督力度，提高财产保险理赔服务述评。二是督促各公司在年底前建立健全承保理赔信息资助查询机制，建立 100%客户回访制度。三是总结部分地区开展车险理赔服务现场测试的经验，完善理赔服务标准和车险信息平台功能，逐步建立和推广保险理赔直接到客户账户制度，进一步改进和完善代报案、代索赔制化安排。相信通过监管部门的推动，加上中小财险公司效益导向意识的觉醒，规范市场秩序、优化理赔服务必将成为行业发展趋势。

4.3.3 中小财险公司客户服务的现状

一、客户服务取得的成绩

近年来，财险市场对客户服务的关注度逐渐加强，服务能力和水平显著提高。中小财险公司也陆续成立客户服务中心，努力在承保、理赔以及风险防范上有所突破，切实保障客户利益。新保险法的实施，对保险服务工作的时效、信息披露等相关工作都有了更加明确的要求，进一步促进保险市场客户提高服务水平。

中小财险公司在客户服务工作中积极尝试，推出了各种客户服务举措，如表 4-2 所示，对行业客户服务的完善起到了一定的促进作用。

表 4-2 各中小财险服务举措对比表

主要服务项目	都邦	天平	渤海	华泰	大众	美亚
24 小时客服电话	√	√	√	√	√	×
投保咨询服务	√	√	√	√	√	√
风险管控提示	√	√	×	×	×	√
车险理赔流程介绍	√	√	√	√	√	√
非车险理赔流程介绍	×	×	×	√	√	√
增值服务	×	√	×	×	×	√
理财服务	√	×	×	√	×	×
保单查询服务	×	×	√	×	×	×
赔案查询服务	√	√	√	√	×	×
服务承诺	×	×	√	×	√	√
咨询、投诉、留言专栏	×	×	×	√	√	×

资料来源：根据各公司网站公示内容及各公司调研情况整理。

中小财险公司受资金、机构、队伍等因素的限制，开展客户服务工作较成熟公司面临更大的困难。各中小财险公司已清楚地认识到只有采取差异化客户服务策略才可在客户工作中有所突破。如天平车险采取的代查勘制度，与公估公司合作，解决了其机构、人员限制。安邦保险推出“235”速赔实施方案，[①] 渤海保险实现赔款资金直打至客户银行卡，规避代理赔风险等，种种举措对提升理赔速度，增强客户满意度起到了积极的促进作用。2010 年 5 月 25 日，中国人保财险北京市分公司与神州租车（中国）有限公司开展战略合作，率先推出北京地区首个代步车保险产品——“代步机动车服务特约条款”，同时成立以神州租车作为服务提供商的“中国人保财险代步车服务中心”，推出赠送限行日代步车、机场免费接/送机、专享租车优惠价等特色服务举措。

贵州保监局自 2009 年起建立了车险理赔服务质量关键指标社会公布制度，从“车险结案率”和“车险结案周期”两方面对全省 11 家财险公司进行评价。据报道显示，车险结案率最高的三家公司分别是都邦产险、大地产险和安邦产险。而天津保监局对天津市各财产分公司 2009 年 3 季度机动车保险理赔服务质量指标检查中，在天津 18 家财险主体中，渤海保险天津、滨海分公司均名列前茅。

两则报道的评比结果都是中小财险公司胜出。出现这一结果不是偶然，而是中小财险公司在发展过程中，积极探索、大胆创新的成效。事实证明，中小财险公司由于赔案数量相对少，历史遗留问题少，在客户服务的改善和提高方面具有一定创新优势。从管得过来发展到管得有效，中小财险公司在服务创新之路上不断前行。

二、客户服务存在的问题

（一）内外部诚信缺失导致客户服务状况堪忧

行业粗放型经营模式使各中小财险公司重销售、轻理赔现象突出。该现象直接导致社会公众对保险业形成了“承保容易理赔难”的

---

① “235”速赔实施方案，即 3000 元以下的案件，2 天之内完成理赔结案；3000 元至 10000 元的理赔金额将在 3 天内完成结案；10000 元以上的案件则在 5 天内完成系统结案。

不良印象。这种不良社会口碑对行业发展影响较大，同时也对各财险公司客户服务能力和水平的提高提出了迫切要求。

骗保集团的存在、专业“碰瓷”团队的滋生、修理厂的不诚信等不良社会现象同样也制约着行业理赔资源的利用。近日，广东保监局组织力量对东莞、珠海、江门三市83家地市级保险机构的保险欺诈情况进行了调查分析。有40%的保险机构认为自2000年以来保险欺诈现象逐年上升，并且有越来越严重的发展态势；从险种来看，40%的财险公司认为车损险欺诈较为严重；从欺诈行为人来看，83%的财险公司选择汽车修理厂。76%的保险机构认为欺诈现象造成非法赔偿社会环境的形成。[①]

目前，在业内广为认同的数据是，在车险索赔中，大约有20%～30%含有虚假成分。对保险公司而言，一方面，在盈利压力下，保险公司集体由“规模”向“利润”转移，有规模而无利润的车险当属改革试刀的首选；另一方面，监管部门以“打三假”为主的市场规范也成为今年的重点。

当前保险业打假面临的形势是，假保险机构、假保单和假赔案等违法犯罪行为，严重侵害被保险人合法权益，严重破坏保险市场秩序，严重损害行业利益，严重败坏行业形象，严重侵蚀保险队伍，打击“三假”刻不容缓。行业内存在内外勾结、编造假赔案现象。此类现象的存在，直接导致财险公司经营成本攀升，同时管理重点偏移。一方面，使各保险公司的客服人员集中大部分精力在挤压理赔水分、查找假赔案上；另一方面，由于这种不诚信问题突出，致使部分诚信客户遭受同样的赔案审核流程，造成客服时效管理工作困难，导致部分优质客户因理赔流程繁琐颇有微词。

现阶段，各中小财险公司理赔人员多将工作重点集中于甄辨赔案真假、打压理赔水分上，对真实赔案的及时性、服务质量的管理等均放在了次要位置。中小财险公司疲于分辨理赔案件真伪，缩减赔付金

---

① 林辉莹：《车险整风运动开始？ 三大财险公司续保、理赔变脸》，《南方都市报》。http://auto.cnfol.com/090806/169，1691，6308672，01.shtml

额，从而使得客户失去对保险行业的信任，对行业的服务普遍反映较差。

各中小财险公司若想在内外部诚信缺失的大环境下立足，需要的不仅仅是模仿并赶上成熟公司，更进一步的需求是要赶超成熟公司，在客服方面有所创新、有所突破，真正取得客户信任才可能做好客户服务工作。

（二）服务不达标，无法满足客户需求

在财险市场上，理赔服务不和谐现象时有发生，占整个财险市场主导地位的机动车辆保险是投保人和被保险人之间产生分歧最多的险种之一。客户对财险理赔服务最大的意见是“理赔太慢、理赔流程太复杂”。在理赔过程中，公司往往处于被动服务的状态，需要客户大量的时间和精力投入。不能及时赔付直接降低了客户对保险公司的信认度，与客户建立持续的服务联系也将无从谈起。

新生的中小财险公司在基础管理不到位的情况下，客户服务创新工作存在一定困难。以现场查勘为例，对同一城市成熟公司配备的查勘车、查勘人员数量是中小财险公司的2倍甚至更多，客户出险后到达事故现场的时间，很难保证优于成熟公司。如何克服困难，保证理赔的及时性，是中小公司理赔基础工作的一项重要挑战。

（三）对客户服务重视程度不足

中小财险公司对客户服务不重视，服务能力落后于营销能力是造成客户服务工作能力不足，客户满意度低的重要原因。

保险行业成本滞后，损失成本完全暴露时间较长，赔付成本的支出远远滞后于保单取得成本，这种行业特性导致各中小财险公司经营“重前端销售、轻理赔管理”的短视行为较为普遍。各分公司、支公司赔付成本管理意识淡薄，贪大求多，追求高规模下的高费用，直接导致对保费收入的关注程度远远高于赔付成本、客户服务水平的变动。对客户服务工作的不重视、服务管理能力不足的直接后果就是客户服务理念和服务意识不到位，各中小财险公司盲目扩大规模，在费用政策上积极争取，在理赔服务管理上惜赔、拖赔等问题层出不穷。

此外，对理赔工作的不重视、管理能力不足也导致对查勘员、理赔人员约束力不足、责任心不强，易产生内部造假等问题，给公司经营带来隐患。

4.3.4 中小财险公司服务能力的改进

一、提升中小财险公司客户服务的外部支持

（一）健全行业信息披露查询制度

行业整体服务能力的提升除了各公司客户服务体系的建立外，还依赖于监管部门对行业信息的科学管理。近日，保监会下发了《中国保监会关于建立财产保险承保理赔信息客户自主查询制度的工作方案》（保监发[2009]111 号）切实维护保险消费者知情权，把保护被保险人合法权益的工作落到实处，健全行业信息批露查询有利于督促公司加强理赔管理，提高理赔服务质量，解决理赔难问题，同时对推动公司完善保险客户服务管理，提升以客户为中心的精细化管理水平和客户服务水平都会有所裨益。

（二）加强监管处罚，建立保险从业人员诚信记录

根据新保险法的要求，现已逐步建立财产保险行业高管不良记录的档案制度。从客户服务角度而言，建议全行业协同公安、交警等部门，建立财产保险全行业的虚假修理厂、问题定损员、不诚信 4S 店记录。可以考虑全行业对此类信息进行共享，对保险行业内人员出现类似问题进行严厉处罚，建立保险人从业记录档案，加大违规违法成本，杜绝不诚信行为的发生，从根源处防范理赔水分。

（三）各方协调优化行业环境，寻求外部支持

从监管角度，建议为保险行业的长远发展需求提供必要的外部支持，通过加强与交管、公安、医院、法院等的合作与共赢模式的构建，努力提升行业诚信水平及公信力。提升保险服务水平，打造行业良好发展环境。监管部门可以与交管部门、卫生部门合作，规范车辆交通事故处理的相关事宜以及医疗机构和医务人员的行为，有利于降低理赔中的道德风险，提高理赔服务效率。此外，监管部门应当加强与各级法院的沟通与合作，提高法官对保险的理解与认识，保证案件审理的公正性。

二、内部构建完善的客户服务能力体系

构建完善的客户服务体系，最关键的是要加强服务创新，在保监会2010年印发的《中国保监会关于保险业进一步参与加强社会建设创新社会管理的意见》中，明确指出保险公司需要“大力推进保险服务创新”，保监会“鼓励在做好标准化、规范化服务的基础上，创新发展个性化和增值化保险服务。保险行业协会要制定出台保险服务行业性标准。各保监局要做好保险服务监督检查和总结分析工作。通过保险服务的改进提高，从源头上化解保险矛盾纠纷”。

（一）树立“以客户为中心”的服务理念

真正要实现“以客户为中心”不仅仅是在服务上为客户提供更多的方便，它意味着公司的经营理念要实现由“以业务为中心”向“以客户为中心”的转移。也就是说，保险公司不再局限于“劝说客户购买保险”，而是通过与客户的不断交流，全面了解客户的需求，从而决定如何为客户制定保险计划和提供服务。在此基础上的服务，不同于传统的被动服务。

“以客户为中心”理念下的服务是主动的，要主动积极与客户联络，提供服务，争取客户的续保。“以客户为中心”理念下的服务不仅意味着可以不断满足客户需求，而且能与客户建立长期的双赢互惠关系，这种关系的建立正是保险公司赢得客户、赢得市场的关键。服务领域将不仅限于理赔服务、营销服务，中小财险公司的发展需要建立自身的核心竞争力，在风险管理与防范方面加强服务建设。真正惠及客户的，不是灾后补偿而是事前的风险防范，中小财险公司能够做好企业、个人的风险防范及管理，朝着正规化、规范化、差异化、专业化服务的发展路线，培育企业竞争优势。

20世纪90年代的香港保险市场，已是一个成熟的保险市场，新的市场机会难以发掘，各家保险公司的竞争不再限于费率和险种种类上了，而是通过向保户提供全方位的保险服务来满足消费者日渐提高的整体服务要求。各保险公司已从传统的保险经济补偿和给付转向了向保户提供与保险有关的边缘服务，如风险咨询、风险管理、信用投资等，有的甚至提供与保险业务完全无关的服务，如商联保险公司的

家居（办公室、工商、诊所、店铺）综合保险的保单提供紧急护士、锁匠、水匠、电机匠、冷气工程、杀虫、家居清洁、普通家居维修及24 小时索偿咨询服务。汇丰银行的家居万全保的客户可以享受24 小时开锁、紧急水管维修、紧急电器维修、一般维修及24小时一般索偿援助服务。鹰星保险公司的家居财物（旅游、医疗、个人意外）保障计划保单可以提供海外电话医疗咨询、紧急电召看护、上门开锁、修理水管、安装及修理家居电器、冷气机修理、一般电器维修及索偿服务。为此目前已有一部分保险公司推出了家居支援服务热线，为本公司的保户提供24小时各项紧急支援热线引荐服务。除此之外，大部分保险公司还通过全球支援机构和亚援国际紧急救援中心（AEA）、国际SOS 及全美国际支援中心（AIAS）向保户提供24小时的紧急支援服务。①

（二）加强基础管理，杜绝假赔案发生

假赔案一定有“内鬼”配合，往往是内外勾结，里应外合，只有这样才能够天衣无缝，瞒天过海。这也是为什么假赔案能够长期存在、愈演愈烈、日益猖獗的一个深层原因。但无论是内鬼，还是外鬼，从根本上讲是保险公司自家的篱笆没有筑牢，如果保险公司的各项理赔管理制度到位，外部欺诈的程度就会大大降低。

随着市场环境日益向好，中小财险公司可适度借助外部力量，与保险中介机构加强合作，如理赔服务中尝试引入公估机制，与代理公司、经纪公司共同建立客户资料库，与律师、快递等第三方服务机构加强合作，利用银行网络进行销售的同时，也可以考虑利用银行网络进行理赔服务等资源整合，能在一定程度上弥补中小财险公司客户服务工作的能力不足和网络限制。但合作的同时必须加强管理，需要有配套的风险管控制度，并且实施中能落实，才可能化解经营风险，真正实现合作共赢。

中小财险公司只有通过建立标准化流程，严格审核，加强管理才能真正实现理赔水分的压缩，有助于杜绝假赔案的发生。现行尝试实

① 赵春梅：《90年代香港保险市场的保险创新》，《南开经济研究》。

施的“赔案直接打款”制度，严格筛查赔案制度，加大第一现场查勘率等手段和措施对假赔案的抑制均能起到改善作用。

（三）建立标准化服务流程

加强对客服工作的重视，一方面要加强对客户服务工作的管理和重视，另一方面也要加强对公司内部与客户服务相关工作人员的管理与约束。

中小财险公司应当紧扣服务质量主题，开展以客户服务规范、服务考评指标为主要内容的服务管理体系建设。服务行为的规范化、标准化有利于客户对服务的预期变得更加明确，杜绝不必要的服务失败，有利于服务人员依照确定的标准实施并改进自己的服务行为，服务管理的指标化、定量化有利于服务管理人员有效控制和评估客户服务水平。通过适当的激励约束机制鼓励服务人员加强与客户的沟通，为客户提供超一流的满意服务。

服务流程标准化是企业真正可以积淀下来的财富，可以考虑对每一个面对客户服务的环节，把服务人员的举止、谈吐、理赔定损流程、接报案标准流程都做成一个标准化视频学习材料，让服务人员学习、贯彻并坚决落实。通过流程标准化管理，着力解决如何提高组织的管理效率。该标准化流程的建立需充分考虑如何系统地提高承保和理赔服务的竞争能力，如何更好地设计费率体系，如何提高来自保户的信息反馈速度，如何更好地控制成本，如何构建现代化的内控机制等。

各中小财险公司对基层机构管控不到位，根源就是没有这样一套系统让流程标准化。未来中小财险公司的服务、管理规则、管理流程、审批系统等都会用一种流程化的语言来表达。而这种表达会使复杂问题简单化，提高运营效率和管理水平。作为中小财产保险公司来说，需明确每个岗位的服务职责、服务标准，制定客户服务规范，从礼仪、语言、效率、环境等各个方面塑造企业的优质服务形象，并针对岗位职能，制定相应的服务考核评价指标体系，对服务质量进行量化考核，促进、提高各岗位的服务能力和服务水平。

（四）推进赔案集中管理模式

在信息技术飞速发展的时代，中小财产保险企业不断加强信息系统建设，充分发挥信息系统在辅助决策、快速响应等方面的重要作用，成为公司核心竞争力的有机组成部分。集中赔案管理有利于服务的标准化和规范化，易于进行客户数据的收集、分析，为进一步提供增值服务打下基础。

各中小财险公司近几年来纷纷加大了对客户服务大集中的尝试：大地财险自 2005 年开始实施理赔控制，从开业伊始即实行大集中，通过集中报案、集中理赔、客户服务俱乐部的组建等手段，有效开展客户服务管理工作并取得一定成效。华泰财险于 2006 年建立了以北京和上海为中心的集中式客户服务中心，形成了覆盖全国的理赔服务网络。渤海财险于 2009 年建立客户服务集中模式，并针对重点机构实现了赔款直打到客户账户的创新模式，在一定程度上规避了假赔案风险。

大集中模式有助于提高数据真实性，增强管控能力，并为发展直销业务奠定基础。建立统一的客户服务中心有利于服务标准统一化、客户资料集中化。赔案集中管理的实现需加强客户信息系统建设，主要包括收集客户信息、客户识别、与客户接触、调整产品和服务等四个方面的内容。在呼叫中心、业务处理系统的设计、维护上充分考虑客户的切实需求，以方便客户为主要目的，切实保障信息技术为客户真正带来实惠，以强大的客户数据信息库支撑整个服务体系的运行；同时，建立客户信息系统需要注意保护客户的隐私。

客户数据支持是客户细分的基础，而客户细分是差异化服务策略的前提。因此，要想使差异化服务策略真正达到预期效果，就必须建立客户关系管理系统。另外，信息技术还能够降低服务成本。如利用互联网技术，通过电子邮件、自动传真、语音电话、短消息服务等现代通信手段，为客户提供如缴费通知、报案、新险种推介、节日和纪念日问候等自动服务项目，这样，一方面可以大幅度降低服务成本，另一方面可以提高效率。

4.4 建立中小财险公司有效市场发展能力

产品创新、营销渠道和客户服务三个环节是紧密联系的。创新贯穿始终，渠道打开市场，服务留住客户是中小财险公司健康发展的必由之路。单纯一个环节的改革和创新不足以形成持续的竞争优势，中小财险公司只有在上述三个环节形成一整套创新体系，才能保证创新不易被复制，形成内在的创新保护机制。

任何一家刚进入市场的中小财险公司，都需要坚持业务发展与能力提升两手抓，通过业务发展拉动能力提升，通过能力提升推动业务发展。业务发展速度必须控制在客户服务、产品管理平台可以承受的范围内，不能超能力发展，要保持较快的发展速度，平台建设必须适度超前，实现发展与能力的匹配。

同时，保险公司要加快转变发展模式，吴定富主席在 2010 年的调研中认为，“对中小保险公司来说，转变发展方式既是一项艰巨的任务，更是在激烈的市场竞争中得以生存和发展的有效途径。要把转变发展方式作为难得的发展机遇，探索出一条速度与结构相协调、规模和效益相平衡的可持续发展道路”。

4.4.1 建立集营销、客服于一体的全面的产品经营管理策略

建立集营销、客服于一体的全面的产品经营管理策略是中小财险公司集中多环节，建立核心竞争力的有效手段，同时也是在各个生产链条上实现低成本、高效率的根本途径。将保险生产环节进行高度的统一规划有利于产品策略的实现和产品效益的产生。目前，各中小财险公司已开始按照这一方向努力。阳光财险公司主要的销售渠道是直销，但是阳光公司不同的产品线，营销渠道组合有所差异，财产险以直销为主、代理为辅，而车险和意健险则以代理为主、直销为辅。同时在有能力进行客户服务的地区大胆开拓，积极推进相关产品。华泰公司也在积极地贯彻这一发展策略，相信产品创新更重要的是体现在风险管控和后续服务上，只有形成整套的产品管理线，才能保证产品创新不易被复制。太平财险则以客户为中心建立业务分析系统，坚持提供创新产品和增值服务是提高客户留存率的手段。

4.4.2 与产品、服务相结合，建立差异化营销策略

国内保险市场是典型的非均衡市场，中小财险公司营销应适应市场的特征，分地区、险种和对象实施差异化营销策略。

实施“地区差异化”营销策略。在经济较发达地区，需求多样化，保险认知度高，网络硬件设施较完善，可采用电话直销、中介机构销售、网络销售等策略。而在农村和经济欠发达地区，保险意识和保险知识水平较低，保险理念和保险观念缺乏，保险市场处于拓展和开发阶段，应以直销渠道为主。

实施“险种差异化”营销策略。对于条款比较简单、核保要求低的产品以及顾客对承保速度、便利性、价格比较敏感的保险产品，中小财险公司应选择简化的营销渠道，如电话销售或网络销售，降低交易成本。对于专业性强的保险产品，中小财险公司应当利用专业人士的专业知识与技能为客户提供顾问式的增值服务来赢得客户满意。对于需要全方位风险保障的客户，中小财险公司需要组织各方面的专业人才组成销售团队来满足客户需求，或者借助外部中介机构为客户提供服务。

实施“对象差异化”营销策略。由于个人的经历、意识、偏好等原因，消费者的需求具有显著的差异性，因此，保险营销应特别注意消费者的特征和需求的差异。对象差异化策略就是要为消费群体的特殊需求而实行“订单”服务。

4.4.3 结合产品、营销模式，提高客户服务水平

提高客户留存率是保险公司获得稳定收益、降低运营成本的手段之一，以客户为中心的运营模式也越来越受到重视。为客户群提供度身定做的产品和服务，配合相应的营销渠道，隐性抬升客户转移成本，提高续保率。以理财险为例，根据理财型产品的储蓄性质，采取银行渠道销售，又根据个人产品特点进行个体客户服务，在设计产品时应充分考虑客户需求，对客户服务水平的跟进才是真正提升中小财险公司生产力的有效途径。而实际经营中，中小财险公司只是在前端的产

品设计和营销渠道建设上进行了大胆尝试和创新，客户服务水平未能及时跟上，出现了退保、客户争议等问题，这是导致此类产品阶段性推出市场的根本原因。

因此，在坚持产品和营销两个环节创新的同时，必须注重服务理念的创新，服务理念的核心在于保险公司的发展战略应该以客户为中心，公司的一切活动皆以客户至上为原则。注重服务理念的保险产品设计要反映客户的需求与偏好，并且要应时而变。随着我国市场经济的深化，社会保障体制的改革，人口老龄化现象的出现，新的风险与新的保险需求不断涌现，针对创新险种的客户服务必须得到有效的提高。

客户的需求是多方面的，保险服务的内容也应该是多种多样的。要认真研究客户的需求，不断扩大服务内涵。在常规服务之外，要充分发挥自身优势，积极向客户提供风险咨询、风险管理、投资咨询、理财顾问、信息交流、法律顾问、汽车优惠养护、免费检测等保险责任以外的高附加值服务。同时，要在差异化服务上多下功夫，向客户提供一些竞争对手所没有的个性化产品和个性化服务。

4.4.4 协调各环节，构建中小财险公司的持续竞争优势

未能找准市场定位，形成差异化经营特色是制约中小公司发展的重要原因。在行业发展中，各中小财险公司一定要关注自身的风险管控能力、服务能力及营销能力三者之间的平衡关系。现阶段，保险行业现状是营销能力远大于风险管控能力，服务能力更是远远落后。而成熟行业的经验告诉我们：三种能力的合理排序应该是：第一，打造服务能力；第二，提高管控能力；第三，加强销售能力。中小财险公司这三项能力的不平衡发展使其长期发展遇到瓶颈，也是造成行业亏损的一个重要原因。当产品风险管控能力、营销能力以及客服能力能够平衡且互相推进时，中小财险公司的经营水平及经营管理能力必将得到较大提升。

对中小财险公司而言，搭建创新体系，提升核心竞争力是改变经营困境的根本途径。2010 年 4 月吴定富主席在大连调研时认为，近年

来保险业按照科学发展观的要求，紧密结合行业实际，创造性地贯彻落实党中央、国务院关于保险业的各项方针政策，继续深化各项保险改革，积极推进产品创新、服务创新、管理创新和制度创新，为行业科学发展提供了强大动力，注入了发展活力。强调“保险业要全面落实科学发展观，继续解放思想，不断深化改革，坚持勇于创新，通过改革创新增强保险业发展能力，努力实现又好又快科学发展”。保险业的发展必须坚持创新：一是产品创新，需要围绕社会发展和人民生活对保险提出的新需求，结合自身的战略定位、技术专长、渠道优势等加大产品创新力度，更好地挖掘潜在保险市场；二是销售创新，加强营销渠道的整合和管理，拓展电话、电视、网络销售等新的营销渠道，有效降低销售成本，增强服务的便捷性；三是服务创新，为客户提供包括风险咨询、风险管理、理财顾问等多样化、个性化的保险增值服务，提高客户满意度。

当前，中小财险公司的一个趋势是走专业化经营道路。美国著名企业战略专家 Ansof 把企业战略分为市场渗透、产品开发、市场开发和多元化战略四种类型。国内学者康荣平、柯银斌在企业多元化经营中提出“行业—产品矩阵图”，将产品生产的单一化、系列化和一体化这三类战略统一统称为专业化。而我们这里讲的专业化经营中的专业化，不仅是指保险公司在处理责任保险时业务处理的专业化，而是从全局的角度界定这个专业化，它包括的内容很广泛，如人员配备的专业化、信息管理的精细化、具有开展财产保险的专业化软件以及特殊的技术等。吴定富主席在中小保险公司专业化发展问题上指出，“走专业化发展之路，中小保险公司要突出专业特色，发展不求快但要好，不求大但要做强。中小保险公司，尤其是责任险等专业公司，不要与其他公司比规模，而是要抢抓机遇，开创性地工作，坚持专业化发展方向，实现高水平、高质量、高效益的发展”。

具体来说，我们将专业化经营分为三大类：第一，产品的专业化，保险产品直接影响一个公司保费收入规模，保险产品专业化有利于发挥公司承保、理赔优势；第二，风险管控技术的专业化，保险公司的经营面临着一定的风险，拥有专业化的风险管理技术，建立完善的数据平台，直接决定了公司面临的风险系数；第三，服务的专业化，在保险产品的差异化日益趋同的今天，保险的专业化更多的是指服务的专业化，服务是保险公司的无形资源，是公司的核心竞争力，只有在服务上实现了专业化，才是公司真正意义上的专业化。

因此，我们对中小财险公司走专业化发展道路，提出以下建议：

1. 加强产品创新，建立专业化的产品体系

当前，我国财险市场上存在着大量的经营主体，但无论是从其保险产品的种类、保额的大小，还是从其经营的形式、保险费率的制定来看，各公司都存在着雷同的现象。同时，市场上的保险产品存在的严重问题，比如产品结构的失衡、保险条款的粗糙、不合理的费率水平、新产品推广不力等，必须要通过产品创新加以解决。

对此，我们建议：首先，产品必须从市场需求出发，寻找突破口。我们可以借鉴长安责任保险公司的经验，比如针对公共领域风险和安全隐患，开发涉及民生保障的责任险产品；针对目前我国建设工程质量事故频发的现状，开发长安质量工程系列产品；针对国家政策导向和法制环境，开发适应社会需求、具有时代特征的主题产品，填补市场空白，实现保险产品差异化、专业化。只有进行产品的创新才能有市场，开拓自己的蓝海。其次，分析客户需求，进行市场细分。打破目前险种单一、同构的局面，进行险种和市场细分将成为未来产品的发展方向。财险业务可以根据自己的特异性资源和保险消费者潜在的需求寻找目标市场，并在特定市场上集中资源，重点经营，充分发挥比较优势。

2. 拓展营销渠道，实现营销模式专业化

我国财险公司传统的主流营销渠道为公司业务员直销渠道和机构代理渠道，这两种方式在业务恢复前期发挥了重要作用，但随着财产保险市场的日益成熟及顾客需求的多样化，暴露出许多问题，例如展业过程中存在着不规范现象，产品营销由经纪中介主导，产险公司利润空间不足等，不利于财产保险公司的业务拓展，也不利于公众财产保险意识的提高及财产保险商品的销售。

因此我们的建议是：重点拓展一条或是若干条具有公司特色的销

售渠道，寻求专业化的营销模式。首先在选择产品销售渠道方面，中小型产险公司不要盲目跟随大型公司的做法，应该根据公司自身优势、目标定位，选择适合自身发展的渠道重点拓展，同时将传统渠道与新型渠道合理整合，开拓一片新的天地。举一个寿险业的例子，中宏人寿在上海开展业务时，由于传统的银保、代理人渠道基本被人保、太保等大型公司占据，中宏人寿经过市场调查、自身研究，选择电销作为自己的一个重要展业渠道，取得了惊人了成就。其次在营销模式方面，应该根据不同市场需求制定不同的策略，实现差异化营销。保险公司还要充分发挥信息技术核心价值创造的作用，在网上开辟新的信息渠道，通过网络及时了解客户的需求，听取客户的反馈。建立完善的信息化系统，并致力于集中整合承保、理赔等各项信息，提升公司的整体运营效率。2009 年保监会发布了《保险公司信息化工作管理指引（试行）》，正是出于对信息化工作规范化、标准化的考虑。2010 年吴定富主席在长安责任保险等公司调研时也指出，加强信息化建设是目前中小保险公司发展的重心。

3. 改善服务技术，走专业化服务道路

保险服务水平的提高也要顺应现代化发展的需要，当今社会新风险时常出现，这就对保险公司的承保技术、理赔技术提出了新的挑战。这种技术的改进是保险公司改善服务的基础，如果保险公司在面临新问题时束手无策，反将不利后果转嫁给保险消费者的话，会极大地挫伤消费者对保险公司的信任感。在保险公司业务越做越大的情况下，信息化平台的建设就显得格外重要，借助现代手段利用网络优势可以极大地提高保险公司业务经营的效率，如可以对出险情况等进行及时的汇总和处理，在最快的时间内为保险客户提供理赔服务等。

为此我们的建议是：在适度原则下优化延伸服务。现在很多保险公司已经卓有成效地提供了延伸服务，如免费体检、风险咨询和代步车业务等，这极大地提高了客户对保险产品的满意度。如果保险公司提供的服务在客户的期望值以下，客户就可能转而购买其他公司的产品，而如果保险公司提供的服务远远高于客户的期望值，虽然客户会非常满意，但保险公司要为此承担成本，一旦这种成本超过了提供附加服务所能带来的收益，保险公司就会面临亏损。因此，保险公司要对客户的期望值进行研究，在合理的区间范围内尽可能为客户提供高质量、人性化的优质延伸服务。

5 企业文化与人才队伍建设

5.1 企业文化和人才队伍建设理论概述

5.1.1 企业文化内涵及特征

一 文化的定义

国外不同的学者仁者见仁，智者见智，对文化的定义提出了不同的观点：

1. 文化是一个群体成员拥有的一套重要的（通常未被阐明的）共同认识。

2. 文化是一个群体的一整套共同认识或共同认识的意义。群体成员所认识的意义在他们之间很大程度上是心照不宣的，明显与某一特定群体相关，并且因群体不同而不同。

3. 文化的标准定义应该包括一个群体的价值体系、符号和共同认识的意义，并且包括这些价值、符号和意义具体化为物质客体和仪式化的实践。文化因素包括风俗和传统、虚构或纪实的历史事件叙述、心照不宣的理解、习惯、规范和要求，与固定的客体和已有的仪式联系在一起的共同意义、共同接受的假设以及主体间的意义。

4. 文化并不一定就意味着价值观的一致性。同一文化的成员有可能表现出确实非常不同的价值观。然而，这些成员愿意属于同一种文化。因此，至少对于某些文化来说，摒弃模糊性而采用严格意义上明晰和共同的东西，就是把文化中的某些最核心的内容排斥在外，并且忽视文化共同体的本质。

在上述定义中，有的涉及主观认知方面，理论界将其称为观念论定义；有的除了强调文化的观念以外，还考虑到了有关观念的业已形成的物质条件，并相对应地形成了物质观，物质主义的文化表现包括工作的物质条件、员工的工资和其他物质福利指标。而在本书中，我们偏重于观念观点，保险业属于服务业的范畴，主要经营的是一种服务，一种保障，物质条件的影响较小，而主要在于公司的观念，员工的认知和对整个企业的凝聚力。

二、企业文化的定义

1. 企业文化的产生与发展

企业文化是随着日本的经济崛起而进入人们的视线，20 世纪 80 年代初，日本的经济迅速崛起，甚至其生产率后来居上，超越了当时的美国。日本的产品占据了美国的市场，引起了美国经济学者的反思，在硬件——技术和生产设备的装束上，美国是当仁不让的龙头老大，而且公司组织结构方面也几乎是健全的。经过经济学家的研究，美国得出的结论在于日本的企业凝聚力要高于美国，员工的忠诚度也高于美国，较具有献身精神，这与日本的终身雇佣制息息相关，更深的层次上源于日本的传统文化。就是在这种研究背景下，企业文化作为企业发展中最重要的因素之一逐渐受到越来越多学者的关注。

美国《商业周刊》在 1980 年首度提出了“Corporate Culture”的概念，随后这个概念被广泛采用。经过理论研究与应用研究相结合，定性研究与定量研究相结合，国外学术界在企业文化方面进行了大量的研究工作，学者从不同的角度着手，对企业文化进行剖析，加深了认知，促进了对企业文化的深入了解，从而促进了企业的发展。虽然企业文化作为一种观念类存在，不如宏观的经济环境对企业的作用那么明显和直接，但是企业在市场经济中获得竞争优势，占据市场，企业文化可以作为一种支撑，起到举足轻重的作用。企业文化可以改善经济行为，使其更有效率。

在美国《商业周刊》提出这个概念之后，管理学界的四部名著标志着其理论的基本成型。这四部著作分别是：威廉·大内的《Z 理论——美国企业界怎样迎接日本的挑战》、帕斯卡尔和阿索期的《日本企业管理艺术》、迪尔和肯尼迪的《企业文化——现代企业的精神支柱》、彼得斯和沃尔曼的《寻求优势——美国最成功公司的经验》。

其中，《Z 理论——美国企业界怎样迎接日本的挑战》于 1981 年出版，分析了美国占多数的 A（America）型组织和日本类型的 J（Japan）型组织之后，提出了他所设计的“Z 型组织”模式，并倡导一种“Z 型文化”。在他的研究中提出了企业文化的概念，为企业文化的理论发展奠定了基础。

同年，美国两位教授理查德·帕斯卡尔和安东尼·阿索期出版《日本企业管理艺术》一书，他们设计了一个简单而十分有效的企业管理“7s”框架，并且提出，任何企业想要获得成功，都必须紧紧抓住 7 个要素，并且把它们看成是相互关联而绝不是孤立的。

1981 年 7 月，美国哈佛大学教育研究院的教授特雷斯 • E. 迪尔和著名的麦齐管理咨询公司的专家阿伦 • A. 肯尼迪出版了《企业文化——现代企业精神支柱》一书。该书从系统上把企业文化当作一门理论，进行了最深层和核心的探讨，不仅仅包括对企业的价值观和文化仪式活动，还对企业的相关活动都进行了探讨。

2. 企业文化的定义及其特征

Schein（l992）认为企业文化的形成会经历三个阶段，分别是文化的创造（Creation）、文化的深植（Embedding）以及文化的增强（Reinforeement）。行为受文化的影响，不同文化背景对企业文化的影响，包括对企业的核心价值观、管理制度、管理风格等方面的影响，是企业文化影响企业管理最重要的一个层面。

Edgar Schein 于 1975 年提出，企业文化是一个组织为了克服外在的适应及内部的整合所共享的基本假设。

W.G..Ouchi 1981 年指出，企业文化是一套象征物、仪式及传说，组织通过这种方式将基本价值和信仰，传输给成员。Denison 之后在 1984 年提出，企业文化是价值、信念及行为模式所建立的一个组织的核心体。

1985 年，Shcein 在企业文化定义上加入外部环境的观点，认为企业文化是组织克服外部环境之适应问题及整合内部环境问题时，所发明、发现或发展出一套想法或基本假设。当组织能有效运作时，这些想法或基本假设将被用来教导新进成员去思考、感受和接受相关的问题。

帕斯卡尔和阿尔斯在 1985 年指出，企业文化是指导企业制定成员和顾客政策的宗旨。爱德加·沙因认为，从企业的各个层面上来说，文化就是根本的思维方式——企业在适应外部环境和内部融合过程中独创、发现和发展而来的思维方式，这种思维方式被证明是行之有效的，因而被作为正确的思维方式传输给新的成员，以使其在适应外部环境和内部融合过程中自觉运用这种思想方式去观察问题、思考问题、感受事物。

在 1996 年，Hodeg，Anthnoy&Gales（1996）对企业文化进行了如下的阐述，他们认为企业文化是由可观察与不可观察两个层面所组成，前者包含建筑物、穿着、行为模式、规则、故事迷思、语言及仪式；后者则包含共享的价值观、规范、信念及组织成员的假设。基于企业永续经营的最高指导原则，企业文化是会随着环境变动而改变。

也是在 1996 年，Robbins 则认为：企业文化是一种组织内一致的知觉，是描述性的，且具有共同特征，能区分组织间之差异又能整合个人、团体和组织的系统变项。

司徒贤达在 1997 年指出企业文化为组织成员所分享的一些重要价值观念，这些价值观念将影响成员决策的方向。

到了 2001 年，Datf 指出，企业文化除具备整合员工并引导员工之日常活动以达成组织既定目标外，尚能协助组织适应外在环境而做出迅速且适当的反应。

此外，威廉·大内在《Z 理论——美国企业界怎样迎接日本的挑战》一书中，对于企业文化的相关定义为，企业文化是进取进取、守势、灵活性，即确定活动、意见和行为模式的价值观。而特雷斯·E. 迪尔和阿伦·A. 肯尼迪在《企业文化——现代企业精神支柱》一书中的观点为：企业文化是由五个因素组成的系统。其中，价值观、英雄人物、习俗仪式和文化网络是四个必要因素，而企业环境是形成企业文化唯一的且最大的影响因素。因此，理解企业文化的重要性，就是重视“运用价值观形成、塑造英雄人物、明确规定习俗和仪式并了解文化网络来培养其职工行为的一致性”。

国内外不同的学者对于企业文化的定义不下几百种，各抒己见，各有侧重。但是其中还是达成了不少共识，有相同的认识之处。首先，大部分的定义都偏重于企业文化是一种观念，是一个企业的价值观，是一个企业的基本概念和信仰，或者可以说是知道一个企业行动的哲学。其次，企业文化可以理解为一种管理方式，强调以人为本，建立一种企业成员的使命感和责任感，企业文化作为不可或缺的枢纽，把各个成员和企业联系为一个命运共同体。最后，作为文化必须有其依托，必须依据企业本来存在的物质载体。而企业文化本身是无法衡量的，只能借助于企业在市场中的表现来间接的衡量。

企业文化一旦形成，便会在企业的日常经营活动中通过各种形式渗透到员工的思想中，在新成员中形成一致的价值观，激励广大成员朝着统一的目标前进。总结起来，企业文化主要有以下特征：

（1）隐性特征。企业文化并不是企业的一个设备，一种装束，它存在于成员的意识中，有的企业甚至难看到确定的、表露出来的文化内涵，但是，企业文化沉淀于每个成员的思维中，起着指导作用。

（2）稳定性。要想塑造一种企业文化，企业需要花费相当长的时间，不断探索，不断磨合，最后才能找到最适合企业的文化方式。而企业文化一旦形成，从大体上来说都有其稳定性，作为企业的一种灵魂，为了企业的稳定，企业文化不可能朝令夕改，尽管有小的变迁，但原则上是固定的，指导企业的生产、经营战略。

（3）可塑性，或者可模仿性。从企业文化的形成途径来考量，并不是排他的和独一无二的,企业可以采取不同的路径来培养企业文化。最常见的是在长期经营中沉淀而成的，可以由其中具有领导力的领导者树立榜样来实现。在企业并购中，由于本来就有其文化，因而可以扬长去短，综合各自的特色，来建立自身的特色文化，还可以以行业中的佼佼者为榜样，通过借鉴来实现。

（4）差异性。企业文化，归根究底，是文化的一种，因而其根深蒂固的受到不同地区、不同民族、不同社会的思维方式的影响。甚至在相同的民族和地区，在不同的行业中，也会有不同的管理风格和处世理念，制度上甚至也有很大的差异，因而不同的行业，不同的企业，甚至相同的行业，不同的企业，由于不同的领导者和理念，也会产生不同的文化类型。

（5）灵活性。企业文化虽然说有其稳定性，但是并非一成不变的。它有一定的弹性，因为企业存在的外部和内部环境都在不断的变迁中，因而企业文化也要符合时代的潮流，与时俱进。

（6）自觉性。企业文化作为一种观念、意识，并不能强加于成员之上，也并非硬性的纪律和规章制度，主要强调的是各个成员之间的认同，而非强制的遵守。其发挥作用的主要途径也在于通过启发人们的自觉意识。

5.1.2 企业文化层次的相关理论

1. Hofstede 模型

GeertHofstede 认为企业文化的显现方式有四类：价值观、仪式、英雄人物和象征，其中企业文化的核心是价值观，而通过仪式、英雄人物及象征等方式显露于外；1990 年 Hofstede 等人在研究跨国企业文化中，分别使用价值观和由仪式、英雄人物和象征所形成的行为惯例来衡量企业文化，结果发现以行为惯例来衡量企业文化，其衡量效果较佳，同时也可作多变量分析和组织间比较（郑清祥，1991）。

2. 企业文化睡莲图

该理论由英国学者爱伦·威廉（Allan WilliamS）、鲍·德布森（Paul Dobson）和迈克·沃德斯（Mike Walters）提出，在其描述中，企业文化就像睡莲一样，最底层是不可以描述的信念，滋生在水面之下的茎部类似于可以描述的态度和价值观，而漂浮在水面之上的莲花就是可以观察到的企业的具体行为。该模型生动形象地说明了企业成员的行为、态度、价值观是由他们所拥有的性能决定的，这些信念中有一部分是潜意识的，企业成员的信念是企业文化的核心因素。

3. 企业文化冰山图

这是由美国学者帕米拉·路易斯（Palnela Lewis）、斯蒂芬·古德曼（Stephen H.Goodman）和波特利亚·范德特（Patrieia M.Fandt）提出的。冰山是由水面之上可视部分和隐藏在水面之下的部分组成，类似于企业文化，看得见的东西就是具体行为，而水面之下的就是信仰、观念、共同价值观、宗旨和行为标准，和模型二的区别在于只区分了两个层次。

4. K 理论

新西兰大学四位学者克尔·英克森、希赖斯·亨尔、尼克·马奇、吉尔·埃利斯，从 “kiw”的国鸟处获得灵感，创立了 “K 理论”。他们提出“K 理论”模式，类似两个背靠背“K”(即黑线“K”和反方向白线“K”)的主干构成是企业目标、核心人物和全体成员。企业中起主导作用是核心人物，他们带动全体成员为实现企业目标而不断努力。而实现目标，有赖于企业内部良好的、亲密无间的人际关系，故用 kithandkin（亲戚好友）一词表示。轴心两旁，一边是企业的内部机制(包括简化的控制和不断创新两个因素)，另一边是企业外部环境（包括顾客意识与外界的联系两个因素)。外围用一条线连接起来，就代表了企业文化。

5. 山之内社员形象图

日本著名的“山之内”制药公司精心设计和制作了“山之内社员形象图”，并把它悬挂在公司的醒目之处。该图形类似一个汉字的山，由左中右三部分组成，分别是创造力、组织力和活力三叶组成：居中的创造力一叶为蓝色，与科学、理想、理论相联；左侧的组织力一叶为绿色，象征着和谐与自然；右侧的活力一叶为红色，代表着热情、活力和胜利。组织力和活力是创造力的基础，而创造力是公司的灵魂。

6. 11—C 环形模式

美国学者卡尔·佩格尔斯在《日本与西方管理比较》中提出了“11—C 环形模式”。“11—C 环形模式”的核心是文化，以此为轴心，其余 10 个 C 是 Communication，即信息联系；Concept，即观念；Concern，即关心；Competitiveness，即竞争；Cooperation，即协作；Consensus，即协商一致；Coalition，即结合；Concentration，即集中；Control，即控制；Circles，即小组。它们相互联结，围绕在“文化”中心的四周，宛如众星拱月。

5.1.3 企业文化的类型及实现载体

一、企业文化的类型

企业文化实践至今，极其丰富，可以分为不同的类型，目前理论界比较普遍的分类主要如下：

1. 企业文化的“七维图”

罗宾斯和卡尔特提出企业文化的“七维图”。企业文化的七维分别是：

（1）创新和甘冒风险，即创新型企业文化；

（2）注重细节，即以质量为中心的企业文化；

（3）以结果为中心，即以结果为中心的企业文化；

（4）以人为中心，即以人为本的企业文化；

（5）以团队为中心，即以团队为中心的企业文化；

（6）进攻性，即进攻型的企业文化；

（7）求稳，即保守型企业文化。

2. “十六种类型和双层观察”说

德国慕尼黑大学教授E.海能在《企业文化——理论和实践的展望》一书中总结了企业文化的十六种类型，提出了双层观察学说。他提出，在考察企业文化的时候要实行“双面考察”，“双面”具体的内涵是，一方面要考察企业文化的思想体系，主要是指共同的价值观，即主观意识方面的；另一方面主要是要考察企业文化传播的媒介，即象征、象征行为和象征性的作品，也就是偏客观方面的物质存在。

3.“四种类型”说

迪尔和肯尼迪在《企业文化——现代企业的精神支柱》中指出，企业文化的类型，取决于市场的两种因素：企业经营活动的风险程度、企业及其雇成员绩效的反馈速度。由市场环境决定的四种文化类型是：强人文化，或者翻译为硬汉型文化，属于个人主义者，经常冒大风险，所采取的行动不管对错与否，反映很迅速，采取这种企业文化的企业其一般是高度集权的；“拼命干、尽情玩”文化，这种文化是玩乐和工作兼顾，反馈速度也比较快；攻坚文化（或“赌博文化”），这种文化是一种风险偏好的态度，反馈较慢，可能要过好几年才能看到成果，也才能知道决策正确与否；过程文化，这种文化很少或者几乎没有反馈，员工很难衡量自己所作的事情，只是把精神全部集中在“如何做”上。

4. Cameron，Hofstede&郑清祥模型

1991年，郑清祥在参考Cameron（1985）及Hofstede（1990）等人理论的基础上，以内向、外向及弹性、控制两个构面总结了四种企业文化类型：一是支持性文化，这种类型的企业文化其组织工作环境相当开放、和谐，具有家庭的温暖感觉，组织中具有高度支持和信任，重视员工参与和团队精神，行事态度较为审慎保守，不会接受大风险和大的变革；二是创新型文化，这种类型的企业文化其组织工作环境相当开放，重视员工的创新和挑战，组织中也具有高度支持和信任，尊重员工个别的独特性，容许冒险及尝试错误，同时也十分外向，会追求企业较不熟悉的风险且接受重大变革；三是效率型文化，该类型的企业文化其组织非常重视成本及绩效的控制和完成，非常讲究工作效率，个人之间、部门之间的绩效都须相互竞争，主要根据风险/收益的权衡行事，经常冒大风险，并能接受极大的变革；四是官僚型文化，这种类型的文化其组织层级结构与权责划分相当明确、清楚，工作性质大都已标准化和固定化，行事态度较为审慎保守，规避风险且拒绝重大变革。

5. Ansoff从组织发展的角度，以策略观点区分的企业文化

它主要可以分为五种，分别是：稳定型文化，特征为逃避风险，不接受改变；反应型文化，该种文化接受最小的风险，几乎不接受改变；接受型文化，接受相当的风险和少许改变；探索型文化，考虑风险与利益之间的转变，接受许多改变；创造型文化，特征为喜好冒险，追求不停的转变。

6. Wallach依据组织的氛围划分三种类型

依次是官僚型文化、创新型文化和支持型文化。其中，官僚型文化建立在控制和权力的基础上，权责分明，具有标准化的工作职责；创新型文化面临激烈及动态环境工作内容，具有创造性，所承担的风

险较高；支持型文化，具有高度的支持、公平、鼓励开放，拥有关系导向与和谐的工作环境。

7. Sonnenfeld 依组织的差异及组织成员搭配的重要性划分为四类

分别是：学院型文化，组织喜欢用刚毕业的新人，对其培训后分配到各个岗位；俱乐部型文化，组织重视适才适用，员工的忠诚度、行为约束、年龄和经验；棒球队型文化，组织雇佣不同年龄与经验的有才之士，论功行赏，该种文化比较适合风险偏好者和创新者；堡垒型文化，组织保留剩余的财富，对员工分配的不多。

8. 河野丰治依组织活力及其领导者两个构面划分为五类

分别是：活力型文化，特征为喜好挑战，上下沟通良好，员工具备强责任感；独裁活力型文化，这个一般用于企业刚创立的时期，领导者具备革新取向；官僚型文化，组织有过度谨慎的倾向，一般是在政府机关中；僵化型文化，员工做的工作都是固定的，类似于流水线作业；独裁僵化型文化，由于公司高度集权，独裁者造成的僵化型文化。

二、企业文化的实现载体

心理学中的人本主义认为，人的行为是自身内在的需要与周围环境综合作用的结果，具体到一个企业来说，企业文化是通过影响员工个体心理，企业环境心理决定个体行为。企业文化对员工个体心理的作用主要是通过对个体进行的培训活动形成的，包括对员工价值观和职业操守的教育。而企业文化对员工环境心理的影响则主要是借助一系列载体，通过把无形的文化具象化来达成的。

企业文化的载体一般为三类：物质载体、行为载体、制度载体。物质载体包括企业产品、企业标识、生产经营设备、办公场地等一切物质性的东西。行为载体包括成员、管理层在内的成员行为、股东行为以及体现企业意志的行为。制度载体包括企业领导体制、企业组织结构和企业管理制度等方面。

从物质载体看，物质载体是企业生存发展的基本物质条件，良好的办公场所可以使员工在舒适的环境中有更有效率地工作；优质的产品质量是企业稳定收入的重要来源，使得企业在市场中形成良好的口碑和稳定的客户群。企业标识、品牌是企业文化的直接表现，通过企业标识、品牌，我们可以看出企业的价值诉求。而且一旦企业品牌得到了市场的认可，企业也就拥有了一种价值巨大的无形资产。以上这些都会使企业员工对企业产生强烈的自豪感与认同感，增强企业的凝聚力，促进企业的发展与绩效的提高。

从行为载体看，企业员工的行为表现，尤其是管理层成员的行为，对企业员工有着极强的示范作用。如果企业的管理层在工作中做到处处以身作则，能够为广大员工起到模范带头作用，与员工同甘苦，那么企业员工也会全身心地投入工作，关心和支持企业发展，同时也会有助于增强企业员工对组织的认同感，形成强大的企业凝聚力和向心力，减少员工的流失率。相反，如果管理层的行为表现与企业文化背道而驰，言行不一，员工的积极性会受到打击，人的机会主义倾向会使企业内部出现“搭便车”的现象，降低企业的组织效率，同时，员工对企业的认同感也会降低，加剧人才流失。

从制度载体看，诺斯认为，“制度就是一系列被制定的规则、守法秩序和行为道德、伦理规范，它旨在约束主体福利或效用最大化利益的个人行为”。 由于人是有限理性的以及人的行为具有机会主义倾向，建立在企业文化基础上的一系列制度安排可以约束企业中人与人之间以及人与市场之间的行为，从而减少信息不对称和不确定性风险，降低交易成本，提升组织绩效。

人才培养对企业发展的作用机制主要是从两方面进行的。企业对员工的培训一方面是对员工价值观、职业道德的培养。员工人力资本的发挥首先依赖于员工对企业文化、企业价值观的认同，只有在共同的价值观之下，员工才能与企业同心同德，同呼吸共命运，充分发挥自己的聪明才智，为企业的发展做出自身的贡献。同时，员工职业道德的培养也极其重要，尤其是对保险行业来说，究其根本是一种信用经济，诚信原则是维系该行业健康有序发展的基石，也是从业人员应该遵循的基本原则。另一方面是专业技能的培训，企业员工的专业素质直接关系到员工既定工作任务能否顺利完成，乃至整个企业战略目标的实现。

可见，人力资源是实现企业文化不可或缺的执行者和载体。

5.1.4 人力资源理论概述

1. 霍兰德职业性向理论

霍兰德认为，每个人的性格和天赋决定了其职业性向，他根据劳动者的心理素质和择业倾向，将劳动者划分为特征各不相同的六种类型：实际型、探索型、艺术型、社会型、创业型和常规型。各类型的特征如下：①

实际型：愿意使用工具从事操作性工作，动手能力很强，做事手脚灵活，动作协调，偏好于具体任务，不善言辞，不善交际。

探索型：思想家而非实干家，抽象思维能力强，求知欲强，肯动脑，善于思考，不愿动手；喜欢独立的和富有创造性的工作；有学识才能，不善于领导他人。

艺术型：喜欢以各种艺术形式的创造来表现自己的才能，实现自身价值；具有特殊艺术才能和个性；有创造力、乐于创造新颖、与众不同的艺术成果，渴望表现自己的个性。

社会型：乐于助人，喜欢从事教育工作；喜欢参与解决人们共同关心的社会问题，渴望发挥自己的社会作用；寻求亲近的人际关系。

创业型：追求权力和物质财富，具有领导才能；喜欢竞争，敢冒险；善交际，口才好。

常规型：尊重权威，喜欢按计划办事，习惯接受他人指挥和领导；不喜欢冒险和竞争，富有自我牺牲精神；工作踏实，忠诚可靠。

事实上，大部分不仅仅只有一种职业倾向。如果具有的两种职业取向高度相关，那么将比较容易选定一种职业。但是，如果具备的两种职业取向相差甚远的话，那么将很难做出选择。

企业应该根据确定的组织结构和工作任务设计，为每个职位选聘与配备恰当的成员，这就是人力资源管理的重要任务。一个组织的日常运作与预期目标最终是通过人的努力来实现的，员工队伍的素质与

① 参考谭力文、李燕萍主编：《管理学》第三版，武汉大学出版社，2009年，第222页。

能力在很大程度上制约着组织的业绩与发展前景，聘任并保留优秀的员工是一个组织取得成功的关键。

2. 选聘组织成员的途径

一般来说，主要可以分为外部选拔聘任和内部调整提升。

（1）外部选拔聘任

当组织处于初建或者业务发展、规模扩大的期间，企业需要采取外部选拔聘任方式引入人才，当组织自身的管理人员不足以胜任或者数量不足的时候，也需要采用外部聘任吸收人才。这种方式的主要优点是有广泛的人才来源，且能给组织带来不同于原有组织文化的新思想，增强组织的活力，尤其是高层主管职位外聘，有利于为组织的发展打开新思路，带来新观念。此外，选择经验丰富的外聘者，还可以避免由于内部提升所引起的矛盾，并且还可以节约内部的培训成本。不过就像一把双刃剑，其最大的缺点也在于伤害了组织内部人员的积极性和进取精神，导致对将来的提升失去信心，或者认为外聘者不一定能够胜任，产生了一种不公平的消极情绪。

（2）内部调整提升

当组织内的工作职位由于结构变动或退休、调动等原因出现空缺时，可以在内部的人员中选拔那些表现优秀，有胜任能力的人来充实空缺的职位。或者将原来的一些管理人员提拔到更高的职位上，担负更重要的职责。与此相对应的，企业必须在之前就建立起完整的考核记录，在提升的时候就可以有据可循。和外部选拔聘任相比，内部调整和提升主要的优点是有助于激励组织成员努力上进。因为在职业的道路上可以看到晋升的希望或者调换其他工作的机会，员工们将自觉地不断充实自身的知识并积极主动的工作，以取得优秀的业绩，从而使组织中充满积极进取的精神。此外，由于内部人员熟悉组织的目标和日常运作程序，有利于较快的熟悉和进入角色。不过其缺点在于只从内部选拔人才受到了一定的局限，可能使组织趋向于封闭，可能在潜移默化中固步自封，形成论资排辈的官僚作风。

3. 员工的再发展

McGehee & Thayer 1961 年提出培训是企业为了提高员工执行工

作上所必要的知识、技能与态度，或培养其解决问题的能力；而教育则指个人一般知识、能力的培养。James W.Walker 在 1992 年认为，培训可帮助员工学习与工作相关的技能，改进工作绩效和实现组织目标，教育使员工学习面向未来的工作能力。培训与教育是提高员工技术和能力的主要手段，也是实施战略的重要途径，因为它影响到员工的价值观、态度和习惯，它也是管理者所控制的一个重要的沟通手段。

在进行选拔、聘任之后，应该对员工进行培训。随着知识经济的到来，企业的竞争力更多地来源于比其他企业更快学习的能力，员工素质的提高是企业竞争力的源泉。企业根据培训目的和对象的不同，可以分为新员工的岗前培训、一般员工的在职培训、管理人员的晋升培训等。

岗前培训是指对新招聘的员工进入新的工作职位之前进行的短期培训，其内容除了介绍公司的发展历史、现实状况、组织结构、业务流程、管理制度和相关行为规范的训练，主要目的在于帮助新员工掌握岗位工作要求和操作技能，树立责任感和企业意识，逐渐被周围的同事所接受。这也是融入企业的一个初始过程，感受企业的氛围和企业文化，成功的岗前培训可以降低不良工作行为的发生率。

不论是组织还是个人，更重视的是实际工作能力的持续提高，而在职培训就是对企业员工在本公司期间进行的旨在全面提高工作能力和综合素质的培训。在职培训一般包括岗位培训、脱产培训和模拟仿真等多种形式。

管理人员的晋升培训主要着眼于其改善现有工作状况和创新能力的提高，为将来晋升职位、在更高层次上开展工作、承担更多的责任做好准备。通过学习新知识、接受新观念或改善人际关系技巧的训练，在帮助管理人员充分了解其工作环境的基础上，重点培养其系统思考、统筹全局的前瞻性思维。

5.2 中小财险公司文化建设研究

从行业分类的角度来看，保险属于金融服务业，而非制造业，在保险公司工作的员工属于知识员工，企业文化在其中的作用强于制造行业，因为对知识员工的管理远远复杂于生产线的员工。德鲁克在《21世纪管理的挑战》一书中指出，对知识员工的管理和其效率的评价是21世纪管理面临的六大挑战之一。而企业文化的建设，可以提升管理水平。

保险行业基本文化理念：保险文化是保险企业内在的价值取向、经营理念，是保险从业人员的思维方式和行为规范。建设社会主义先进文化，落实到保险业，就是要弘扬“服务大局、勇担责任、团结协作、为民分忧”的行业精神，就是要发扬保险“一方有难、八方支援”、“我为人人、人人为我”的互助精神，就是要体现保险业的人文关怀和社会责任，使团结、互助、和谐、友爱的保险文化成为社会主义先进文化的重要组成部分。

保险公司的文化与战略是息息相关的，战略中必须包含企业文化，企业文化业也必须和战略保持一致。保险公司发展战略是企业文化的一种反映，有什么样的企业文化，便会产生什么样的公司战略。优秀的企业文化往往会形成有效的公司战略，是公司的驱动力与重要支柱。另一方面，企业要创建有利于公司战略实现的优秀的企业文化。企业文化在指导企业制定战略的同时，又是调动企业全体员工实施战略的保证，是“软”管理的核心。

5.2.1 保险公司企业文化的内涵

通过调研发现，国内各保险主体对企业文化重要性的认识逐步增强，企业文化建设在凝聚公司力量、增强公司核心竞争力方面的作用越来越显著。中小财险公司也致力于形成公司特色的企业文化。认识较深入的公司已将企业文化和品牌建设作为公司核心竞争力的主要因素，诸如以人为本、诚信建设。

1. 保险企业文化建设的定义

本书所界定的企业文化，是指一个企业的核心价值观。具体指建立在企业物质载体基础之上，以企业共同价值观为核心，包含企业制度、道德规范、行为取向等方面的企业精神、规章及相应组织和活动的总和。具体到中小财险公司而言，就是企业创造的具有自身特色的精神与物质财富，包括思想道德、价值观念、人际关系、传统风俗、精神风貌、核心价值体系以及与此相适应的组织与活动等。

保险企业文化建设的范畴应渗透到公司经营管理的各个层面，包括发展战略、决策机制、价值观念、行为规范、经营管理、规章制度、客服服务、社会公益等方面。保险企业选择怎样的企业文化，基础还在于对所处行业属性的理解。本书认为，保险行业定位于金融服务业，因此中小财险公司的企业文化不应过分提倡所谓“狼文化”和单纯逐利的思想。保险经营的是一份信用，因此树立诚信文化和服务奉献的意识是很有必要的。

和其他行业或者企业相比，保险企业的企业文化还应该有其特色，主要表现在以下几方面：

（1）保险企业文化应具有高度的战略性。优秀的企业文化对企业起着提纲挈领的作用，是企业的灵魂，把企业的员工凝聚起来，为企业的发展指明了方向。保险公司的企业文化，建设之初，就应该高定位，着眼于建立高标准、高质量和高品位的企业文化，形成自己独特的企业文化理念和价值观。企业文化不仅要反映现代国有商业保险公司发展的客观规律，又要体现社会主义精神文明构建和谐社会的内在要求，既要反映保险行业的行为特点，又要体现岗位责任心和主人翁精神，对每个员工在相当长的时间内都能起到规范、约束和协调的作用。

（2）保险企业文化应具有鲜明的时代性。保险企业文化应该与时俱进，和经济的发展相协调。在保险业发展之初，我国的经济还比较落后，保险的职能主要体现在保障和储蓄方面。随着经济的发展，人民生活水平的提高和需求的改变，保险兼顾保障、投资的职能。目前，传统的保险业正在向知识化、信息化的现代保险业转变。吴定富主席也多次强调，保险业要注重创新，包括产品、体制、思想和技术等方面的创新。保险业应该以知识、信息和技术来增强其核心竞争力。而企业文化贯穿保险企业的经营流程，必须紧跟潮流，符合现在保险业又好又快发展的宗旨，并且是“好”字当头，质量优先，注重人才建设，推崇文明、和谐的公司价值观。

（3）保险企业文化建设应有明确的目的性。企业文化的建设、企业的战略、企业的愿景从理论上来说，是一致的，共同致力于企业的长期发展目标。保险企业文化建设的目标应该是提升企业的核心竞争力，并非一纸空文，纸上谈兵。企业在建设企业文化的过程中，必须遵守市场经济规律的要求，通过对市场经济的反映，切实找准企业文化和经济特征的结合点，以企业文化促进企业管理，以企业管理带动企业文化，使二者互相促进，共同发展。

（4）保险企业文化建设必须保持文化的价值观和员工的价值观相一致。企业文化应该给员工一种归属感，增强企业的凝聚力，在管理层的领导下，广大员工必须广泛的参与，克服不良的企业文化。企业文化形成过程中的基本状态是对企业发展有积极作用的新思想和新观念，取代旧观念，推陈出新，并且新观念必须得到大多数成员的认同和肯定，从而才能和员工的核心价值观相统一。由此而产生一种使企业与员工核心价值观相统一，以企业为中心的共同价值观，产生企业的向心力和凝聚力，最终使公司发展与员工发展相辅相成，相得益彰。

（5）保险企业文化建设应注重实践性。企业文化建设并不是空中楼阁，纸上谈兵，必须落到实践中，才能发挥应有的作用。企业文化只有渗透到企业的经营管理、有力的制度约束、和谐的人际关系等环节中，才能最大限度地发挥应有的作用。员工在工作中受到公司文化潜移默化的影响，渐渐的认可其价值和意义，才能真正发挥应有的作用。

2. 保险企业文化分类

企业文化一般是在公司的长期经营过程中，不断探索、累积的共同意识和价值观，或者通过模仿同行业典范所形成的。而我国目前的财产保险市场上，中小公司普遍历史较短，绝大部分成立的时间不足十年，多数是在 2005 年之后成立的，目前尚没有真正成型的企业文化。企业成立的大环境、所有制关系以及第一任管理层的风格对企业文化有重要影响。

我国中小财险公司有国有和民营之分，由于各家中小财险主体成立历史短，第一任管理层主要来自三大保险主体，因此本书认为现阶段可将一些中小财险公司的文化按照人保文化和平安文化分类。例如大地、阳光的企业文化与人保文化有很多相似之处，而都邦企业文化的一些特点与平安文化一脉相承。从整体来说，人保文化更加注重和谐，坚持以人为本，践行和谐奋进的企业文化，其的核心价值观是“诚信立业、稳健经营、创造卓越、回报社会”。人保文化大力弘扬中国尊重和依靠广大员工的优良传统，把“关心员工、理解员工、尊重员工、爱护员工”作为企业文化建设的基本出发点。人保致力于不断壮大人才队伍，形成人才优势，努力营造“共建和谐企业、共谋企业发展、共享发展成果”的良好局面。从整体经营理念来分析，人保主要秉持“以市场为导向，以客户为中心”，即市场决定、检验并证明一切，而关于客户，企业应该把客户作为衣食父母，客户的满意度、认同度以及客户的忠诚度是其工作的出发点和归宿。

相比较而言，平安的文化比较注重执行力，严格执行竞争、激励和淘汰三大机制。平安文化的价值观是价值最大化，这是平安经营管理中检验一切工作的标准。平安企业特性可以用“一二三四五”来概括。具体来说，即一个品牌，两个终身，三大机制，四大责任，五个最好。一个品牌是指平安的愿景，成为国内企业改革的先锋和中国金融业的翘楚、典范。两个终身是指依托 anytime、anywhere 和 anyway 的 3A 服务体系，对客户终身服务，而对员工进行职业生涯规划。三大机制是指竞争、激励和淘汰。平安不仅注重外部的竞争，还十分关注内部的竞争，从而激励一大批有识之士走上管理的舞台，一大批年轻人加入管理层的行列。四大责任是指对客户负责，对股东负责，对员工负责，对社会负责。公司执行严格的全预算和签报申请，有效的控制支出，防止浪费和滥用职权。五个最好是指管理、服务、机制、人才和产品。平安建立了网络、门店和业务员三大服务网。目前平安的高管中本土人士和海归派各占一半，因而可以汇集不同的思想，更直接和方便的借鉴国际的先进经验。

这两种企业文化，虽然风格迥异，但是从文化的本质来说，文化是一个企业的价值观，不同类型的文化无好坏之分，关键是合适与否。

5.2.2 保险公司企业文化建设的意义

发展中国先进文化是毛泽东文化思想的核心，“古为今用、洋为中用”和“百花齐放、百家争鸣”的方针，对发展企业文化建设，特别是对中小财险公司企业文化建设，具有指导作用。尤其是在倡导管理“以人为本”的今天，企业文化被誉为现在企业的核心竞争力，企业文化越来越受到重视。如今，如何运用优秀的保险企业文化来调动员工的积极性，增强企业的凝聚力，使企业文化导向和战略目标相吻合，是企业不断探索的方向和目标。

中国保监会主席吴定富指出：现代服务业的竞争，从深层次上讲是行业文化的竞争。行业文化作为综合实力的重要组成部分，关系到一个行业的生命力、创造力和凝聚力。保险业不仅要注重资本实力和市场规模等“硬指标”，更要重视行业文化建设，提升保险业的“软实力”。

企业文化是公司发展的基础。对于财险公司来说，企业文化决定着资本和人才两个核心要素作用能否有效发挥，进而决定着公司各项战略和策略能否科学制定及执行到位（见图 5-1）。

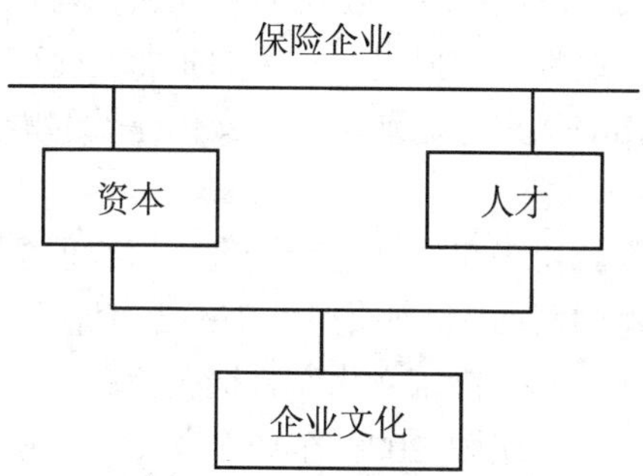

图 5–1　企业文化示意图

从短期来看，企业文化建设解决的是凝聚力问题，是规章制度的执行问题，是员工处理事物的方法和方式问题；从长期来看，企业文化解决的是品牌问题，是公众对公司的认知问题，而品牌是金融服务业获得长期利益的必要条件，解决的是企业的可持续发展问题。

具体来说，企业文化是中小财险公司核心竞争力的重要组成部分。企业文化是以一定的价值观为核心，能够激发出企业员工的责任心和创造力，培育企业的团队精神，形成积极向上的凝聚力，可以提高企业的整体效率。独特的企业文化能够使企业的核心竞争力难以为对手模仿，能够保证其竞争优势更具有持久性。

企业文化能够促进和保障公司上下对战略决策实现统一的认识和有效的执行。作为一种可传承性的资产，本身就具有巨大的价值，当企业文化力作用到企业的产品时，这种价值更是难以估量的，从消费产品到消费文化，企业文化力的价值性越来越受到人们的重视。企业文化在长期的培育过程中，由于每个企业的员工、企业的发展过程、经营管理手段方法以及成长的环境各不相同，企业文化具有鲜明的企业特征，并且伴随着企业的成长，独特的企业文化力也在动态的发展变化。因此，企业文化力是核心竞争力最重要的组成部分。

5.2.3 中国中小财险公司企业文化建设的现状及问题

1. 企业文化建设取得的成绩

随着保险业的发展，国内各保险企业在文化建设方面进行了广泛探索，积累了许多经验，均提出了自身的企业文化建设纲要。中小财险公司对企业文化的认识也逐渐深入，文化建设的能力和水平不断提高。

我国中小财险公司多在成立之初制定了核心理念，这些凝练的语句经常可以在公司的网站中、职场内、宣传品上看到。如表 5-1 所示。

案例一：渤海——“快乐文化”打造企业凝聚力

在企业文化高峰论坛暨 2008 全国企业文化建设工作年会上，渤海保险公司获得“全国企业文化建设先进单位”的称号，公司总经理王建东荣获了“全国企业文化建设优秀管理者”称号。那么，渤海企业文化有何特色？

表 5-1　中小财险公司文化的核心理念

保险公司	企业文化的核心理念
华泰保险	以人为本、诚信
阳光保险	一个追求：创造价值；二个根本：诚信、关爱；三个统一：激情与理性的统一、创新与执行的统一、团队与个人的统一
天平保险	尊重、共享、执行、卓越
太平保险	效益 合规 专业 执行
民安保险	用心经营 诚信服务
安邦保险	客户增值、员工增值、股东增值；求真、求实、求善；人人有保障、人人有机制、人人有机会、人人有支持、人人有快乐、人人有目标
华安保险	责任、专业、奋进
永安保险	诚信、创新、敬业、和谐
都邦保险	创造快乐
大地保险	诚信为先、稳健经营、价值为上、服务社会
渤海保险	创业的文化：艰苦奋斗，勇于奉献，不断创新的意识，顽强拚搏的精神，不屈不挠的斗志，勇于向前的胆识，穷尽资源的魄力，真抓实干的态度

资料来源：根据中小保险企业发展研究的调研问卷及保险公司网站资料。

子曰："言而无信，不知其可。"诚信作为保险业经营的帝王原则，是保险业的立业之本，也是保险业得以持续发展的必要保证。渤海保险在成立之初就深谙其道，知其重要性，成立伊始就确立了"诚信、简洁、实效"的企业核心理念，致力于企业诚信建设。诚信包括了三个方面的信任：企业与企业之间、企业与个人之间、个人与个人之间。不仅如此，渤海还强调艰苦创业的企业文化，注重勇于奉献的精神，创业文化的内涵包括不断创新的意识，顽强拼搏的精神，不屈不饶的斗志，敢于向前的胆识，穷尽资源的魄力，真抓实干的态度。

保险业作为服务业之一，主要是为客户提供风险管理服务，为投保人提供方便、快捷、有价值的服务。服务作为保险业的经营之本，在渤海受到了应有的重视，渤海坚持树立服务至上的经营理念。并且提出了“上级为下级服务、机关为基层服务、后线为前线服务、全员为客户服务”的“五项服务”理念。

上述这些都是渤海在结合保险业自身经营特点的基础上总结出来的协调一致的企业文化，此外，渤海还别具匠心的提出了“快乐”的企业文化。作为一家新公司，渤海保险的员工来自不同的行业，各自具有不同的文化特质，如何将这些不同的思想意识、价值观念、行为准则统一到渤海的文化旗帜下，凝聚生成一种新的理念和力量，是公司发展过程中面临的一项重要课题。为此，渤海保险一方面举办各种文化活动，为员工施展才艺、发挥特长提供广阔空间，促进员工综合素养和能力的提升，营造“快乐文化”的氛围；另一方面，不遗余力借助各种机会、通过各种方式把公司的人文关怀渗透到员工内心中去，让员工“凝聚在渤海、快乐在渤海、收获在渤海”，并将这种和谐共赢的文化传递给客户。

关怀也是渤海企业文化的一大特色，为使新员工尽快融入公司的文化氛围，渤海保险从细微处着手，让员工体会到公司对自己的亲情关怀。如外地分公司到总部出差，总部会安排人员进行接、送站；对在总部工作的外地员工，每逢节日，由其所在地的分公司派人到家进行慰问。同时，渤海保险还不断完善公司的福利设施，丰富员工的业余生活，如建立专门的运动场所，让员工在紧张工作之余能够进行适度的体育活动；建立会所并精心装修布置，为外地员工家属探亲提供住宿等，使其享受家庭的温馨。

总之，坚持诚信为立业之本，贯彻服务至上的经营理念，打造“快乐”的企业文化，无微不至的贴心关怀，加之不断的学习和创新，构成了渤海别具一格的企业文化。

案例二：太平洋——上下同欲者胜

在《孙子兵法：谋攻篇》中有过这样的表述：“上下同欲者胜。”古文今解，则为企业的员工和领导的观念一致，理念、价值观一致，生活、工作目标一致。如果能够保持这样的一致，企业就能结合成一个紧密的团队，可以实现最终的愿景。

运用传统文化的精髓，发挥其在现代企业管理，尤其是文化建设中的作用是太平洋寿险的企业文化特色之一。

而如何达到这种目标，主要是要通过制定共同的愿景。首先必须重视沟通，领导必须和基层进行充分的沟通，然后制定阶段发展计划，当然发展计划需要根据外部环境的变迁不断进行修订。另外还应该尊重员工，不仅仅把其当作雇员，而是“把员工当作老板”，在高层中强化这个理念。员工不是企业实现销售的工具，而是具有现代素质和创新能力的重要资源，增强其主人翁的意识，才能上下一心，实现目标。对员工的重视，可以概括为和员工签订心灵契约，使企业文化的理念真正的深入人心，培养员工的认同感。

太平洋不仅注重以人为本的企业文化，也很注重建立切实有效的执行文化。虽然公司强调营造“积极正面、听话照做”的执行文化氛围，但这并不是片面要求员工完全照搬领导的指示，而是要员工树立正确的态度、价值观和职业精神。公司所看重的是要树立一种严明的执行纪律，理解了就要执行，没有理解的更要执行，有条件的必须执行，没有条件的则要想方设法创造条件去执行。在执行的过程中，每个人必须保持一个动作，一个服务，实行标准化的作业。

以人为本的企业文化则注重以下三个方面：首先，关爱员工，切实关心员工的收入水平，帮助其成长，关心其家庭，分担其担忧，丰富其生活；其次，尊重员工，加强沟通，通过搭建不同形式的平台，传递公司的经营战略，听取和吸收他们的意见，同时对每位员工平等对待，让他们参与制定公司的决策；最后，激励员工，给予员工充分的信任，注重培训，给他们提供实现自身价值的平台，既鼓励创新，也允许失败，对于有突出贡献的员工应给予奖励。

弘扬中华民族的传统文化，以人为本，注重执行，做到上下同欲，这就是太平洋寿险的企业文化。

2. 企业文化建设存在的问题

（1）文化整合能力不足

我国中小财险公司的文化整合能力和文化建设能力尚不足以迅速培育出一支庞大的队伍，不适合快速扩张的发展模式，这是一个根本问题。表现为文化底蕴不足，这一方面是由于中小财险公司成立的时间过短，另一方面在于品牌竞争的意识仍然不够强烈，文化底蕴不足，表现为标语化、概念化，缺乏高品质、有特色的经营理念和服务宗旨。

中小财险公司创立之初，人员完全需要从业内吸纳，由于我国中小财险公司集中成立，且采取快速扩张战略，客观上加剧了人才短缺问题，不具备按照核心价值观选才的条件；主观上没有认识到以共同价值观整合队伍的重要性，导致一些公司的人才队伍杂牌军化，各类文化差异明显，难以融合，增加了管理的难度并降低了执行的效率。在上述文化的分类中，我国目前主要分为平安文化和人保文化两种，而中小公司的员工主要来源于这两家公司，而这两种文化差异相当明显，有不同的处事风格和价值观。如何进行整合，当务之急是如何缓解者两种文化之间的摩擦，企业应该明确公司的主线主要是哪一种文化类型，或者进行综合，创造自身的特色，而不能模糊不清，不明主线，形成朝令夕改，墙头草，没有主见的格局。目前，中小公司的管理制度还有待完善,必须杜绝给一些人员的违法违规行为以可乘之机。究其根本，还是必须落实到按照企业核心价值观选才及文化的建设和整合。

整合是重要的一个步骤，但是关键还是在于形成自身独特的企业文化，对于服务业来说，品牌的力量是不容小觑的。在花旗银行和旅行者的分分合合中，最早结合一个主要的原因就是旅行者小红伞的知名度，通过在美国家喻户晓的知名度，花旗可以打开另外一个领域的大门。保险业主要传导的是一种风险分散和保障的理念，如今消费者消费日趋理性，对品牌也愈加看重，因而企业也应该投其所好，创立让消费者信赖和依赖的品牌。而品牌的建立在很大的程度源于企业文化的建设。因为企业文化渗透并且影响着企业管理、经营和发展的内在动力。有些保险公司文化借鉴别人的多，而自己独到的少，参照西方的多，融汇民族精神的少，并且多为口号，落实到位的少。所以无法真正发挥企业文化的强大作用。

（2）诚信建设不到位

作为保险行业的帝王原则，诚信原则是保险行业能够持续健康发展的保障。由于我国保险市场发展迅速，一些中小企业盲目扩张，求大求全，诚信文化建设一度被忽视。近年来，我国保险业实现了高速发展，但是保险业的诚信问题一直备受社会诟病，成为了保险业高速发展的隐忧。

诚信问题在保险业中首当其冲的是销售环节，具体来说，行业中人才供给短缺与急速扩张需求的矛盾，导致了从业人员素质参差不齐，部分营销人员诚信意识淡薄。目前，我国财产保险的销售中一部分还是以代理人为主，而代理人问题在行业中也是备受争议的。有些代理人本身并不专业，在宣传推销的时候，过分夸大了产品的某些具有诱惑力的功能，或者为了投保人的意愿而私自盲目的降低保费、虚假降低客户风险度等。一些保险中介在开展业务时严重误导投保人，故意隐瞒合同的重要信息，不充分说明“除外责任”，甚至诱导投保人不履行如实告知的义务。尽管这种情况并不是多数，但是一个毒瘤有摧毁整个健康的有机体的潜在风险，给企业带来的负面影响足以败坏一个品牌。

同时，企业内部的诚信也有待加强，内部诚信主要是指员工的忠诚度，在这方面堪称典范的是日本的企业文化，终身雇佣制使得员工对企业拥有绝对的忠诚。然而，我国保险行业的人才缺乏稳定性，造成行业人才流动频繁，各公司之间互挖墙脚，大打“人才战”，使业务频繁流动，对客户的后续服务无法保证，企业信誉难以得到客户认同。代理人走马灯似的流失和流动，剩下的“孤儿保单”使得客户对公司丧失了信任，对代理人产生了质疑。虽然不少公司都对此有相关的规章制度，但是如何切实的实行，使之不是空中楼阁，还是各家公司必须思考和亟待解决的问题。

此外，诚信建设不到位，这影响了保险行业或者具体的公司的声誉，不利于企业自身的发展，更对整个行业的健康有序发展产生了消极影响。经验表明，市场份额比较大的公司，其客户和员工的忠臣度都很高，大部分的销售员在公司工作的年限都在五年以上。

（3）对企业文化认识存在偏差

目前，谈到企业文化，有一部分的员工所联想到的就是企业开展的各种文体活动、企业宣传的精神文明建设以及企业的形象塑造等。显然，这是很片面的一种理解，上述内容是企业文化建设的组成部分，但是不能以偏概全，它们并不是全部。

虽然各中小财险公司都强调企业文化对于企业内部的凝聚作用以及对企业发展的促进作用，但在认识上仍存在偏差。企业文化应该贯穿于企业的经营过程，并且作为企业战略的一部分，反过来又服务于企业的战略，文化建设是提升企业核心竞争力的重要途径之一。企业必须把它上升到战略的高度，而一些中小财险公司仅仅将企业文化等同于企业的外在形象包装，局限于内部的文体活动和思想教育活动。实际上，文化建设是一个系统工程，包含着方方面面的内容，是以企业共同价值观为核心，包含企业制度、道德规范、行为取向等方面的企业精神、规章及相应组织和活动的总和。

很多企业对企业文化没有给予足够的重视。“重业务发展、轻文化建设”，有些保险公司没有把企业文化建设当成领导班子的工作职责，没有提升到战略的高度，而把其视为某个部门的部门职责，只是让办公室工会制定一个方案，列出几条理念，开展几项活动，搞些形象宣传，并没有做出企业特色，和行业中的其他公司没有鲜明的区分。因为没有结合本公司的实际，有针对性、全面系统而科学地开展企业文化建设，“说起来重要，忙起来挤掉”的现象时有存在，即便是在一些比较大型的公司，关于企业文化建设的宣传活动都时常被“减肥”。

认识的偏差还导致了建设的不到位，一些保险企业在建设企业文化时“摸着石头过河”，缺乏系统科学的调研手段，提炼提升技术，一些企业聘请的专家给出的企业文化建设方案也似雾里看花，令人难以捉摸。真正的企业文化只有企业自身的管理层在结合企业的战略和经营特点才能提炼出来。而且关于企业文化的组织结构也并没有清晰的划分，从而造成对企业文化建设的组织保证薄弱，很少有专职的企业文化部，有的把企业文化工作放在行政部门，有的放在党群部门，有的放在人力资源部门等，职能不清，无法保证企业文化建设的常抓不懈。

（4）企业文化没有成型

由于我国保险业起步较晚，中小财险公司文化的沉淀还不够。虽然每个保险公司都提出了自己的企业文化，但大多流于形式，深度和全面程度不足，企业文化的真正作用远没有发挥出来。我国目前在文化建设方面比较成功的是平安保险集团，一句“买保险就是买平安”，“中国平安，平安中国”，让平安深入人心，广为人知，现在只要说到保险，不少人的第一反应就是平安，平安的广告语言简意赅，便于记忆，而且寓意良好，广得人心。而中小公司还远远没有达到这个境界，目前，很少有人熟知其经营理念，或者文化标语，有的公司的简称甚至都没有统一，因而消费者在谈论时，可能还并知晓。

一方面，企业的管理者在思想上还是不够重视文化建设，不注重把文化渗透入企业运营的各个环节。或将企业文化建设狭义地理解为搞活动，而且“把老板文化、企业家文化当成企业文化，以一己之经历、喜好、看法等拼合为企业文化”。企业文化的建设尚未形成一套完整而又能够付诸实践的体系。

另一方面，中小财险公司习惯于在形式上主观灌输，可能有时候会轰轰烈烈的开展一些活动，然而很难坚持，一旦有变化，可能就能省则省了。因而难以赢得企业多数员工的内心认同，员工也就缺乏参与企业文化建设的积极性，使得企业领导热心倡导公司文化，而员工意识模糊，认识不到位，对各种文化建设活动消极应付，企业文化形同虚设，得不到很好的贯彻执行，文化的推动力被化解于无形。员工缺乏对公司企业文化的认同，也是导致财险业人员流动率比较高的原因之一。

最重要的一点是，企业文化是需要对产业发展的经验与教训进行凝练的。完善、系统的企业文化应该是员工行为的指南，是管理与经营的航灯。只有这样，企业文化的生产力才有体现的空间。

5.2.4 中小财险公司企业文化建设的改进

1. 企业文化应有准确定位

首先，企业文化应与企业核心价值体系相一致，企业的愿景、使命和价值观决定了企业的文化导向，进而影响着公司的战略导向。企业文化建设能够对公司战略的科学制定和有效执行起到无形却重要的影响。例如，中国人保以“担四海风险，保九州平安”为己任，作为新中国第一家保险公司，从初创到今天，期间经历三大起伏、两大分合，这没能阻挡壮大的步伐，而是形成了包罗万象、无所不容的特点。保障职能从火箭卫星、奥运工程等国家重大项目，到工矿企业、交通运输、农业生产、对外贸易等经济领域，再到关系百姓的人身意外、健康、养老、出行、“菜篮子”和“米袋子”工程等，覆盖和渗透到各个领域。脱胎于中国人保的中国人寿，秉承“成己为人，成人达己”的双成文化和“厚重诚信，自强致远”的发展文化，作为中国最大的保险公司，正在建设世界一流的金融保险集团的大道上迈进，并一直奉“稳健经营”为宗旨，特别是在全球金融风暴的当下，公司采用“用国内业务带动国外业务”的收缩防卫战略，步步为营。近年来，各地保险行业协会的发起者、掌印者，通常不是人保就是人寿，且两家公司始终鲜有违规大案发生，恪守行业规则，热心保护市场资源，在包容、博大、稳健、踏实的企业文化的影响下实现着战略大发展。企业的核心价值就像一个灯塔，对企业的发展起着指引作用，企业文化同样也不能脱离其指引。

其次，从组织架构的角度，必须建立科学、规范的制度文化，培养员工自觉自愿的依规行为。制度文化，是指企业在经营管理过程中与企业精神和价值观等精神文化相适应的制度和组织结构。主要包括领导体制、组织结构以及权责的划分，制度文化是企业文化的一个重要方面。制度建立的好坏，直接关系到人的积极性、创造性的发挥。企业组织机构是企业为了有效实现企业目标而筹划建立的企业内部各职能部门以及他们之间的协作关系。企业管理制度是企业为求得最大效益，在生产实践活动中制定的各种带有强制性的各项规定与条例，包括企业的人事制度、生产管理制度、民主管理制度等一切规章制度。企业制度对企业行为具有强制性与约束力。因此，企业制度是企业权威的象征，在制度面前应做到人人平等。中小财险公司应该从制度的角度进行改善，企业的管理层必须对此高度重视。由于中小公司的经营一般还不到十年，经历有限，在提炼企业的核心价值观时，具体工作人员除了洞悉企业的内外部环境之外，还必须与企业管理高层尤其是主要领导人反复沟通，在全面深刻领会领导人的经营管理思想和战略规划的基础上，进行准确提炼，确保其提炼出的价值观和领导人的经营管理思想一致，而不是闭门造车的空口号。

最后，企业必须对定位后的企业文化进行一定的实物化，能够起到经常的提示以及不断的总结和改进的作用。例如，定期举办一定的仪式，使得企业文化深入人心。企业文化理应达到让员工刻在心里的境界，只有让全体员工了解以及理解才能使其在认同企业文化的基础上，按章办事。实现这种结果可以有多种途径：第一，通过公司高层在权威场合进行阐述，这样足以凸显企业文化建设在企业经营过程中的重要性；第二，全体员工一起讨论，达成共识，只有通过员工的探讨，才能发现是否存在理解的误区，才能凝聚共识；第三，一次报告或者讨论，并不能解决思想认识的问题，还可以利用媒体，立体宣传，进行耳濡目染的渗透，很多优秀的企业都拥有一份颇具影响，广受员工喜爱的内刊，在互联网高度发达的现在，还可以网络为载体。员工对企业核心价值观的接受需要一个过程，要使核心价值观为员工所理解、认同并自觉执行，就需要努力搭建全方位、多层次的信息沟通平台，促进大家的思想交流，达到潜移默化的“渗透教育”效果。

总之，中小财险公司首先必须对企业文化树立正确的定位，而不能摇摆不定，在定位之后，结合自身战略和经营，进行提炼总结，并在其后的经营过程中，通过实践的证明，不断进行修正。并且，还必须进行实物化，使其得到员工的认同和理解，从而在其基础上进行实践。

2. 企业文化应与行业文化相统一，落实诚信文化建设

保监会主席吴定富在 2008 年全保会上指出，要加强保险文化建设，塑造与现代保险业相适应的先进行业文化。具体就是要：培育服务社会、造福人民的行业文化；培育积极向上、艰苦奋斗的行业文化；培育诚信规范、合规经营的行业文化；培育和谐发展、合作共赢的行业文化。

中小财险公司的企业文化必须与行业文化的整体要求相统一，保

持正确的发展方向。基于保险行业在国民经济和生活中的重要地位，中小财险公司要增强服务意识和奉献意识；保持积极向上、艰苦奋斗的作风；坚持诚信服务，通过为客户创造价值，促进公司长远健康发展；使员工的创造愿望得到充分尊重，并实现公司与消费者之间的和谐，公司与行业之间的和谐，保险公司之间的和谐，个人与公司、行业之间的和谐。

针对现阶段中小公司面临的突出问题，应该普遍加强诚信文化建设。保险公司的收益主要来自保费收入及对保险资金运用的投资收益。这就决定了其经营中有极大地风险性，既包括保险合同规定范围内的事故发生的风险，又包括金融市场投资风险，还存在企业内部的员工的道德风险。因此，诚信文化的建设在保险公司企业文化建设中具有普遍意义，需要从外部监管和内部约束两个方面加强。

加强监管是对中小公司的最大爱护。吴定富主席在 2008 年全国保险工作会议上提出："加快保险诚信体系建设，制定保险诚信建设规划，明确阶段性目标和任务，建立健全失信惩戒和守信激励机制，加大对失信行为的惩戒力度。"在保险监管机构的推动下，市场应强化财险公司的信息披露机制，加强和完善检查制度，通过严格的执法，维护投保人和被保险人的利益，约束违法违规的竞争行为，避免恶性竞争行为，为中小财险公司努力营造公平竞争的市场环境。同时，建立我国保险业的信用评级制度，通过信用评级，使中小财险公司既有压力又有动力，树立自己良好的企业形象，同时也有利于为投保人投保提供参考。此外，我国保险监管机构还要做好保险法制的宣传普及工作。利用各种宣传媒介，采取多种宣形式，普及保险法律知识，树立保险企业依法经营的思想，强化保险监管人员依法办事的意识，督促保险从业人员遵纪守法的自觉性，保护广大保险消费者的合法权益。

从行业的角度来说，关于保险行业的诚信规范问题，目前探讨的诚信评价体系也正是源于诚信文化的规范没有标准，所以才造成了个人或者组织对保险乃至社会诚信文化以及规范的偏离。因为没有统一的规范，使得市场没有参照物，即什么应该做，什么事不应该做的。诚信风险的管控关键在于建立一套基本规范，让全行业以及全社会来参考。诚信文化的建设不仅仅是法律法规，道德规范的约束也弥足轻重，在过去保险业的发展中，这些都起到了一定的促进作用。2009年10月1日开始实行的新保险法，是通过法律法规来约束市场行为的，减少了诚信风险。但是法律法规不可能涉及方方面面，总是存在盲点和真空领域的，尤其是关于人的内在修养方面。因而要解决诚信问题，需要解决的很大一部分是人的问题，我们可以从两方面入手，一个是观念层面，一个是制度层面。观念和制度是企业文化的重要组成部分，甚至从狭隘的角度来说，几乎可以等同。诚信文化离不开制度建设，而制度建设和观念的培训是诚信文化和文化规范的基本内容。如果只是从追求市场利益的角度，短期内的诚信付出可能并不会带来对等的收益，这个时候，有些企业从短期效益来看，会放弃诚信，因而，必须把诚信建设制度化，才能更好的保证其实施。当然这些还有一个前提，就是要建立对保险业的正确认识，因为保险业是一个长期的服务过程，而非销售保单的那一刻。保险产品具有其特殊性，从实物形态来看，只是一纸空文，但是需要一定的时期来实现。只有在建立了正确的认识的基础上，才能切实落实诚信文化建设。

对中小财险公司而言，应该切实地把诚信原则融入到企业文化的建设中去，使诚实守信的观念深入人心，而不是仅仅停留在口号上。具体来说，中小财险公司首先在制度上保证诚信原则在企业范围内的贯彻实施。加大信息披露的力度，定期公开企业经营，产品信息，使投保人及时了解企业信息，减少信息的不对称性，深化企业与客户之间的相互信任。其次，加强对企业员工专业素养、职业道德的教育，建立完善保险营销人员的信誉评价体系，规范代理人行为，使投保人充分了解保单项目。再次，完善保单的监管，提高服务水平，防止“孤儿保单”的出现。最后，要将诚信与企业的品牌建设联系起来，加大宣传力度。通过多种宣传途径及开展如捐助社会公益事业等活动，提高公司的知名度和美誉度，树立起企业的良好形象，使企业文化转变成直接推动企业的生产力。

3. 形成负责任的企业文化

中国保险业已深入到经济社会和人们生活的方方面面，不仅属于金融服务行业，更肩负保障社会财产和人民生命安全的责任，对国家各项事业的平稳发展和社会安定起着举足轻重的作用。因此，负责任的文化也是保险业的健康发展的必要条件。中小财险公司更要从成立时做起，形成负责任的企业文化，为公司长远发展打好基础。对内来说，中小财险公司应该对员工和股东负责。对外来说，中小财险公司应该对被保险人、行业和社会负责。

（1）对员工负责。人是保险企业文化系统的核心，只有对员工的生活保障负责，对员工的职业生涯和合规行为负责，才能凝聚一支有战斗力的人才队伍，较大程度地降低风险和成本，提高口碑和利润。

（2）对股东负责。公司经营的主要目的还是要为股东创造利润，这是由委托代理关系决定的。由于企业亏损倒闭等风险是由作为委托人的股东来承担的，而高额利润会为代理人的经理人带来丰厚的奖金回报，理论上来说企业经营管理层有动机选择高风险高回报战略。因此，在完善公司决策机制的同时，建立负责任的企业文化十分必要。

（3）对被保险人负责。由于不同人风险状况不同、消费能力的差异，保险人应该负责任地把恰当的产品，在恰当的时候，卖给恰当的人，同时用心做好理赔和服务工作。

（4）对行业负责。中小财险公司不能以行业秩序破坏者的形象参与竞争，行业发展需要所有从业者共同建设和担当，同时，行业的有序发展是中小企业健康成长的基础。

（5）对社会负责。中小财险公司不仅要以优质的产品和服务满足社会需求，更主动融入社会大局，积极承担社会责任。良好的社会形象也是提升品牌价值的重要方面。

保险企业应坚持“以人为本”的原则，人是企业的主体，也是企业文化的主体，企业是由人所创造。人力资源是企业最重要的资源之一，作为企业活动的源泉，企业文化注重人的因素，尊重人的价值，激发人的积极性和首创精神，所以实施企业文化就必须坚持以人为本的原则。从人才的选拔开始就必须严谨，必须选择文化水平高，综合素质好，又有较高的专业技术，政治上又比较成熟的人进入企业，使企业的劳动群体起点高。其次是培训。新人进入企业就要用企业文化去培养和塑造。企业经营活动的目的是盈利，但又不能单纯地以追求利润为企业的最高目标或宗旨，因为如果企业单纯地追求利润反而不能实现长期的可持续发展。

4. 形成凝聚力文化和创业文化，注重实践

中小财险公司与大公司相比，在薪酬、规范度、声誉等方面，对于人才的吸引和留存不具备先天优势，因此建立有凝聚力的企业文化格外重要。凝聚力文化就要以人为本，让人才在为公司使命奋斗的同时，得到自身的成长和成就感，得到价值的实现和尊重，得到与集体共同拼搏的快乐。

以渤海保险为例，在“白加黑、五加二”的紧张工作之余，借助各种机会、通过各种方式把公司的人文关怀渗透到员工内心中去，让大家感受到温暖，使员工凝聚在渤海、快乐在渤海、收获在渤海，并将这种和谐快乐的企业文化传递给股东、同业、客户。

创业文化则可形象地类比为红军文化，包括共同的价值观、奉献精神、艰苦奋斗精神、乐观主义精神以及与时俱进的意识。

其中与时俱进的思想意识对中小公司来说也是至关重要的，由于内部发展阶段和外部环境的不断变化，只有及时适应和调整，才能摸索出适合自身发展的道路和模式。国内大多数中小财险公司在发展过程中经历过组织架构调整，如华泰华丽转身为矩阵式管理模式的同时，开始坚定不移地坚持效益理念。改变也会付出一定的代价，华泰在改革后曾出现市场份额下降、部分骨干人才流失等情况，但实践证明转型后其效益增加、抗风险能力增强，随着监管部门 70 号文件等的推出，市场监管日趋严格，特别是在 2008 年经济环境出现较大变化的情况下，华泰转型的正确性得到充分证明。

企业文化建设具有“由上而下”的特性，企业的高级管理人员必须参与并表示其重视程度。比如，海尔文化始终浸透着张瑞敏的思想，IBM 现在还隐含着老沃森的身影，万科文化有挥之不去的王石痕迹。目前，保险公司中不少员工可能还包括部分领导对企业文化的认识还不够到位，缺乏参与意识。建议各保险公司总部在推行企业文化建设时，首先各家公司的总裁应该深度参与，积极推动；其次，要重视对

各省级分公司一把手进行宣导和培训，统一思想，由其结合各自实际来搭建各自的企业文化建设框架，发动和鼓励所辖员工的积极参与。千万不能让经营管理和文化建设成为两条独立的线，二者理应相互促进，互相渗透。

目前，多数企业在全国各地都建立了分支机构，实行多元化经营，带来的新问题即如何处理集团公司文化、总公司文化和分支机构文化之间的关系。由于各地的环境和具体的经营环境或者文化意识的差异，企业可以适当放宽，并不拘泥于一摸一样的文化体系，即在坚持集团公司、总公司的核心价值观的基础和前提下，允许各分支机构充分结合当地实际，因地制宜，在企业文化建设的具体方式和方法上，进行大胆创新，就能开创生动活泼的局面。分支机构的这种企业文化可称之为“亚文化”，它能用基层鲜活的素材充实和诠释核心价值观，从而确保核心价值观得到更好地贯彻和执行。这样才能形成百花齐放的局面，充分调动各地的积极性，使企业永保活力。

5. 重视传统文化的作用

中国五千年传统文化的影响力不容忽视，如“仁义理智信，忠孝廉耻勇”。但随着经济的迅猛发展，在利益的诱惑和冲击下，传统文化被淡忘，很多人变得利欲熏心，不能自拔。因此国家提出了经济建设与文化建设两手抓，两手都要硬。对于保险业，特别是中小公司，在快速发展的过程中也积累了很多问题，助长了“三假”的滋生。而文化建设正是治理这些问题的一剂治本良方。

儒家提出“道之以政，齐之以刑，民免而无耻；道之以德，齐之以礼，有耻且格”的治国之道。结合保险业，可以理解为，人若“无耻”，政与刑再多、再重，也难以根除“三假”等问题。

在治理不到位的情况下，如何管控，是中国保险市场和保险主体面临的一个难题，而内因是主要矛盾。从公司内部来说，公司管理层的认识和指导思想往往是所有问题的症结。美国的次贷危机让我们看到，技术和制度不是万能的。要解决道德缺失问题，要既管得住人，又管得住心，还是应该辅以传统文化的熏陶。

6. 加强制度规范、系统培训和党团建设

为改善企业文化建设流于形式和限于活动的现状，中小财险公司应考虑通过制度规范和系统的培训，固化和深化公司的价值观，形成符合长远发展战略的经营管理原则，体现诚实信用和以人为本的思想理念。

制度并不是一成不变的，企业应该经常进行梳理，查漏补缺，进行制度更新，这样，植根于制度建设基础之上的企业文化才具有永久的生命力。要使企业的核心价值观对员工真正形成强有力的约束力，公司的各项管理制度必须与价值观相吻合。因此，根据公司价值观的调整，经常梳理各项经营管理制度尤其是人事管理制度是十分必要的。

对于国有中小保险企业，通过加强党建工作，激发党员干部职工身先士卒地贯彻企业文化精神的热情，增强严格自律和干事创业的责任感，发挥模范带头作用，带动和促进大家深入认识和共同建设公司的企业文化。

7. 相关行业典范的借鉴——阳光企业文化

每个行业总存有某一方面的佼佼者，企业应该在纵向对自身历史阶段进行对比的同时，也对比同时期同行业的其他企业，通过对比借鉴，更好的完善自身企业文化。

阳光财产保险公司成立于 2005 年 7 月 28 日，是一家全国性的保险公司。自公司成立以来，连续刷新了国内新设保险公司年度保费增长规模的历史记录。2009 年，年度保费突破了 60 亿元，并且实现了连续三年盈利。截至 2010 年 6 月，保费收入已经名列国内 52 家财产保险公司中第六位。截止到 2009 年 12 月 15 日，阳光保险集团保费收入达 100.26 亿元，首次突破百亿元大关。公司快速、稳定的发展和公司秉持的理念与企业文化息息相关，阳光曾经获得最佳企业文化奖。

从公司最早开业起，阳光就特别重视企业文化。2005 年，开业之前，正处于筹建阶段的阳光就因为一则新颖的招聘启事吸引了公众的眼球。公司用一种全新的要求，凸显了所推崇的企业文化。比如说，阳光看重员工的忠诚度，要求应聘者不能在同业中三家以上的公司有过工作经历。公司虽然觉得个人追求更好的事业发展无可厚非，但是流动过于频繁不利于公司的发展，甚至会增加公司的培训和招聘成本。

再如，对于领导的决策从未提出过异议，很少看新闻联播的人公司也不欢迎，仅仅遵守将失去创新，久而久之，公司的氛围就固定了，没有活力，个人的思维将受到限制。阳光所推崇的是一种海纳百川、兼容并蓄，学习与接受、创新与开发的精神。员工在遵守规定的同时，也应该有所质疑，有所思考，有所创新。而不看新闻联播，说明该应聘者不关心时事，一个不关心国家时事政治，缺乏宏观意识之人，对于公司的关注和热情，恐怕也要有所折扣。这些和个人的品质虽然不能划上等号，但还是可以明显的反映出阳光所秉持的理念，以及对企业文化的重视。阳光所坚持的是可持续发展，并且始终把品质、市场能力、可持续发展能力和客户满意作为一切工作的指南。

阳光保险公司对企业文化一直给予高度重视，将企业文化建设作为立司建司之根本。阳光企业文化，概括来说，即“阳光之道”，蕴含着丰富的人文精髓和现代管理理念，并且坚持不断发展。阳光在2006年又提出了人才培养的“三类人”，销售管理四原则，理赔管理“五一工程”，核保管理的“八字要诀”，人力资源“六字方正”，组建新公司八个要点以及“红黄蓝”管理模式，还有目标市场的地位原则等一系列管理创新原则和模式。可见，阳光不论是宏观的愿景，还是战略决策，或者具体到部门的目标的制定，始终秉持一贯的战略，以打造最具品质和实力的公司为最终目标，强调可持续、稳定的发展，强调企业文化是保持企业特色和竞争优势的动力之源。

保险业作为金融服务业，其传导的主要是一种理念，一种关怀，优秀的企业文化自然成为了保险企业对外竞争的最好武器之一。阳光的企业使命是“打造最具品质和实力的保险公司”和“共同成长”，着重打造三个核心竞争力，分别为强大的市场拓展能力，杰出的风险管理能力和卓越的客服服务能力，其文化的核心理念和公司的发展战略一脉相承。公司已经制定了业务发展、业务管理理赔管理和人力资源系统建设等多方面的具体的文化追求，并且落实到实践中。正是这种文化，为阳光的发展提供了不竭的源泉。

阳光重视人才的培训，对员工给予高度重视，公司对不同层次，不同追求，不同文化的员工实施有效的关爱，使其感受到公司的温暖，有归属感。并且，公司的定位和个人的职业规划有机结合，因人而异，结合了员工自身的特点、基础和对未来的追求，量体裁衣，因而员工可以感受个人的价值。重视员工的荣誉感，从公司内部来讲，主要是肯定其工作，从公司外部来讲，以是阳光的一员而感到自豪。在成立之初，阳光还曾向保监会提议，由保监会牵头，尽快进行中国保险业人才方面的整体规划，加强培训，以解决人才匮乏的问题，足见其对人才之重视。

阳光的这种企业文化意识，是和其股东理解相一致的，关于风险管理的理念和中国石化、南方航空、中国铝业、中国外运和粤电力等国有特大型企业的管理者非常契合。公司非常重视风险管理，坚持以阳光文化为指导，培育杰出的风险管理能力、强大的市场拓展能力和卓越的客户服务能力，形成优势品牌。

5.3 中小财险公司人才队伍建设研究

5.3.1 保险企业人才的内涵及建设意义

1. 人才队伍建设与企业文化的关系

人才队伍建设的理念是企业文化的一部分。文化是一个组织的核心价值观，应该是组织成员共同的价值追求，并且需要由组织成员来总结和贯彻。同时，文化的作用对内而言就是吸引人、鼓舞人、引导人的行为遵循组织既定的目标。中小财险公司必须将人才队伍建设放到战略的高度，建立与企业文化相一致的人才队伍建设体系。

2. 保险企业人才的内涵

人才是指具有一定的专业知识或专门技能，进行创造性劳动并对社会作出贡献的人，是人力资源中能力和素质较高的劳动者。对于企业来讲，人才是那些认同公司的核心价值观，具有职业素养和较高工作技能，能够持续地为企业创造价值的人。不同的经营领域，组织中不同的职能部门，需要掌握不同知识的专业人才，具体到保险行业，根据保险展业的环节和经营的具体程序，需要的人才各不相同。

保监会在 2007 年下发的《关于开展保险业人才状况调查工作的通知》中要求管理人员、专业技术人员（核保、核赔、信息技术、精算、法律、财务、审计、风险管理、合规、其他专业技术人员）、展业人员、个人代理人等对保险公司人才进行分类调查。本书将所研究的保险人才界定为具有良好职业道德，具备优秀的保险公司管理、保险专业技术、保险销售、保险代理等方面才智和能力的人。

3. 保险企业人才队伍建设的意义

保监会主席助理袁力指出，促进中小财险公司科学发展，要建设一支好的人才队伍。人才资源是一个企业最重要的战略资源，在市场竞争中越来越具有决定性意义。中小财险公司要着眼于长远发展，努力建设一支素质全面、业务优良、结构合理、规模较大的人才队伍，为可持续发展提供坚强的人才保证和广泛的智力支持。在这一点上，既要拓宽选人视野，也要重视自主培养。在重视人才选拔和培养的同时，要健全人才管理体制,建立以业绩和能力为重点的评价机制，建立完善与工作业绩紧密联系、鼓励创新的分配激励、人才奖励和保障制度。

保监会重视保险企业人才的培养，为贯彻落实《中华人民共和国保险法》，加强和完善对保险公司董事、监事和高级管理人员的管理，促进保险公司稳健经营，推动保险业健康发展，中国保监会在 2010 年 1 月颁布了新修订的《保险公司董事、监事和高级管理人员任职资格管理规定》(以下简称《规定》)，并于 2010 年 4 月 1 日起正式施行。

“人员是企业最大的资产，一个组织同另一个组织的唯一真正区别就在于人员的成绩不同。人是一种独一无二的资源，它要求使用它的人有特殊的品质。”管理大师彼得·德鲁克在《管理任务、责任、实践》一书中提出的这句话充分说明了人在一个企业中至关重要的作用。

中小财险公司发展的核心与瓶颈都是人才队伍。服务业品牌的树立依靠口口相传，要形成良好的商誉和高价值的品牌，关键在于企业的用人。

保险行业是知识密集型行业，人力资本储备和积累是保险公司科学发展的保障，特别是对于中小财险公司来说，人才队伍建设是在市场竞争中生存和发展的前提。这里所说“人力资本”定义为“人们对劳动者健康、知识、技能的形成和改善进行投入，如果投入的目的是为了获得超过投入价值的新增价值，而这种新增价值又能够为投入者所占有和支配，那么这种投入就是一种投资，这种投资所形成的价值，称之为人力资本。”①

在调研中发现，中小财险公司普遍认为人才缺乏是制约公司发展的主要问题。一些公司指出，专业人才不足、优秀的高级管理人才和专业技术人才匮乏、高级人才引进成本高、较快的人员流失阻碍公司可持续发展。

在中小财险公司的长远发展过程中，管理水平能否到位，服务质量是否有保证、客户服务是否到位、营销创新手段是否有效等各种问题最根本的还在队伍的建设及培养上。只有用好优秀的人才、成为出色的组织、建立起善打硬仗的队伍，才可能使中小财险公司在市场竞争中脱颖而出，故人才是中小财险公司发展的立业之本。

5.3.2 中国中小财险公司人才队伍建设的现状

一、人才队伍建设取得的成绩

1. 保险人才队伍不断壮大

随着保险业的不断发展，保险人才队伍也不断壮大。截至 2008 年年末，保险从业人员 322.81 万人。其中，营销员 262.87 万人。保险业为社会培养了大量保险专业技术人才，解决了三百多万人的就业问题，并且将不断培养和吸纳更多优秀人才加入保险队伍。

2. 保险人才质量不断提高

保险业改革发展的持续深入，对人才素质能力提出了更高要求。根据中国保监会人事教育部的统计，在中小财险公司茁壮成长的三年间，中国保险业人才队伍呈现出以下几个显著变化：其一，学历稳步提高，本科及以上学历人才的比例由 2005 年的 30.4%上升到 2008 年

① 秦志华：《人力资源总监》，北京：中国人民大学出版社，2003 年，第 37 页。

的34.5%，提高了4.1个百分点。其二，年轻化趋势明显，35岁以下的人才占保险业人才总数的比例，由2005年的58.3%提高到2008年的61.7%。其三，高层次人才数量增长较快，2008年全国共有保险公司高管人员2.1万人，占从业人员总量的0.79%，相对于2005年的1.6万人增长了31.2%。

3. 保险人才环境不断优化

《国务院关于保险业改革发展的若干意见》提出要实施人才兴业战略。保监会高度重视保险业人才队伍建设，吴定富主席在2008年全国保险工作会议上强调指出要“加强保险人才队伍建设。大力推进人才兴业战略，建设好以经营管理人才、专业技术人才、保险营销人才和监管人才为主体的保险人才队伍体系。树立大教育、大培训观念，大规模培训人才，大幅度提高人才素质，引进国际化专业人才。”

二、人才队伍建设存在的问题

人才是制约我国中小财险公司可持续发展的重要因素。各中小财险公司普遍面临人才短缺的问题。保监会在2007年下发的《关于开展保险业人才状况调查工作的通知》指出，保险业的人才问题，目前突出表现在人才总量不足、人才结构不合理、人才无序流动、人才成本急剧攀升等方面。此外，中小财险公司在人才队伍建设方面也存在特殊问题。

1. 队伍建设急于求成

我国众多中小财险公司成立发展之初，认为“老三家”保险公司具备大量懂保险经营和握有客户资源的人才与团队，只需要给更高的职务、出更高的价格把人挖过来即可。很少愿意投入资金和时间自己培养人才。事实上，一方面，引进的人才水平参差不齐，高流动性也成为困扰中小财险公司的一个难题。另一方面，引进的人才相比自主培养的人才更难形成统一的企业文化，各有各的风格和习惯，中小公司又缺乏成型的强大的企业文化和管理体系，结果造成公司执行力低下。

队伍建设急于求成也造成人力资源成本的急剧攀升。我国多家中小财险公司集中成立，保险人才成为各主体竞相争夺的紧缺资源。加之许多资本实力雄厚、管理理念先进的外资知名机构涌入，对中资中小财险公司吸纳和留住人才构成一定威胁。伴随着保险人才市场上的竞相挖角、高薪诱惑、频繁流动现象的发生，保险经营的人力成本陡增，正威胁着中小财险公司的生存和发展。

队伍建设急于求成也是各中小财险公司人才战略导向失误的结果。由于近年来众多中小公司只以保费规模论英雄，忽视管理，不重视产品和服务的品质，粗放式经营对人才的选拔、激励和培养导向有着深刻的影响，也是造成行业内许多人诚信缺失、短期行为、流动性大的重要原因。

2. 高级人才不足

随着财险业的快速发展，人才不足问题凸显。人才被稀释、小才大用的现象十分严重。由于人才不足，二级机构聘用的只具备三级机构管理能力和经验的人负责的现象普遍存在，管理能力不足严重增加了公司的经营风险。

（1）人才供给不足

近年来，我国保险行业经历了一个快速发展阶段，据统计，从 2000 年至 2008 年间，我国保险机构个数从 33 家增长到 130 家，保险职工人数从 16 万人增加到近 60 万人，年均增长速度达到 18%，这其中还不包括约 260 万人的保险营销人员及其他保险中介人员。行业的市场主体在短时间内剧增，人才需求随之剧增，但行业内部的人才储备非常有限。这里人才指的是具有多年保险行业从业经验和管理经验的中高级人才，这样的人才必须在行业内经过若干年的沉淀和培养。有研究称，中国保险市场今后五年内需要的人才，目前只能满足 30%，还有 70%的人才缺口。① 行业内部高素质人才奇缺，集中表现在中小财险公司高素质人才奇缺，尤其是保险业管理人才和专业技术性人才（见图 5-2）。

① 刘平：《发展保险专业高等教育之我见》，《上海保险》[J]，2007（6）：25～26。

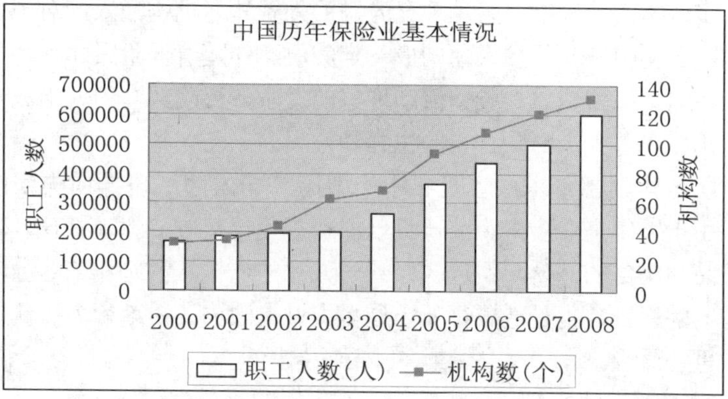

图 5-2 我国保险业基本情况（2000～2008）

（2）人才结构不合理，高端人才不足

整个行业的人员文化程度和拥有专业技术职称情况均不容乐观，如表 5-2 所示。其中，我国的中小财险公司内硕士、学士比例更小。在专业技术职称方面，高级、中级均不占优势，初级比例最低，说明我国中小财险公司绝大多数的员工没有技术职称。

表 5-2 2008 年我国财险公司人员结构数据

公司名称	总人数	文化结构				专业技术职称		
		博士	硕士	学士	大专以下	高级	中级	初级
人保财险	79265	0.05%	1.79%	32.96%	65.21%	2.03%	19.81%	24.35%
太保财险	33247	0.04%	1.46%	29.05%	69.45%	0.83%	8.92%	19.46%
中国平安	417213	0.01%	0.45%	7.10%	7.15%	0.20%	1.07%	1.67%
中小财险公司	121228	0.07%	1.83%	24.30%	53.33%	0.73%	5.92%	6.48%

资料来源：《中国保险年鉴 2009》。

由于中小财险公司建立之初急于迅速搭建起完整队伍，并对人才短缺的实际情况认识不够深刻，一些业内人员存在相互吹捧虚夸以达到共同提高身价的目的，进而谋求到重要岗位的工作。但事实上这些人的水平还不足以胜任，在行使相应的决策权力的时候就为公司带来了非常大的风险，因此准确评判人才能力与公司的匹配度是完善人才队伍建设的一个前提。

与高端人才紧缺鲜明对照的是低素质人员的过剩，有数据表明，在260万的保险营销员中，10%的明星业务员支撑着保险公司60%以上的保费收入。保险行业高素质人才缺乏与低素质人员冗余的现象在我国中小财险公司中表现得更为突出。中小财险公司从业人员结构性矛盾，严重制约着我国中小财险公司的可持续发展。

由于高端管理人才的缺失，管理风险成为了中小财险公司面临的最大风险之一。中小财险公司管理能力差已成为导致其决策失误、违法违规、费用居高不下等问题的根源。一方面，行业尚处于发展阶段，对高级管理人才的吸引力和培养能力不及银行等相对成熟的金融行业。另一方面，粗放的规模导向，使得特别是中小财险公司不重视管理。因此行业内既懂得管理又懂得保险的人才储备严重不足。

专业人才的供给不足，尤其是高级精算等技术人才的短缺，直接导致了中小财险公司的风险评估与产品创新能力不足，造成一些市场需要的险种难以买到，而现有的产品种类单一且同质化严重，供给过剩。各保险公司要想生存，只能大打“价格战”、“回扣战”，保险市场恶性竞争愈演愈烈。同时，由于缺少专业的精算人才，我国财险市场保险产品保险费用的厘定多数还是依赖以往经验，无法实现对风险的科学管控，加之恶性的价格竞争，盲目的规模扩张，放大了企业的经营风险。可以说，造成我国财险行业目前转型困境的根本因素之一就是保险专业人才的匮乏。

（3）行业偏见有碍高素质人才流入

由于保险行业人员素质整体水平不高，及行业中偶尔存在的一些不合规经营的不良行为，给行业的整体形象造成了不好的影响。尽管在保监会等监管部门和各保险主体的共同努力下，保险行业在合规经营方面已取得了实质性进展，但行业外部人员对保险行业已形成的偏见和歧视一时难以改观。因此，虽然保险企业有些岗位完全可以从行业外吸纳高素质人才，弥补人才缺口，但尚未消除的偏见严重阻碍了行业外优秀人才的流入。

对于中小财险公司来说，知名度低，对行业外人才更加缺乏吸引力。消费者和行业外人士一提及保险，往往只想到中国人寿、人保、平安和太平洋几家大公司，对中小公司可能全无概念。这一方面源于对行业的偏见，一方面也是由于中小公司缺乏有效的宣传语，缺乏让人耳熟能详的标语。

（4）人员非正常流动

根据波士顿咨询公司一份研究报告，我国保险行业中，工作第一年员工流失率最低的太平洋保险，也达到了 60%，而行业的总体流失率在 75%左右，① 中小财险公司队伍稳定性还远不如大公司，甚至出现整编制跳槽的现象。

近年来随着大量中小财险公司及其分支机构的建立，经理人的跳槽现象越来越普遍。保险公司业务员的流失容易造成保险公司客户资源的流失，也造成后续服务的不确定性。而保险技术人员、职业经理人的离职对保险公司造成的损失更大，直接关系到企业战略目标的执行和实现情况，关系到公司产品开发乃至核心商业机密的泄漏。由于我国内地保险市场目前尚不具备大量德才兼备的经理人队伍，因此有相当部分在“跳槽的诱惑”下走上经理人岗位的经理人其实是并不称职的。即使经理人希望规范经营、稳健发展，但迫于投资人在业绩和回报方面的压力，也不得不采取一些违背保险业发展规律的做法，以获得短期业绩。

（5）从业人员诚信缺失

目前，由于保险企业的营销员中很多为非专业出身，对保险的理解本身就存在偏颇，因而在销售时，并不能正确的传导产品的含义，对条款的解释也模棱两可，甚至出现误解。

保监会财险部李劲夫主任指出，目前行业经营中一些公司的虚假问题比较严重。一是会议费、汽油费、路桥费、餐费等各种发票虚列费用、虚增成本。在一些公司中，此类虚列成本占公司总费用较高的

① 刘勇：《中国保险行业战略人力资源结构优化研究》，2005 年，第 33～34 页。

比例。二是大量的虚假列支中介费，通过虚构代理人员、虚挂中介业务，非法提取资金，违规向投保人、被保险人、中间人等送好处费或行贿，甚至有些个人或小团体侵占、贪污、挪用。此项虚假在有些公司中比例惊人。三是虚假理赔比较严重，尤其是商业车险业务，从近一年半的数据看，商业车险的赔案宗数均超过投保数量，赔付率超过100%，在有些公司中虚假成份较高。四是非车险的虚假批退、虚挂应收、部分业务不进系统、设账外账等问题有所增加。从以上种种情况可以看出，财险从业人员中相当一部分存在诚信问题，严重损害公司和客户的利益。

（6）培养机制不完善

中小财险公司人才培育机制也不如大公司。大公司具有比较完善的员工培训体系，而中小公司普遍采用挖角方式从同业公司中引进人才，培训体系尚未建成，许多公司甚至未设专职培训部门，缺乏自身“造血功能”，而人才引进后对个人成长吸引力不足，就造成了财险行业人才流失现象的频繁发生。从华泰和天安等成立时间较长的公司情况看，公司最终的核心骨干主要都是自主培养的干部，而人才培养不可能一蹴而就，需要下力气不断强化培训与考核。

频繁的人员跳槽反过来也不利于企业对人才培养的积极性，同时还会对现有团队工作热情产生消极影响。在人才培训方面，我国中小财产保险公司对人力资本开发投资太少，有统计显示，员工培训经费仅占职工工资总额的1.5%，对精算、核保、核赔、法律、管理等专业人才的储备和培养没有得到应有的重视，而且投资的针对性也不强，培训方式单一，多数培训只侧重于短期的在岗培训，质量难以保证。培训内容也以业务培训为主，缺乏对员工思维方式、价值观、职业道德方面的培训，缺乏对员工进行长远的职业生涯规划。

我国保险公司人才流失情况如图5-3所示。

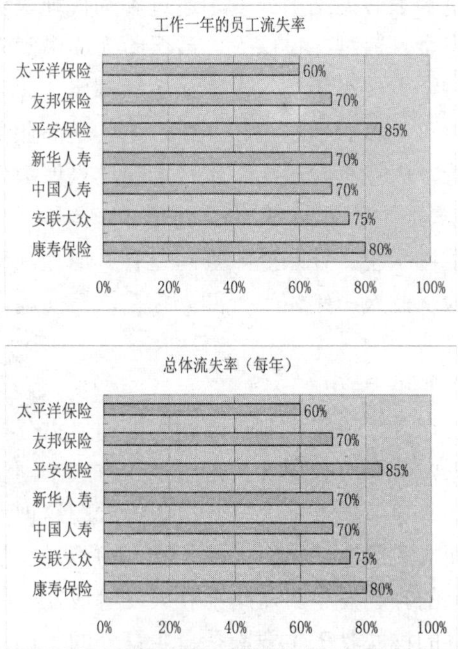

图 5–3　我国保险公司人才流失情况

资料来源：BCG 保险代理人访谈。

5.3.3　中小财险公司人才队伍建设的改进

1. 将人才队伍建设放到公司战略的突出地位

如果中小公司一味追求规模和市场占有率，而忽视了人才队伍建设的重要性，那是舍本逐末的，结果往往适得其反。我国财险市场上人才流失严重是不争的事实，高度不稳定的人员队伍直接影响到企业的可持续发展。而相比见效迅速的“挖墙脚”，加强对中小财险公司员工的培养，增强自身造血机能，才是企业充分发挥人力资本优势，实现可持续发展的根本。

企业要将人才战略放到公司战略的突出地位。首先，对企业员工的培养不应局限于短期业务素质的培训，而应该是一项结合企业员工职业生涯规划的长期计划。其次，针对专业技术人才匮乏，高端人才短缺的现状，可以通过我国的保险监管部门以及行业协会制定从业标准，建立从业人员信用记录体系，组织财险同业人才交流，进行行业人员培训考核等方式，借助外力增强中小财险公司自身人才造血机能。再次，通过对企业人才培养作用机制的研究发现，企业对员工的培训应该包括思维方式、经营理念、工作态度、价值观、职业道德等。如中国平安，建立平安大学、平安博士后工作站等专门培训及科研机构与企业内部培训、直接引进的海外培训项目、外派海外培训等培训项目；渤海选派优秀员工到高校深造，实施优秀干部员工出国考察学习等，这些措施给企业员工提供良好的学习和职业发展机会，使个人的综合能力和素养得以提升，人力资本得以增值，实现“以好的培养机制造就人，以好的培养机制留住人”。

2. 设立恰当的人才队伍建设标准和目标

中小财险公司应该对自己的能力和阶段性需求有清晰的认识和明确的战略规划，特别是在人才队伍建设方面。人力资源是企业实现核心竞争力的有效武器之一，保险企业应坚持以人为本的原则，因地制宜，为自身量身打造一支高素质的人才队伍。

（1）根据公司发展战略和核心竞争力打造人才队伍

中小财险公司主要缺乏保险技术人才、管理人才和销售人才，因此人才队伍建设的重点也应围绕这三方面需求来实现。以华泰为例，在其集权式矩阵组织架构下，两核的权力上收，对两核人才高度重视，因此在薪酬制度、晋升机制、培养力度等方面都将资源向两核方面倾斜。这样一来，两核人才在华泰享有的受重视程度超过在其他公司，吸引了很多核保核赔的优秀人才，并具有较高的归属感和稳定性。因此在资源有限的前提下，集中在公司的战略方向和核心竞争力方面形成的人才优势，是中小财险公司的一个理性选择。

（2）重视文化对人才队伍的整合能力

企业文化的整合能力和建设能力是制约队伍建设的速度与规模的一个重要因素。只有企业上下志同道合，遵循共同的价值观，才能保障科学决策的有效执行，才能降低管理成本，提升创新和盈利能力。

只有以企业的核心价值观来整合人才队伍，才能避免短期效应，维护中小财险公司的长期健康发展。

人无信不立，何况是企业，对于保险公司来说，信用的作用更是举足轻重。企业的信用是其文化形成的，外在表现为企业形象，或者说品牌，因此提升保险企业的形象问题成为目前亟待解决的问题之一。而消费者眼中的保险企业代言人一般为营销员，但是一般广受批评，难以令人满意。只有在员工深谙企业文化的基础上，让其融入这个氛围，才能真心的为企业着想，也只有这样才能促进企业的稳定发展。企业文化是融入企业每一个角落的精髓，不容置疑，它是全体企业员工和品牌忠诚者的一种信仰。通过企业日常对员工的教育，让企业文化渗透到每一个员工的思维中，使其任课，甚至形成自豪感与归属感。试想，若每一个员工在企业中都在为自己的梦想所奋斗，那谁还会为了那微不足道的额外收入而放弃自己的理想呢？

3. 注重人才自主培养，建立培养体系

基于行业优秀人才匮乏和中小财险公司自身条件限制，单靠引进人才的战略难以满足发展需求，必须建立人才的自主培养系统，在这方面的投入将使中小公司获得良好的长期回报。由于引进人才的成本高，流动性大，实际上各家中小财险公司已开始重视人才的自主培养和选拔。

中小财险公司应该对自己的能力和阶段性需要有清晰的认识和明确的战略，包括人才队伍建设方面。希望一步到位的想法不符合实际情况。保监会吴定富主席指出，中小公司可以考虑 1/3 的人才特别是高级管理人才从行业内精选引进；1/3 的人才缺口从其他行业引进，特别是一些成熟的行业拥有大量的优秀人才，但其成长空间有限，保险业和中小财险公司具有巨大的发展空间，对这类人才具有吸引力；另外 1/3 的人才由自己培养。

（1）完善企业员工招聘选拔机制

我国保险业正处在成长阶段，中小财险公司在人才的招聘选拔缺乏详细划。企业往往把员工数作为衡量企业发展程度的一个重要指标，而忽视了人员的结构与质量，这就出现了 10%的明星业务员支撑着保险公司60%以上的保费收入，保险行业高素质人才缺乏与低素质人员冗余并存等现象的产生。要做到选好人，企业应该采用职位分析法，梳理岗位职能，建立立足于企业的发展战略与岗位要求的人才选拔机制。

企业在招聘的时候必须下足心思，招聘的条件应该清晰明了，能反映公司的特色，如在上文中提及的阳关财产保险公司的招聘广告就彰显了其宣扬的企业文化，这样可以方便找到和公司志同道合之士。优秀的招聘机制能够有效的减少人员的流动性，并不要求找最好的员工，但是必须是合适的。

（2）为员工提供多条发展道路，培养复合型人才

目前的企业组织之中，各种职能的渗透越来越强，不同的管理部门之间的沟通愈加显得重要。因而，单一领域的专才在现在的岗位越来越会感觉到力不从心。

在激烈的市场竞争中，中小财险公司为适应市场环境的快速变化，越来越需要提高反应速度、灵活性和竞争力。企业组织也逐渐呈现扁平化趋势，出现了“职位弱化”的现象，这就要求中小财险公司员工在今后的工作中将是“多面手”，企业应当为员工的成长提供多条发展道路。通过岗位轮换等方式，增加员工的技能，培养“一专多能”的复合型人才。

（3）建立公平合理的激励与约束机制

激励是指激发人的行为动机的心理过程，从管理者的角度考虑，人的行为动机一般是通过客观因素的刺激来引发的，企业通过客观因素来调动员工的积极性和创造性，改变员工的行为方式，使之奋发努力完成组织任务和目标。而其中行之有效的方法就是建立合理的激励和约束机制，通过制度化的条文，对员工进行约束和激励。

竞争是效率的保证，通过建立以业绩为核心的综合考核指标体系以及公平合理的人才晋升或者淘汰机制，在企业内部形成适当的竞争氛围，可以使员工时刻保持紧迫感，促使他们不断提高业务素质及工作能力。综合考核的一个重要内容就是目标的设定，目标管理强调组织成员共同参与制定具体的、可行的、能够客观衡量的目标。目标的

设定必须具体化，目标制定必须包含参与决策、限期完成和绩效反馈三个因素。目标管理应规定目标完成期限和每一阶段任务完成的期限，同时不断地给予员工目标实现程度或接近目标程度的反馈，使员工能及时地了解工作的进展，掌握工作的进度，从而可以及时进行自我督促和行为矫正。激励的另一个因素是参与管理，主要是权责的划分，为员工分配部分公司的决策权，从而使员工产生认同感和归属感，对管理者的决策也产生认同感，同时，高层管理者不可能熟悉公司的方方面面，通过员工的参与，可以对企业有更加详细的了解，从而制作出更加完善的决策和计划。

和传统的现金红包、提高底薪和股票或者股票期权这三种最常用的经济激励方式相比，麦肯锡在2009年11月的调查中发现，经济危机为企业高管重新评估激励战略提供了一个难得的机会。受访者表示，三种非现金激励，即直接上级的表扬、领导的重视——类似于一对一的谈话、领导一个项目或者任务小组的机会，在激励的效率方面有过之而无不及。这三种新的途径主要是让员工感觉到企业尊重他们，重视他们的福祉，并且为他们在企业的成长创造了机会。

中小财险公司的薪酬计划应该有助于推动企业战略的实现，一个好的薪酬计划应该“与组织在长期与短期中的经营成就联系在一起，能够提升股东的价值，同时能够为雇员提供真正的价值”[①]有效的考核体系及相应的薪酬制度一方面可以最大限度地激发员工的工作热情，促进企业绩效目标的实现；另一方面，相关的考核结果可以为领导和管理人员岗位调整提供客观、公正的依据，方便企业人力资源的优化配置。

（4）非车险业务核保高级人才的培养是保证业务质量的关键

目前，在中小财险公司的业务结构中，显示出极大的不合理，主要表现在非车险业务所占的比重过大，有的公司甚至已经达到了70%。而其他险种，如货运险、家财险，在我国保险市场上还存在巨大的潜力，值得公司挖掘，但是与之不一致的是，巨大的潜力和人才的极度

① 加里·德斯勒：《人力资源管理》，北京：中国人民大学出版社，2003年，第414页。

匮乏。

非车险业务的高级核保人才，是确保非车险业务质量的关键。财产保险公司可以联合高校定向培养非车险方面的核保人才，扩大人才来源，建立职后培训，注重再培训。中小财险公司应注重相关人才的培养，逐步提升承保非车险大项目的能力，优化公司的业务结构，更好地分散经营风险和市场风险，也能够避免众多公司在车险领域的竞争，提高企业在市场业务中的竞争力。

（5）实施差异化的培训计划，建立阶梯式的人才队伍

企业培训的目的就是要让企业中的各类人员都能在培训中得到提升。这就要结合员工的知识背景、任职情况、文化习惯等多方面因素量身制定相应的培训计划。如渤海公司，既有系统的全员培训计划，又有针对后备干部的培养体系，还实施了针对应届毕业生"启程计划"。只有差异化的培训，才能满足员工对知识技能的差异化需求，也更容易激发员工学习的积极性与主动性，提高学习效率，更好地发挥培训效能，达到培训目标。在培训内容上，要针对不同层次员工的工作需要实施不同主题的培训。尤其是保险行业最急缺的三类人才：高水平的高级管理人员、专业的技术人员、高产能的销售人员。管理人员应注重管理经营理念的改造，把握新的政策法规、行业发展趋势，能够从战略的高度上把握企业发展的方向。对专业技术人员的培训则应该偏重于专业知识的更新，职业技能的提高，增强创新意识。而对于保险营销人员来说，则要强化对保险营销员的职业道德教育和专业知识培训，提升保险营销员队伍素质。

从实践的角度，企业应重视内部培训，并且是有针对性的、长期的培训，员工可能在一次讲座之后，感触很大，但是过了一段时间以后，一切又回归原点。例如有一个美国某著名 IT 公司指出，其公司近 80%的员工不愿意跳槽的主要原因就是公司对员工的特色培训。因为员工总是能够在公司的培训中发现自己不知道的、想学的知识，存在提升自我的空间，进行自我完善。针对性的培训能够让员工感受公司的重视，能够帮助其找到自身的目标，明确其未来发展方向。通过这种方法，能够有效的抑制人才的流动，为企业留住人才。外部招聘的

人才不一定适合公司的经营理念，对公司的了解也需要一个过程。企业留住自己培训的适合自己公司的人才，就是留住了市场，赢得了竞争。

同时要建立健全风险防范和应急处理机制，确保中小财险公司保险营销员队伍稳定。对于老员工，培训要注重对其原有知识的更新，固有思维观念的转型和改造，对于年轻员工，则要注重理论与实践相结合，给他们更多成长的机会，并鼓励新老员工的相互交流和传承，尤其是对于素质高、潜力大的优秀人才，要给他们创造更多的机会，为企业的持续发展储备好年轻后备力量，建立起阶梯式的人才队伍。

4. 德才兼备，以德为先，注重风险合规意识培养

“保险是集合同类性质风险聚资建立基金，对特定风险的后果提供经济保障的一种风险财务转移机制”。其收益主要来自保费收入及对保险资金运用的投资收益。这就决定了其经营具有高负债性，高风险性；同时，由于不同于一般的生产性企业，财险公司“生产”的是一种以信用为支撑，以法律为保障的虚拟产品，其有形载体仅是一张保险合同。财险行业的特殊性决定了风险经营，坚守诚信是中小才财险公司经营和服务的基本要求，而这种要求体现在财险行业人员从业标准就是要具备基本的职业道德素养，具体到保险行业方面，那最重要的道德素养即是诚信。个人的专业技能素质在人才匮乏的保险市场中固然重要，但如果这个人缺乏基本的职业道德素质、不讲诚信，那他不仅不会为企业带来效益，还会因个人的败德行为破坏企业名声，给公司带来无法挽回的损失。

从近些年的发展来看，风险意识在财险业的经营中贯彻的并不彻底，许多中小财险公司出现了一些不合规的经营行为。根据李劲夫主任的财险业分析报告中分析一些公司存在虚假列支成本，严重侵蚀公司经营利润，直接导致偿付能力不足的风险。比如，虚假批退保费、虚挂应收保费、鸳鸯单、撕单、埋单、系统外出单、虚列中介费、虚列营业费用、虚假赔案、违反规定开展恶性价格竞争等。这些违法违规行为，一定会严重影响公司实际收益，造成公司亏损，从而影响偿付能力。

也有部分公司及其分支机构的一些高管和从业人员，依法合规意识淡薄，如虚开发票、虚列费用套取资金，进行向投保人和经办人送回扣甚至行贿或侵占自用等行为被他们认为是行业的“潜规则”。殊不知他们已涉嫌行贿、贪污、职务侵占等犯罪。所以，风险意识淡薄、不依法合规经营，给中小保险企业经营带来不可估量的风险。

因此，具备高度的风险意识以及风险识别能力、遵纪守法、合法合规经营的人才才是真正适合保险业的人才，才能为中小公司的发展带来好的效应，才能为这个行业的健康发展做出积极的贡献。中小财险公司在人才队伍的建设上应坚持“德才兼备，以德为先”的标准，把素质高，符合岗位需求，认同公司理念的人才选聘进来，除了注重对专业技能的考察外，更加关注人的职业道德素养，尤其是诚信意识，并在人员培训中加大这方面的教育力度，着重培养员工尤其是业务人员的诚信意识，努力营造一个诚实守信、合规经营的良好氛围。

还有一个方面要注意的就是如何提高相关业务人员的风险识别能力。保险本身就意味着风险，而现阶段许多业务人员一心求保费规模，不注重风险识别与防范的行为已经为公司的经营带来了潜在的风险，价格战、盲目承保便是体现，而这也成为中小财险公司无法实现承保盈利的主要原因之一。因此，在员工培训中还要注重培养员工尤其是一线业务人员和两核人员的风险意识，提高其风险识别能力。

参考文献

1. 万峰. 寿险公司战略管理. 中国金融出版社，2005 年

2. 陈文辉. 中国寿险业经营规律研究. 中国财经出版社，2008 年

3. （英）伊迪思·彭罗斯著. 企业成长理论. 上海三联书店，2007 年

4. 亚德里安·J. 斯莱沃斯基等. 发现利润区[M]. 北京：中信出版社，2003 年

5. 亚德里安·J. 斯莱沃斯基等. 利润模式[M]. 北京：中信出版社，2002 年

6. （日本）植村信保著. 陈伊维等译[M]. 日本财产保险业的变化及对策. 北京：机械工业出版社，2005 年

7. 高志强，张梦琳. 保险公司价值最大化下的最优资本研究[J]. 中南财经政法大学学报. 2009（3）

8. 刘健. 我国中小产险公司盈利模式问题研究[D]. 南开大学硕士学位论文，2010 年

9. 徐飞. 战略管理[M]. 北京：中国人民大学出版社，2009 年

10. 徐刚. 香港地铁的盈利模式研究[D]. 西南财经大学硕士学位论文，2010 年

11. 唐德. 基于盈利模式优化的顺达公司发展战略规划研究[D]. 湘潭大学硕士学位论文，2009 年

12. 吉昱华. 保险公司盈利模式变迁及趋势[J]. 中国金融家. 2010（2）

13. 何永嘉. 中国财产保险公司效率研究[J]. 经济研究导刊. 2010（6）

14. 徐敏. 我国财产保险公司经营效率分析[J]. 时代金融. 2008（10）

15. Joseph A Schumpeter. The Theory of Economic Development. Harvard University Press，1934

16. Smith, Barry D. A Financial Analysis of the Property and Casualty Insurance Industry 1970-1999. CPCU Journal, 2001, Vol. 54 (Issue3). pp. 134-145

17. Petersen，H. C.，Lewis，W. C. 管理经济学[M]，中国人民出版社，2002 年

18. 迈克尔·波特著. 夏忠华主译. 竞争优势[M]. 中国财政经济出版社，2004 年

19. 石晓军，郭金龙. Solvency II 和 DFA 的国际研究前沿综述和分析[J]. 保险研究. 2008（9）

20. 陈信元，朱红军. 保险公司偿付能力监管会计框架研究[M]. 上海：上海财经大学出版社，2006 年

21. 祝向军，刘霄辉等. 中小保险公司科学发展目标与策略探析[J]. 保险研究. 2008（10）

22. 孙祁祥，郑伟等. 欧盟保险偿付能力监管标准 II 及对中国的启示[M]. 北京：经济科学出版社，2008 年

23. 王建伟，赵立松等. 中小保险企业的发展路径研究[J]. 保险职业学院学报. 2009（03）

24. 郭伟，潘晓阳等. 促进我国中小保险企业发展的政策建议. 上海保险. 2008（10）

25. 马克思. 资本论. 人民出版社，1972 年

26. 唐志刚，刘建东. 保险营销学[M]. 北京：电子工业出版社，2008 年

27. 孙祁祥. 保险. 社会保障与经济改革[M]. 北京：北京大学出版社，2005 年

28. 徐昆. 保险市场营销学[M]. 北京：清华大学出版社，2006 年

29. 潘瑾，徐晶. 保险服务营销[M]. 上海：上海财经大学出版社，2005 年

30. 李正峰. 论保险产品的开发[J]. 保险研究. 2000（11）

31. 徐旭初，汪祖杰. 客户关系管理是保险公司价值创新之源[J]. 保险研究. 2003（7）

32. 樊树鑫. 保险业创新的发展方向[J]. 经济论坛. 2004（4）

33. 张绪风. 保险产品创新应处理好五个关系[J]. 中国保险. 2006（4）

34. 田吉生，金伟飞. 论以客户为中心的保险服务创新[J]. 保险研究. 2003（2）

35. 毛军育. 开放背景下我国保险服务营销策略研究[D]. 厦门大学硕士学位论文，2009 年

36. 方渝军. 中小财险公司信息化建设策略[J]. 互联网天地. 2009（9）

37. 徐宏玲，杨立旺. 保险产品内涵及性质的探析. 商业研究. 2006（3）

38. 魏卓. 完善我国保险公司风险管理的思考. 管理探索. 2009（3）

39. 孙岚，郑文华. 析财险公司的核心竞争力. 中国保险. 2009（1）

40. 李维安. 公司治理学[M]. 北京：高等教育出版社，2005 年

41. 席酉民，赵增耀. 公司治理[M]. 北京：高等教育出版社，2004 年

42. （日本）青木昌彦，（美国）钱颖一. 转轨经济中的公司治理结构：内部人控制和银行的作用[M]. 北京：中国经济出版社，1995 年

43. 曾小青. 公司治理、受托责任与审计委员会制度研究[M]. 大连：东北财经大学出版社，2005 年

44. 朱义坤. 公司治理论[M]. 广州：广东人民出版社，1999 年

45. 蔡鄂生. 银行公司治理与控制[M]. 北京：经济科学出版社，2003 年

46. 张维迎. 西方企业理论的演进和最新发现[J]. 经济研究. 1994（11）

47. Oliver Hart. 公司治理：理论与启示[J]. 经济学动态. 1996（6）

48. （美）钱颖一. 中国的公司治理结构改革和融资改革[M]. 北京：中国经济出版社，1995 年

49. 吴敬琏. 现代公司与企业改革[M]. 天津：天津人民出版社，1994 年

50. 经济合作与发展组织：OECD 公司治理原则[R]. 2004 年

51. 江生忠. 中国保险产业组织优化研究[M]. 北京：中国社会科学出版社，2003 年

52. 吴定富. 中国保险业发展蓝皮书（2004～2005）[M]. 北京：中国广播电视出版社，2006 年

53. 吴定富. 中国保险业发展改革报告（1979～2003）[M]. 北京：中国经济出版社，2004 年

54. 全国金融系统青年联合会编，中国金融青年论坛（2004）[M]. 北京：中国金融出版社，2005 年

55. 江生忠. 中国保险业发展报告（2004）[R]. 北京：中国财政经济出版社，2005 年

56. 陈文辉. 中国人身保险发展报告（2004）[R]. 北京：中国财政经济出版社，2005 年

57. 李明辉. 公司治理：全球趋同研究[M]. 大连：东北财经大学出版社，2006 年

58. 唐运祥. 中国非寿险市场发展研究报告（2003）[R]. 北京：中国经济出版社，2004 年

59. 江生忠，邵全权. 论保险公司若干问题的特殊性[J]. 保险研究，2005（5）

60. 李维安，曹廷求. 保险公司治理：理论模式与我国的改革[J]. 保险研究. 2005（4）

61. 袁力. 保险公司治理结构及监管问题研究[J]. 保险研究. 2005（10）

62. 吴定富. 我国保险公司治理结构建设的理论与实践[J]. 保险研究. 2006（6）

63. 刘美玉. 公司治理模式的形成机制与理性选择[J]. 保险研究.

2006（6）

64. 李琼，苏恒轩. 论国有独资保险公司的治理结构[J]. 保险研究. 2003（4）

65. 刘钧. 我国保险公司治理结构的制度建设[J]. 山东经济. 2003（3）

66. 陈璐. 论国有保险公司股份制改造后的法人治理结构的完善[J]. 保险研究. 2004（9）

67. 洪明仁. 两岸寿险业企业战略、企业文化、人力资源规划策略对组织绩效影响之研究[D]. 中国科技大学博士论文，2006 年

68. 卢美月. 企业文化、企业培训与组织绩效关系研究——以两岸企业为背景[D]. 复旦大学博士论文，2006 年

69. 沃伟东. 企业文化的经济学分析[D]. 复旦大学博士论文，2006 年

70. 谭力文，李燕萍. 管理学[M]. 武汉：武汉大学出版社，2009 年

71. 国际金融报[N]. 2005.2.25. 第十五版

72. 卓志. 用制度建设和专业认知打造保险诚信文化[N]. 2009.9.17，和讯网；

73. 蔡宝勇，颜荣，陈文蔚. 论新时期保险企业文化的创新[J]. 保险研究. 2001（9）：21～23

74. 赵孟. 论保险企业文化的实施[J]. 保险研究. 2003（10）：21～23

75. 张增福. 论新时期保险企业文化建设[J]. 保险研究. 2002（12）：54～55；

76. 王红. 推进保险企业文化建设的思考[J]. 海峡科学. 2008（3）：49～51

77. 李志强，周炯. 保险企业文化建设的路径研究[J]. 保险研究. 2008（1）.

78. 乔安妮·马丁著. 沈国华译. 组织文化[M]. 上海：上海财经大学出版社，2005 年